홍원표의 지반공학 강좌   말뚝공학편 3

흙막이말뚝

KB072267

흙막이말뚝

지하굴착공사에 여러 가지 흙막이벽이 개발 적용되어 왔다. 그중에서도 가장 많이 그리고 오랫동안 적용되는 흙막이벽으로는 엄지말뚝흙막이벽과 강널말뚝흙막이벽을 들 수 있다. 이들 벽체는 주로 버팀보나 앵커로 지지하는데, 버팀보는 흙막이벽에 작용하는 토압에 직접 저항토록 설치하는 지지기구이며 앵커는 흙막이벽을 배면지반에 고정시켜 측방토압에 저항토록 하는 지지기구이다.

홍원표 저

중앙대학교 명예교수
홍원표지반연구소 소장

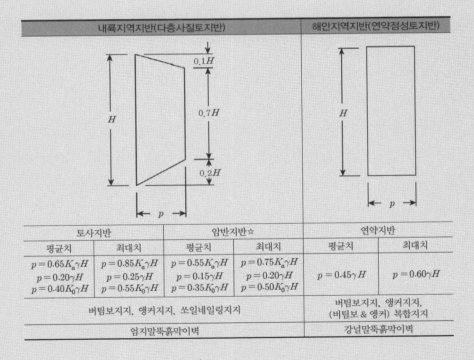

토사지반		암반지반☆		연약지반	
평균치	최대치	평균치	최대치	평균치	최대치
$p = 0.65 K_a \gamma H$ $p = 0.20 \gamma H$ $p = 0.40 K_0 \gamma H$	$p = 0.85 K_a \gamma H$ $p = 0.25 \gamma H$ $p = 0.55 K_0 \gamma H$	$p = 0.55 K_a \gamma H$ $p = 0.15 \gamma H$ $p = 0.35 K_0 \gamma H$	$p = 0.75 K_a \gamma H$ $p = 0.20 \gamma H$ $p = 0.50 K_0 \gamma H$	$p = 0.45 \gamma H$	$p = 0.60 \gamma H$
버팀보지지, 앵커지지, 쏘일네일링지지				버팀보지지, 앵커지지, (버팀보 & 앵커) 복합지지	
엄지말뚝흙막이벽				강널말뚝흙막이벽	

씨
아이
알

'홍원표의 지반공학 강좌'를 시작하면서

2015년 8월 말 필자는 퇴임강연으로 퇴임식을 대신하면서 34년간의 대학교수직을 마감하였다. 이후 대학교수 시절의 연구업적과 강의노트를 서적으로 남겨놓는 작업을 시작하였다. 퇴임 당시 주변에서 이제부터는 편안히 시간을 보내면서 즐기라는 권유도 많이 받았고 새로운 직장을 권유받기도 하였다. 여러 가지로 부족한 필자의 여생을 편안하게 보내도록 진심어린 마음으로 해준 조언도 분에 넘치게 고마웠고 새로운 직장을 권하는 사람들도 더 없이 고마웠다. 그분들의 고마운 권유에도 귀를 기울이지 않고 신림동에 마련한 자그마한 사무실에서 막상 집필 작업에 들어가니 황량한 벌판에 외롭게 홀로 내팽겨진 쓸쓸함과 정작 집필을 수행할 수 있을까 하는 두려운 마음이 들었다.

그때 필자는 자신의 선택과 앞으로의 작업에 대하여 많은 생각을 하였다. '과연 나에게 허락된 남은 귀중한 시간을 무엇을 하는 데 써야 행복할까?' 하는 질문을 수없이 되새겨 보았다. 이제 드디어 나에게 진정한 자유가 허락된 것인가? 자유란 무엇인가? 자신에게 반문하였다. 여기서 필자는 "진정한 자유란 자기가 좋아하는 것을 하는 것이며 행복이란 지금의 일을 좋아하는 것"이라고 한 어느 글에서 해답을 찾을 수 있었다. 그 결과 퇴임 후 계획하였던 집필작업을 차질 없이 진행해오고 있다. 지금 돌이켜 보면 대학교수직을 퇴임한 것은 새로운 출발을 위한 아름다운 마무리에 해당한 것이라고 스스로에게 말할 수 있게 되었다. 지금도 힘들고 어려우면 초심을 돌아보면서 다짐을 새롭게 하고 마지막에 느낄 기쁨을 생각하면서 혼자 즐거워한다. 지금부터의 세상은 평생직장의 시대가 아니고 평생직업의 시대라고 한다. 필자에게 집필은 평생직업이 된 셈이다.

이러한 평생직업을 가질 수 있는 준비작업은 교수 재직 중 만난 수많은 석·박사 제자들과의 연구에서부터 출발하였다고 생각한다. 그들의 성실하고 꾸준한 노력이 없었다면 오늘 이런 집필작업은 꿈도 꾸지 못하였을 것이다. 그 과정에서 때론 크게 격려하기도 하고 나무라기도 하였던 점이 모두 주마등처럼 지나가고 있다. 그러나 그들과의 동고동락하던 시기가 내 인생 최고의 시기였음을 이 지면에서 자신 있게 분명히 말할 수 있고 늦게나마 스승으로서보다는 연구동반자로 고마움을 표하는 바이다.

신이 허락한다는 전제 조건하에서 100세 시대의 내 인생 생애주기를 세 구간으로 나누면 제1구간은 탄생에서 30년까지로 성장과 활동의 시기였고, 제2구간인 30세에서 60세까지는 노후 집필의 준비시기였으며, 제3구간인 60세 이상에서는 평생직업을 갖는 인생 마무리 주기로 정하고 싶다. 이 제3구간의 시기에 필자는 즐기면서 지나온 기록을 정리하고 있다. 프랑스 작가 시몬드 보부아르는 "노년에는 글쓰기가 가장 행복한 일"이라고 하였다. 이 또한 필자가 매일 느끼는 행복과 일치하는 말이다. 또한 김형석 연세대 명예교수도 "인생에서 60세부터 75세까지가 가장 황금시대"라고 언급하였다. 필자 또한 원고를 정리하다 보면 과거 연구가 잘못된 점도 발견할 수 있어 늦게나마 바로 잡을 수 있어 즐겁고 연구가 미흡하여 계속 연구를 더 할 필요가 있는 사항을 종종 발견하기도 한다. 지금이라도 가능하다면 더 계속 진행하고 싶으나 사정이 여의치 않아 아쉬운 감이 들 때도 많다. 어찌하였든 지금까지 이렇게 한발 한발 자신의 생각을 정리할 수 있다는 것은 내 인생 생애주기 중 제3구간을 즐겁고 보람되게 누릴 수 있다는 것이 더없는 영광이다.

우리나라에서 지반공학 분야 연구를 수행하면서 참고할 서적이나 사례가 없어 힘든 경우도 있었지만 그럴 때마다 "길이 없으면 만들며 간다"는 신용호 교보문고 창립자의 말을 생각하면서 묵묵히 연구를 계속하였다. 필자의 집필작업뿐만 아니라 세상의 모든 일을 성공적으로 달성하기 위해서는 불광불급(不狂不及)의 자세가 필요하다고 한다. 미치지(狂) 않으면 미치지(及) 못한다고 하니 필자도 이 집필작업에 여한이 없도록 미쳐보고 싶다. 비록 필자가 이 작업에 미쳐 완성한 서적이 독자들 눈에 차지 못할 지라도 그것은 필자에겐 더없이 소중한 성과일 것이다.

지반공학 분야의 서적을 기획집필하기에 앞서 이 서적의 성격을 우선 정하고자 한다. 우리 현실에서 이론 중심의 책보다는 강의 중심의 책이 기술자에게 필요할 것 같아 이름을 「지반공학 강좌」로 정하였고 일본에서 발간된 여러 시리즈 서적물과 구분하기 위해 필자의 이름을 넣어 「홍원표의 지반공학 강좌」로 정하였다. 강의의 목적은 단순한 정보 전달이어서는 안 된다고 생각한다. 강의는 생각을 고취하고 자극해야 한다. 많은 지반공학도들이 본 강좌서적을 활용하여 새로운 아이디어, 연구테마 및 설계·시공 안을 마련하기를 바란다. 앞으로 이 강좌에서는 말뚝공학편, 토질역학편, 기초공학편, 건설사례편 등 여러 분야의 강좌가 계속될 것이다. 주로 필자의 강의노트, 연구논문, 연구프로젝트보고서, 현장자문기록 등을 정리하여 서적으로 구성하였고 지반공학도 및 설계·시공기술자에게 도움이 될 수 있는 상태로 구상하였다. 처음 시도하는 작업이다 보니 조심스러운 마음이 많다. 옛 선현의 말에 "눈길을 걸어갈 때 어지러이 걷지 마라. 오늘 남긴 내 발자국이 뒷사람의 길이 된다."라고 하였기에 조심 조심의 마음으로 눈 내린 벌판에 발자국을 남기는 자세로 진행할 예정이다. 부디 필자가 남긴 발자국이 많은 후학들의 길 찾기에 초석이 되길 바란다.

2015년 9월 '홍원표지반연구소'에서

저자 **홍원표**

「말뚝공학편」 강좌
서 문

1년 앞을 내다보는 사람은 꽃을 심고, 10년 앞을 내다보는 사람은 나무를 심으며, 100년 앞을 내다보는 사람은 사람을 심는다고 한다. 필자는 1981년부터 제자 키우기를 시작하여 2015년 8월 말 정년퇴임하기까지 34년간 이런 마음의 다짐으로 살아오면서 수많은 제자들과 인연을 맺어왔으며 다양한 주제로 그들과 토론하고 연구하여왔다. 그 결과 필자는 많은 논문발표와 연구업적을 그들 제자들과 공유할 수 있는 영광을 누릴 수 있었다.

이에 정년 후 「홍원표의 지반공학 강좌」라는 이름으로 집필을 시작하면서 이들 연구논문을 재편집하여 저서로 만드는 작업을 노년의 큰 목표로 정한 바 있다. 이 「홍원표의 지반공학 강좌」에서는 말뚝공학편, 토질역학편, 기초공학편, 건설사례편 등 여러 분야의 강좌를 계속할 예정이다. 이들 강좌 중 첫 번째에 해당하는 「말뚝공학편」에서는 말뚝공학에 관련된 사항을 중점적으로 정리하여 편성할 예정이다.

돌이켜 보면 필자는 지반공학 분야에서 유난히 말뚝과 관련된 연구를 많이 하였다. 필자의 박사학위논문에서부터 현장자문과 석·박사 논문지도에 이르기까지 말뚝기초에 관한 사항이 많았다. 특히 수평하중을 받는 말뚝에 관한 사항은 가장 많은 관심분야였다. 이에 제일 먼저 접근하기가 수월할 것이라 생각하여 「말뚝공학편」의 강좌를 먼저 시작하기로 하였다.

말뚝공학편 지반공학 강좌에서는 계속하여 산사태억지말뚝, 흙막이말뚝, 성토지지말뚝, 연직하중말뚝 등을 집필할 예정이다. 이들 분야는 국내 기술발전이 급진전하고 있는 데 비하여 참고할 서적이 터무니없이 부족하고 논의할 전문가도 부족한 것이 국내 실정이다. 이에 필자의 작은 경험을 강좌라는 명목으로 글로 남겨 참고할 수 있게 하고자 한다.

보통 나이가 들면 실패가 두려워 기회를 창조하기를 꺼리며 도전하지 않으려 한다. 그러나 실패는 조심해야 할 대상이지 두려워할 대상은 아니라고 생각한다. 실패를 두려워하면 성공도 있을 수 없다. 나폴레옹도 오늘 나의 불행은 언젠가 내가 잘못 보낸 시간의 보복이라고 하였다. 지금 이 시간을 헛되이 보내지 말아야 할 것이다. 지금 필자의 머릿속에는 일모도원(日暮途遠), 즉 해는 저무는 데 갈 길은 먼 것 같은 생각이 들어 한눈팔 시간이 없다.

『철도원』의 일본작가 아사다 지로가 집필 시 지키려는 세 가지 사항(① 아름답게 쓰자, ② 쉽게 쓰자, ③ 재미있게 쓰자)은 필자에게도 상당히 감명을 주었다. 필자도 그런 마음으로 「말뚝공학편」 강좌 집필을 착수하였으나 어느 정도 초심이 달성되었는지 현재로서는 자신 있게 말할 수가 없다. 다만 독자들의 평을 기다릴 뿐이다. 부디 독자들의 허심탄회한 의견을 듣고 싶다. 아무리 우수한 지식이라도 어려우면 받아들이기가 쉽지 않기 때문에 가급적 쉽게 설명하려 노력하였으며, 그러기 위해서는 긴 설명문보다 짧은 설명문으로 작성하도록 노력하였다.

또 한 가지 본 서적을 집필하는 데 기본적으로 고려한 특징은 필자의 경험으로 파악한 사항을 되도록 모두 기술하려 하였던 점이다. 모형실험, 현장실험, 현장자문 등으로 파악한 경험을 독자인 연구자 및 기술자 여러분과 공유하고자 빠짐없이 기술하려고 노력하였다.

2017년 1월 '홍원표지반연구소'에서

저자 **홍원표**

『흙막이말뚝』
머리말

『흙막이말뚝』은 '홍원표의 지반공학 강좌' 중 「말뚝공학편」의 세 번째 강좌용 서적이다. 지금까지 지하굴착공사에 여러 가지 흙막이벽이 개발 적용되어왔다. 그중에서도 가장 많이 그리고 오랫동안 적용되는 흙막이벽으로는 엄지말뚝흙막이벽과 강널말뚝흙막이벽을 들 수 있다. 이들 벽체는 주로 버팀보나 앵커로 지지하는데 버팀보는 흙막이벽에 작용하는 토압에 직접 저항토록 설치하는 지지기구이며 앵커는 흙막이벽을 배면지반에 고정시켜 측방토압에 저항토록 하는 지지기구이다.

본 서적에서는 엄지말뚝흙막이벽 및 강널말뚝흙막이벽과 같은 강말뚝을 사용하여 흙막이벽을 조성한 연성벽체에 관련된 제반 사항을 취급한다. 전체 10장으로 구성되어 있는데 이 중 제1장과 제2장은 굴착공법과 흙막이공에 대한 일반적인 개론을 설명하여 흙막이말뚝을 사용한 굴착공법의 지식을 소개한다. 다음으로 제3장과 제4장은 흙막이벽에 작용하는 측방토압에 관한 이론과 현장계측 결과를 위주로 우리나라 지반에 설치된 흙막이벽 설계에 적용할 수 있는 측방토압을 정리 제안한다. 이 중 제3장은 가설 연성벽체 설계용으로 제안된 기존 이론을 정리 소개하며 제4장에서는 우리나라 지반에서 측정된 계측치로 파악한 측방토압을 고찰한다. 다음으로 제5장과 제6장에서는 흙막이 지반굴착 시 발생되는 흙막이벽 및 주변지반의 변형거동과 안정성에 관한 사항들을 총괄 정리한다. 이 중 제5장에서는 흙막이벽의 변형거동을 중점적으로 분석하여 굴착공사 시 안정성을 판단할 수 있는 기준을 마련하고 제6장에서는 굴착공사로 인해 주변 건물이나 지반에 발생되는 변형에 대한 안전기준을 고찰한다.

다음으로 제7장, 제8장 및 제9장은 흙막이말뚝을 적용한 특수 흙막이공법에 관련 사항들을 설명한다. 먼저 제7장에서는 주열식 흙막이벽을 설치하였을 경우의 설계법을 제안

설명하며 제8장에서는 연약지반에 흙막이벽체의 지지공 없이 자립식 흙막이벽만을 설치하고 굴착공사를 실시할 때의 제반 사항을 설명한다. 그리고 제9장에서는 배면 경사지를 굴착하고 흙막이벽체와 옹벽을 합벽식으로 시공설치할 경우에 대하여 설명한다. 마지막으로 제10장에서는 굴착공사의 안정성을 관리하기 위한 제반 관리기준에 대하여 설명한다.

제1장에서 제3장까지의 세 장에는 필자의 대학재직 시절의 강의노트를 정리하여 수록하였다. 한편 필자의 석·박사과정 제자들의 연구는 본 서적을 완성하는 데 기여한 부분이 크다. 우선 박사 제자인 김동욱 군(2004)의 연구는 제4장과 제5장의 내용에 크게 기여하였으며 박사 제자 송영석 군(2003)은 제8장의 내용에 기여하였다. 그 밖에도 석사 제자들의 연구 또한 본 서적의 정리에 기여함이 컸음을 밝히는 바이다. 예를 들면 제7장에는 권우용 군(1983)과 고정상 군(1988)의 연구가, 제9장에는 박진효 군(1998)의 연구가, 제10장에는 주성호 군(2012)과 김승욱 군(2014)의 연구가 크게 도움이 되었다. 그 밖에도 여러 제자들과의 연구도 본 서적의 완성에 크게 기여하였음을 밝히며 모든 제자들의 도움에 깊이 감사하는 바이다.

끝으로 본 서적의 출판을 위해 적극적인 도움을 준 도서출판 씨아이알 김성배 사장과 박영지 편집장께 감사의 말씀을 전하는 바이다.

2018년 6월 '홍원표지반연구소'에서

저자 **홍원표**

차 례

CHAPTER 03 흙막이벽의 수평변위와 측방토압

CHAPTER 04 우리나라 지반 속 흙막이벽의 측방토압

CHAPTER 09   합벽식 흙막이벽

CHAPTER 10   현장계측관리

CHAPTER

01

서 론

CHAPTER 01 서 론

흙막이말뚝

1.1 도심지 지하공간 활용

18세기 이후 농경사회에서 산업사회로의 발전은 인구의 도시집중 현상을 가속시켰다. 이러한 인구의 도시집중현상은 도심지의 가용용지부족현상을 초래하였으며 나아가 토지의 가치에 대한 판단기준을 변화시키게 되었다. 즉, 토지에서 농산물의 생산이 아닌 축조건축물에 따라 그 가치가 다양하게 결정되었다.

특히 도시집중화는 여러 가지 사회기반시설의 확충이 요구됨과 동시에 정치논리, 전쟁 등의 재난에 대한 피해방지 등을 이유로 하여 지하공간의 확보가 필요하게 되었다. 이와 같은 욕구는 지하굴착에 따른 공학적인 발전이 전제가 되었으며 실제적으로 비약적인 발전이 있었다.[6]

이와 같은 토지의 급격한 가치상승은 적은 면적에서 고부가가치를 확보하기 위하여 지하권까지 개발하는 계기가 되었다. 즉, 지상으로 축조된 건축물의 높이만큼이나 지하로도 내려가고 싶은 욕구가 현실화되었다. 특히 도심지에서는 용지의 효율적인 이용을 위하여 터널, 지하철 및 지하주차장 등의 대규모 지하구조물을 축조하기 위한 대규모 지하굴착공사가 증가하였다. 이 과정에서 안정되어 있는 주변지반 또는 주변 건축물에 미치는 영향을 최소화시키면서 토지의 지하부분을 안전하고 효율적으로 굴착하기 위하여 흙막이굴착공법이 개발되었다.

도심지에서 굴착공사가 주변구조물과 지하매설물에 근접하여 실시되는 경우, 흙막이벽의 변형이 크게 되면 지반의 강도가 저하되어 굴착지반의 안정성에 문제가 발생하게 된다. 그리고 주변지반에도 상당한 영향을 미치게 되어 시공 중에 배면지반의 변형(침하), 인접구조물의 균열이나 붕괴사고가 종종 발생하게 된다.[1-3,8] 이러한 사고는 재산상의 막대한 피해를 가져옴은 물론이고 심한 경우에는 인명피해가 발생하는 대형사고로 귀결되기도 한다.

초기에는 지하공간을 활용하려는 욕구를 충족시키기 위해 경제성 측면에서 주로 비탈면 부착공법을 이용하였으나 굴착부지확보가 어려워지면서 부지경계를 최대한 활용할 수 있는 공법의 필요성이 요구되었다. 이러한 필요성에 의해 개발된 공법들을 총칭하여 흙막이공법이라고 하고 주로 지하굴착용 가시설공사에 한정되어 개발 사용되었다.

현재 지하굴착공사에 적용되는 흙막이벽으로는 엄지말뚝흙막이벽과 강널말뚝흙막이벽과 같은 연성벽체가 주로 사용되는 가시설 구조물이다. 이들 벽체는 주로 버팀보나 앵커로 지지하는데 버팀보는 흙막이벽에 작용하는 토압에 직접 저항토록 설치하는 지지기구이며 앵커는 흙막이벽을 배면지반에 고정시켜 측방토압에 저항토록 하는 지지기구이다.[20]

그러나 이러한 형태의 연성벽체를 이용한 굴착공사에서는 측방토압의 증가와 지하수 및 배면토사의 유출로 인해 흙막이벽의 변형은 물론이고 배면지반의 변형을 수반하고 있어 굴착에 따른 안정성 확보에 상당한 주의가 필요하다.

특히 흙막이벽의 강성이 충분하지 않아 발생하는 안전사고는 대형사고로 이어지는 경우가 많다. 굴착으로 인한 배면지반의 변형에는 지반조건, 흙막이벽의 종류, 근입장, 시공방법, 시공시기, 지하수 그리고 인접구조물의 상호작용 등 불확정 요소가 많이 포함되어 있어 이를 정확히 예측하는 데는 상당한 어려움이 있다. 이런 상황에서 기존 연성벽체를 이용한 흙막이벽의 단점인 흙막이벽체의 강성을 증진시켜 굴착으로 인한 측방토압에 충분히 저항토록하고 지하수 및 토사유출을 최소화하면서 흙막이벽의 변형과 주변지반의 변형을 억지시킬 수 있는 공법의 개발이 필요하게 되었다. 이러한 공학적 요구에 의해 개발 및 발전된 공법 중에 하나가 지중연속벽공법이다. 이 지중연속벽의 벽체는 가설구조물로 도입되기도 하고 본체 구조물의 일부로도 이용할 수 있는 공법이다.

1.1.1 흙막이벽에 작용하는 측방토압

지하굴착공사를 실시할 때 주변지반의 토사와 지하수의 유입을 방지하고 인접구조물을 보호하기 위하여 흙막이벽이 설치된다. 종래 지하굴착현장에서는 엄지말뚝공법을 이용한 흙막이벽이 가장 많이 사용되었으며 엄지말뚝흙막이벽은 버팀보에 의하여 지지되는 구조가 많았다. 이와 같은 굴착면에 설치되는 흙막이구조물의 설계 시 가장 중요한 요소 중의 하나는 흙막이벽에 작용하는 측방토압이다. 그러나 흙막이벽에 작용하는 측방토압은 흙막이벽의 변형, 흙막이벽과 지반 사이의 상호작용에 의하여 결정되므로 지반특성, 굴착깊이, 벽체의 강성 및 구속조건, 시공방법 등과 같은 여러 가지 요인에 의하여 영향을 받는다. 따라서이 측방토압을 해석적으로 산정하기는 매우 어렵다. 이러한 어려움을 해결하기 위해 측방토압을 경험적으로 정하는 데 Terzaghi & Peck(1948, 1967)[26,27] 및 Tschebotarioff(1951, 1973)[28,29] 등의 업적이 크게 기여했다. 최근까지도 흙막이구조물 설계에 적용하는 흙막이벽 측방토압분포는 Terzaghi & Peck(1948, 1967) 및 Tschebotarioff(1951, 1973)에 의하여제안된 경험식이 굴착현장에서 많이 사용되고 있다.[14,19,22]

Peck(1969)은 제7회 국제 토질 및 기초 국제회의의 State of the Art 보고서에서 당시까지의 이 분야에 대한 연구 결과를 정리함으로써 각종 굴착현장에서 많은 참고로 삼아오고있다.[24] 그 후 현장계측이나 수치해석으로 이 문제를 해결하려는 연구도 많이 실시되어 오고 있다.[11,15]

최근에는 굴착구간에서의 작업공간을 넓게 확보하기 위하여 앵커지지방식의 흙막이벽을사용하는 경우가 많이 늘어나고 있어 앵커지지 흙막이벽에 작용하는 측방토압에 관한 연구도 진행되었다.[23,30] 그러나 국내에서는 버팀보지지 흙막이벽을 대상으로 제시되었던 측방토압분포가 앵커지지 흙막이벽의 설계에도 적용될 수 있는지 검토됨이 없이 Terzaghi & Peck(1948, 1967) 및 Tschebotarioff(1951, 1973)의 경험적 토압분포가 그대로 적용되고 있는 실정이다.

또한 이들 토압산정식은 대부분 단일 지반을 대상으로 하였으며 여러 가지 가정과 제한조건이 전제된 경험식인 관계로 우리나라와 같이 암반층이 포함된 다층지반에 설치된 흙막이벽에 작용하는 측방토압과는 상당한 차이가 있을 것이다. 국내에서도 이러한 문제점을 해결하기 위하여 가설흙막이벽에 작용하는 측방토압에 대하여 연구가 수행된 바 있다.[4,5,7,9,17]

1.1.2 흙막이벽의 안정성

한편 흙막이벽을 설치하고 굴착공사를 실시하는 경우에는 흙막이벽에 작용하는 측방토압뿐만 아니라 흙막이벽의 변형, 굴착배면지반의 변형 및 그 영향범위도 중요한 검토 항목이된다.

흙막이굴착 시에 흙막이벽의 변형예측은 주로 현장계측이나 탄소성법[35]을 이용하여 실시하고 있다. 탄소성법에서는 실제의 흙막이공의 구조, 하중조건, 시공순서를 적절하게 평가하는 것이 가능하다면 굴착에 따른 흙막이벽의 변형을 정확히 예측하는 것이 가능하다. 그러나 굴착으로 인한 주변지반의 변형은 지반조건, 흙막이벽의 종류, 근입장, 시공방법, 지하수 그리고 인접구조물의 상호작용 등 불확정 요소가 많이 포함되어 있어 정확히 예측하는 데는 상당히 어려움이 있다.

흙막이벽의 변형에 대한 연구로는 Mana & Clough(1981) 등의 굴착저면의 히빙에 대한 안전율을 이용하여 흙막이벽의 변위를 예측하는 연구[21]와 Clough & O'Rourke(1990), [13] Hong et al.(1997)[18] 등의 흙막이벽의 최대수평변위를 굴착깊이의 비로 예측하는 연구 등이 있다.

그리고 흙막이굴착에 따른 흙막이벽 및 굴착배면지반의 변형예측에 대한 대표적인 연구는 실측 결과를 토대로 배면지반의 침하범위를 나타낸 Peck(1969)의 연구[24]를 비롯하여 흙막이벽의 최대변위량으로부터 배면지반의 최대침하량을 예측하는 Mana & Clough(1981)의 연구, [21] 그리고 Clough & O'Rourke(1990)[13]는 각 지반조건에 따른 배면지반의 거리별 침하량을 추정하였다.

굴착공사에 의한 흙막이벽과 주변지반의 변형문제를 검토하기 위하여 1960년대 후반부터 유한요소법을 이용한 연구가 활발히 진행되고 있다. 초기에는 전응력해석법에 의해 연구가 주로 진행되어왔지만 최근에는 Sandhu & Wilson(1968)[25]과 Christian & Boumer(1970)의 압밀해법을 도입한 유효응력해석법[12]까지 확대되고 있다. 또한 벽체와 지반 사이의 불연속면의 활동을 고려하기 위하여 Goodman & Tayor(1968)[16]와 Zienkiewicz et al.(1970)[31] 등이 제안한 Joint 요소 해석방법을 이용하는 해석도 수행되었다. 그 밖에도 Joint 요소를 이용하지 않고 불연속면의 하중전달과 변위구속조건만을 고려하는 해석방법도 제안되고 있다.[32]

최근에는 굴착에 따른 흙막이벽과 배면지반의 변형거동을 조사하기 위하여 현장계측을 통한 시공관리를 실시하는 경향이 늘고 있다. 굴착공사 중에 측정된 흙막이벽 및 배면지반의 변형이 설계 시 설정된 관리기준치[10,33,34]를 초과한 경우에는 시공법의 변경이나 보조공법 등의 대응책을 검토하고 있다. 그러나 국내에서는 아직까지 현장계측을 이용한 흙막이벽의 변형이나 굴착배면지반의 안정성을 판단하는 연구가 미비하여 흙막이구조물의 관리기준치가 확립되어 있지 않아 굴착공사 시 합리적인 시공관리를 실시하는 것이 어려운 실정에 있다. 또한 산지나 구릉지 등을 절토하고 흙막이벽을 설치하는 경우에는 도심지에서 실시되는 굴착공사와는 달리 흙막이벽 배면 지반은 경사진 사면이 대부분이다. 이와 같이 굴착배면지반이 경사진 절토사면에 설치된 흙막이벽의 변형거동에 대한 연구는 거의 실시되지 않고 있다.

따라서 본 서적에서는 흙막이구조물 설계 시 보다 합리적이고 경제적인 설계가 될 수 있도록 굴착현장으로부터 계측자료를 수집 축적하여 지하굴착 공사 중 흙막이구조물의 안정성을 판단할 수 있는 정량적인 기준을 마련한다. 이 관리기준에 의거 위험 가능성이 있다고 판단되는 경우에는 신속히 대처할 수 있도록 대책을 마련해야 한다.

1.2 흙막이구조물과 굴착공법

성토, 절토, 굴착, 등을 실시하게 되면 통상 굴착면에 비탈을 두어 지반의 안정을 유지시켜준다. 그러나 보다 효율적인 토지활용도를 확보하기 위해서나 혹은 도시 내의 구조물의 기초 및 건물의 지하실을 구축하기 위한 굴착 시에는 비탈면을 두지 못하고 통상 연직굴착을 실시하게 된다. 따라서 이로 인한 지반의 붕괴를 방지시켜주기 위해 이 연직면 위치에 여러 가지 종류의 흙막이벽을 설치하게 된다.

지반을 개착식 굴착(Open cut) 방식으로 굴착하는 경우 굴착구역을 구간별로 나눠 굴착하는가 여부에 따라 크게 전단면굴착공법과 부분굴착공법으로 구분한다. 즉, 굴착구역을 일시에 굴착하는 경우를 전단면굴착이라 하고 굴착구역을 두 개 이상의 구역으로 나눠 굴착하는 경우를 부분굴착이라 한다. 부분굴착은 굴착인근지역의 안전상 전단면굴착이 위험할 경우 적용된다.

1.2.1 전단면굴착공법

이 공법은 건물의 기초가 차지하는 범위 전역에 걸쳐 일시에 굴착하는 방법이다. 이 방법은 다시 비탈면부착굴착공법 및 지지공에 의한 굴착공법(braced excavation)으로 대별할 수 있다. 비탈면부착굴착공법은 그림 1.1에 개략적으로 도시한 바와 같이 굴착구간에 비탈면을 조성하여 지반안정성을 확보하면서 소정 깊이까지 굴착하는 공법이다. 따라서 가장 단순한 굴착공법이나 도심지굴착지역의 경우는 부지확보가 어려워 부적합하다.

반면에 지지공굴착공법은 그림 1.2에 개략적으로 도시한 바와 같이 흙막이벽, 버팀보, 띠장 등의 흙막이구조물로 굴착연직측벽을 지지시켜 토사의 붕괴를 방지시키면서 굴착을 실시하는 방법이다. 여기서 흙막이벽은 가설구조물과 영구구조물로 대별시킬 수 있다. 즉, 어떤 본 공사를 행하기 위한 보조적 수단으로 일시적으로 마련하였다가 그 공사가 종료되면 제거하는 흙막이벽을 가설구조물이라 한다. 대표적인 예로 엄지말뚝(H-pile)과 나무널판을 사용하는 흙막이벽을 들 수 있다.

한편, 영구구조물은 옹벽, 교대, 호안벽 등과 같이 본체 구조물로서 장기적으로 흙막이벽 역할을 영구히 할 수 있도록 설치되는 구조물을 의미한다. 경우에 따라서는 지중연속벽과 같이 굴착기간 중에는 가설구조물로 사용되며 굴착 완료 후에는 그대로 영구구조물로 사용되는 경우도 있다. 이와 같이 광의의 흙막이벽은 가설구조물과 영구구조물 모두에 해당한다. 그러나 우리 주변에서 통상 흙막이벽이라 하면 가설구조물의 축조를 의미하는 경우가 많다. 따라서 특별히 언급하지 않는 한 여기서는 가설흙막이구조물로서의 흙막이벽을 대상으로 설명한다.

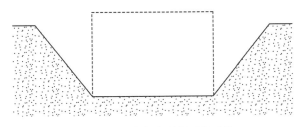

그림 1.1 비탈면부착굴착공법

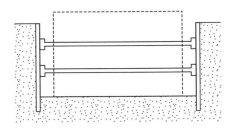

그림 1.2 지지공굴착공법

1.2.2 부분굴착공법

이 공법은 굴착지역을 두 개 이상의 구간으로 나누어 순차적으로 굴착하는 공법이며 아일랜드공법과 트렌치공법이 있다. 우선 아일랜드공법의 시공순서는 그림 1.3에서 보는 바와 같이 굴착구간의 경계부에 말뚝을 박아 흙막이벽을 마련한 후 내측에 사면을 남겨두면서 내부를 굴착한다. 소정의 깊이까지 굴착하고 중앙부에 건물의 기초부분을 섬 모양으로 먼저 축조한 후 기초부분에서 경사지게 버팀보를 설치하여 흙막이 역할을 할 수 있게 하면서 나머지 부분을 굴착하여 건물축조를 완성하는 방법이다 이 방법은 기초뿐만 아니라 건물의 상부를 축조하여 수평 버팀보지지 위치로 사용하는 경우도 있다.

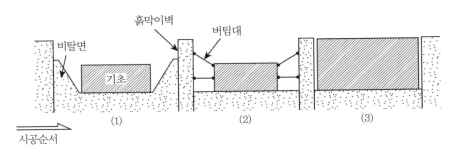

그림 1.3 아일랜드공법 시공순서

한편 트렌치공법의 시공순서는 그림 1.4에 도시한 바와 같이 우선 구조물의 외주부에 해당하는 부분에 흙막이공을 설치하면서 트렌치 모양으로 굴착하여 건물의 외주부를 먼저 축조한다. 그 다음 축조된 외주부를 지지물로 이용하여 내부를 굴착하는 공법이다. 이 공법은 지반의 상황이 나쁘면서 깊고 넓게 굴착하여야 하는 경우 적합하다.

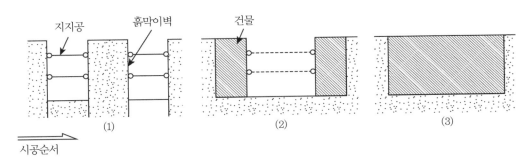

그림 1.4 트렌치공법 시공순서

1.3 용어 정의

기존의 흙막이굴착 현장에서 사용되고 있는 전문용어(technical term)와 본 서적에서 사용되는 용어 사이에 약간의 차이가 있다. 이는 현재 우리나라에서 통용되고 있는 용어 자체가 정돈되어 있지 않기 때문이다. 따라서 일상 사용하는 용어를 우리나라 언어로 정의해둘 필요가 있다.

가장 먼저 '흙막이'와 '토류'라는 용어를 들 수 있다. 토류라는 용어는 원래 일본어의 도도메(土留)를 그대로 한글음독으로 번역한 데서 유래한 용어다. 이에 비하여 흙막이는 순수 우리말로 이해하기가 쉽다. 따라서 본 서적에서는 '흙막이'란 용어만 사용하기로 한다.

다음으로 흙막이공은 흙막이벽과 이 벽체를 지지하는 지지 시스템을 모두 포함해서 일컫는 용어이다. 흙막이벽과 지지 시스템의 종류에 대하여는 제2장에서 상세히 설명할 예정이다.

흙막이벽을 구성하는 흙막이말뚝 중 엄지말뚝은 H말뚝이나 강관말뚝을 일정한 간격으로 설치하였을 때의 말뚝을 일컫는 용어다. 이를 영어로는 soldier pile이라 부른다. 이는 엄지말뚝의 설치상태가 병사가 일렬로 배열되어 있는 것 같은 데서 유래한 듯하다.

이 흙막이벽으로는 여러 가지 종류가 개발 사용되고 있지만 본 서적인 '흙막이말뚝'에서는 엄지말뚝을 사용하여 흙막이벽을 축조하는 경우만을 취급하므로 지중연속벽 및 쏘일네일링 벽체에 관한 사항은 제외시켰다. 이들 지중연속벽 및 쏘일네일링 흙막이벽에 대하여는 별도 출판 예정인 서적 '흙막이굴착'[36]에서 취급하므로 참조하기로 한다.

흙막이말뚝이라 함은 크게 H말뚝을 사용하는 경우와 널말뚝(sheet pile)을 사용하는 경우로 대별할 수 있다. 사질토지반에서는 H말뚝으로 엄지말뚝을 축조하는 경우가 많고 연약지반에서는 널말뚝을 많이 사용한다. 따라서 우리나라 내륙지역의 다층사질토지반에서는 엄지말뚝흙막이벽을 대상으로 하였고 해안지역의 연약점성토지반에서는 널말뚝흙막이벽을 대상으로 하였다.

끝으로 흙막이벽에 작용하는 토압에 대한 용어로는 현재 횡토압, 수평토압, 측방토압, 이론토압, 경험토압, 환산토압 등 다양하게 사용되고 있다. 우선 흙막이벽체가 주로 연직으로 설치되어 있으므로 이 벽체에 작용하는 토압은 수평방향으로 작용하게 된다. 따라서 횡토압, 수평토압, 측방토압이 사용된다. 그러나 본 서적에서는 주로 수평토압과 측방토압을 사용한다. 또한 흙막이벽 설계에 적용되는 측방토압은 이론적으로 산출된 이론토압이 아니고 실측치에 의거하여 경험적으로 파악 제안된 토압이므로 경험토압이다. 이 경험토압은 대개 버팀보축력이나 앵커축력을 측정하여 이를 토압으로 환산하여 적용하였으므로 환산토압이기도 하다.

참고문헌

1) 김주범·이종규·김학문·이영남(1990), "서우빌딩 안전진단 연구검토 보고서", 대한토질공학회.

2) 백영식·홍원표·채영수(1990), "한국노인복지보건의료센터 신축공사장 배면도로 및 매설물파손에 대한 검토연구 보고서", 대한토질공학회.

3) 문태섭·홍원표·최완철·이광준(1994), "두원 PLAZA 신축공사로 인한 인접자생의원 및 독서실의 안전진단 보고서", 대한건축학회.

4) 이종규·전성곤(1993), "다층지반 굴착 시 토류벽에 작용하는 토압분포", 한국지반공학회지, 제9권, 제1호, pp.59~68.

5) 채영수·문일(1994), "국내 지반조건을 고려한 흙막이벽체에 작용하는 토압", 한국지반공학회지, 94가을학술발표회논문집, pp.129~138.

6) 홍원표·김학문(1991), "흙막이구조물 설계계획 및 조사", 흙막이 구조물 강좌(I), 지반공학회지, 제7권, 제3호, pp.73~92.

7) 홍원표·이기준(1992), "앵커지지 굴착흙막이벽에 작용하는 측방토압", 한국지반공학회지, 제8권, 제4호, pp.87~95.

8) 홍원표·임수빈·김홍택(1992), "일산전철 장항정차장구간의 굴토공사에 따른 안전성 검토연구", 대한토목학회.

9) 홍원표·윤중만(1995), "지하굴착 시 앵커지지 흙막이벽에 작용하는 측방토압", 한국지반공학회지, 제11권, 제1회, pp.63~77.

10) Bjerrum, L.(1963), Discussion to European Conference on Soil Mechanics and Foundation Engineering, Wiesbaden, Vol.II, p.135.

11) Chandrasekaran, V.S. and King, G.J.W.(1974), "Simulation of excavation using finite elements", Jour. GED, ASCE. Vol.100, No.GT9, pp.1064~1089.

12) Christian, J.T. and Boehmer, J.W.(1970), "Plane strain consolidation by finite elements", Jour., SMFD, ASCE, Vol.96, No.SM4, pp.1435~1457.

13) Clough, G.W. and O'Rourke, T.D.(1990), "Construction induced movements of insitu walls", Design and Performance of Earth Rataining Structures, Geotechnical Special Publication, No.25, ASCE, pp.439~470.

14) Dismuke, T.D.(1991). Retaining Structures and Excavations, Foundation Engineering Handbook, 2nd, Ed., Fang, H.Y., pp.447~510.

15) Finno, P.J. and Harahop, I.S.(1991), "Finite Element Analyses of HDR−4 Excavation", Jour. GED, ASCE, Vol.117, No.10, pp.1590~1609.

16) Goodman, R.E. and Taylor, R.L.(1968), "A model for the mechanics of jointed rock", Jour., GED, ASCE, Vol.94, No.SM3, pp.637~658.

17) Hong, W.P. and Yun, J.M.(1996), "Lateral earth pressure acting on anchored excavation walls for building construction", Proc. 12th Southeast Asian Geotechnical Conference, Malaysis, Vol.1, pp.373~378.

18) Hong, W.P., Yun, J.M. and Lee, J.H.(1997), "Horizontal displacement of anchored retention walls for underground excavation", Proc., International Symposium of IAEA-Athens, Engineering Geology and Environment, Athens, Greece, pp.1319~1322.

19) Hunt, R.E.(1986), Geotechnical Engineering Tcchniques and Practices, McGraw-Hill, pp.598~612.

20) Juran, I. and Elias, V.(1991), "Ground anchors and soil nails in retaining structures", Foundation Engineering Handbook, 2nd, Ed., Fang, H.Y. pp.892~896.

21) Mnna, A.I. and Clough, G.W.(1981), "Prediction of movements for braced cuts in clay", Jour. GED, ASCE, Vol.107, No.GT6, pp.759~777.

22) NAVFAC DESIGN MANUAL(1982), pp.7.2-85~7.2-116.

23) Otta, L.H., Pantucek, H. and Goughnour, P.R.(1982), "Permanent ground anchors, stump design criteria", Office of Research and Development, Fed. Hwy, Admin, SS Cept Transp, Washington, D.C.

24) Peck, R.B.(1969), "Deep excavations and tunnelling in soft ground", 7th ICSMFE. State-of-the-Art Volume, pp.225~290.

25) Sandu, R.S. and Wilson, E.I.(1969), "Finite-Element Analysis of seepage in elastic media", Jour., EDD, ASCE, Vol.95, No.EM3, pp.641~652.

26) Terzaghi, K. and Peck, R.B.(1948), Soil Mechanics in Engineering Practice, 1st Ed., John Wiley and Sons, New York, pp.354~352.

27) Terzaghi, K. and Peck, R.B.(1957), Soil Mechanics in Engineering Practice, 2nd Ed., John Wiley and Sons, New York, pp.394~413.

28) Tschebotarioff, G.P.(1951), Soil Mechanics, Foundations and Earth Structure, McGraw-Hill, New York.

29) Tschebotarioff, G.P.(1973), Soil Mechanics, Foundations and Earth Structure, McGraw-Hill, New York. pp.415~457.

30) Xanthakos, P.P.(1991), Ground Anchors and Anchored Structures, John Wiley and Sons, Vol.4, pp.552~553.

31) Zienkiewicz, O.C., Best, B., Dullage, C. and Stagg, K.G.(1970), "An analysis of nonlinear problems in rock mechanics with particular reference to jointed system", Proc., 2nd., Cong ISRM, Belgrade, pp.8~14.

32) 伊勢田, 棚橋, 樋口(1979), "壁面摩擦を考慮したFEM解析", 第14會土質工學研究發表會講演

集, pp.989~992.

33) 古藤田喜久雄 外 5人(1980), "山止計測管理(軟弱粘性土地盤の場合), 第15回土質工學研究會講演集.

34) 機田(1980), "計測管理と安全管理: 根切り山止について", 基礎工, Vol.8, No.4.

35) 山肩, 吉田, 秋野(1969), "掘削工事における切バリ山留め機構の理論的考察", 土と基礎, Vol.17, No.9. pp.33~45.

36) 홍원표(2019), 흙막이굴착, 출판 예정.

흙막이공

CHAPTER

02 흙막이말뚝

흙막이공

2.1 흙막이공의 종류

제1장에서 설명한 굴착공법 중 굴착주변에 지반안정용 비탈면을 부착시키지 않는 굴착공법에서는 지반의 붕괴 혹은 과대한 변형을 방지하기 위하여 흙막이공을 설치하여야 한다.[4]

그림 2.1은 가장 많이 활용되고 있는 엄지말뚝흙막이공과 강널말뚝흙막이공의 개요도이다.[19] 이 그림에서 보는 바와 같이 일반적으로 흙막이공은 직접 지반에 접하는 부분의 흙막이벽과 이를 지지하는 흙막이지지공으로 구성되어 있는 구조물이다.[24,25]

우선 흙막이벽은 구성재료, 지지공의 형식 등에 따라 여러 가지로 분류된다. 그러나 가장 많이 적용되는 분류방법은 흙막이벽을 굴착공사 후 벽체의 사용여부에 따라 ① 가설흙막이벽(엄지말뚝흙막이벽)과 ② 영구흙막이벽(지중연속벽)으로 구분된다.[4] 가설흙막이벽은 굴착공사를 위해 설치하였다가 굴착이 완료되면 제거하는 일시적인 흙막이벽이고 영구흙막이벽은 굴착공정 시에는 흙막이벽의 역할을 하고 굴착 완료 후에는 지하구조물의 벽체로 영구히 활용할 수 있는 흙막이벽이다.

통상적으로 가설흙막이벽은 H말뚝을 엄지말뚝(soldier pile)으로 사용하고 굴착작업을 진행하면서 이 엄지말뚝 사이에 나무널판을 끼워 넣어 흙막이벽을 구성한다. 그러나 영구흙막이벽은 굴착 완료 후 본 건물의 벽체로 활용하기 때문에 철근콘크리트의 구조물을 지중에 연속적으로 설치하여 흙막이벽을 구성한다.

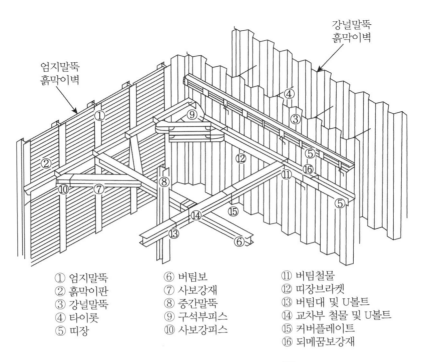

① 엄지말뚝 ⑥ 버팀보 ⑪ 버팀철물
② 흙막이판 ⑦ 사보강재 ⑫ 띠장브라켓
③ 강널말뚝 ⑧ 중간말뚝 ⑬ 버팀대 및 U볼트
④ 타이롯 ⑨ 구석부피스 ⑭ 교차부 철물 및 U볼트
⑤ 띠장 ⑩ 사보강피스 ⑮ 커버플레이트
⑯ 되메꿈보강재

그림 2.1 흙막이공의 개요도[19]

그림 2.2는 가설흙막이벽과 영구흙막이벽의 시공순서를 개략적으로 도시한 그림이다.[20] 그림 2.2(a)의 가설흙막이벽은 먼저 H형강의 엄지말뚝을 지표면에서 일정 간격으로 지중에 타설한 후 굴착을 실시하면서 엄지말뚝 사이에 나무널판을 끼워 토사가 굴착부 내부로 유입되지 않게 한다. 이렇게 구성한 흙막이벽을 버팀보나 앵커 등의 흙막이벽지지공으로 지지시킨다. 굴착이 완료된 후 본 구조물을 굴착바닥부에서 위로 설치하면서 공사를 진행한다. 본 구조물의 지하부분이 완료된 후에는 가설흙막이벽을 제거하여 지하굴착공사 및 지하구조물 축조공사를 수행한다.

한편 그림 2.2(b)의 영구흙막이벽은 먼저 지표면에서 본 구조물의 지하외벽에 해당하는 위치에 철근콘크리트 지중연속벽을 설치한다. 이 지중연속벽을 버팀보 등으로 지지시키면서 지하굴착공사를 실시한다. 지하굴착공사가 완료된 후에는 굴착 바닥부에서부터 본 건물의 지하부분 구조물을 축조한다. 이때 굴착 시 흙막이벽으로 활용하던 지중연속벽을 본 건물의 외벽으로 활용한다. 이러한 공법을 굴착을 먼저 실시하고 본 구조물을 굴착바닥부에서 위로 축조한다 하여 순타(bottom-up)공법이라 한다.

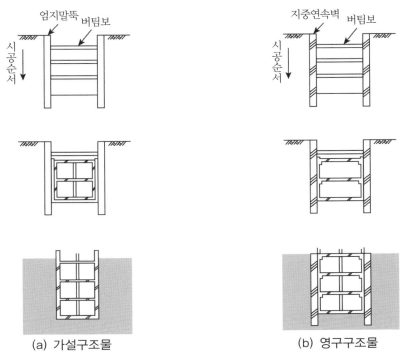

엄지말뚝 버팀보

지중연속벽 버팀보

시공순서

시공순서

(a) 가설구조물

(b) 영구구조물

그림 2.2 굴착공사 후 사용 여부에 따른 흙막이벽의 분류

이에 반하여 지표면에서 지하로 굴착을 진행하기 전에 바닥 슬래브를 먼저 설치하고 지중연속벽을 지지하는 버팀보를 사용하지 않고 이 슬래브의 강성으로 지중연속벽을 지지시키면서 지하굴착을 진행하는 경우도 있다. 이러한 공법을 앞서 설명한 순타공법에 대응하여 역타(top-down)공법이라 부른다. 이 역타공법에서는 지하부분의 본 구조물을 지표면에서 지하굴착의 진행에 따라 구조물 지하부의 슬래브와 기둥을 순차적으로 지하에 설치함과 동시에 지표면에서는 본 건물의 지상부를 동시에 시공할 수 있는 장점이 있다.

이와 같이 흙막이벽을 굴착공사 후 본 구조물에 사용여부에 따라 흙막이벽을 분류하는 방법 이외에도 흙막이벽의 지수기능에 따라 ① 투수성 흙막이벽과 ② 차수성 흙막이벽으로 분류하기도 한다. 지하수위가 굴착깊이보다 아래에 존재하면 흙막이벽의 차수기능이 필요하지 않으나 지하수위가 높게 존재하면 굴착 시 지하수가 유입되어 공사가 어렵게 된다. 따라서 이런 경우에는 흙막이벽체가 차수기능을 가지는 벽체로 설치되어야 한다. 일반적으로 엄지말뚝과 나무널판으로 축조된 가설흙막이벽은 차수기능이 없어 투수성 흙막이벽에 해당하며 지중연속벽은 차수기능이 있어 차수성 흙막이벽에 해당한다.[21, 26]

그 밖에도 흙막이벽을 흙막이벽의 구성재료에 따라 분류하면 다음과 같다.

① 간이흙막이벽
② 엄지말뚝흙막이벽
③ 널말뚝흙막이벽
　　－강널말뚝
　　－강관널말뚝
　　－콘크리트널말뚝
④ 지하연속벽
⑤ 주열식 흙막이벽

이들 흙막이벽에 대하여는 제2.2절에서 자세히 설명하기로 한다.

한편 굴착을 진행할 때 흙막이벽을 지지하여 붕괴를 방지시키는 흙막이지지공으로는 버팀보나 앵커가 일반적으로 많이 적용된다. 그러나 이들 흙막이지지공 이외에도 최근에는 여러 가지 방법으로 흙막이벽을 지지하고 있는데 이를 정리하면 다음과 같다.

① 자립식 흙막이지지공
② 버팀보식 흙막이지지공
③ 앵커식 흙막이지지공
④ 쏘일네일링식 흙막이지지공
⑤ 슬래브식(역타(top-down)공법) 흙막이지지공
⑥ 레이커식 흙막이지지공

이들 흙막이벽지지공에 대하여는 제2.3절에서 자세히 설명하기로 한다.

이와 같은 흙막이벽과 흙막이지지공으로 구성된 흙막이공 중 어느 흙막이공을 채용할 것인가는 굴착의 규모, 시공조건 및 환경조건에 따라 결정된다. 도시지역에서의 시공의 경우에는 환경조건의 요소가 큰 비중을 차지하는 경우가 많다. 즉, 공법적으로는 소음, 진동의 경감대책, 구조적으로는 흙막이벽 변위의 방지대책 등에 대한 검토가 필요하다.

2.2 흙막이벽

2.2.1 간이흙막이벽

소형 강널판이나 나무판으로 구성된 흙막이벽이다. 혹은 낡은 레일(rail)을 지중에 타설하고 굴착하면서 레일 사이에 나무널판을 끼워 두는 공법도 간이흙막이벽이라 할 수 있다. 이 흙막이벽은 단면성능(강성)이 작고 차수성은 별로 좋지 않아 소규모 주택건설공사를 위한 지하굴착공사에 주로 채택된다.

사진 2.1은 간이흙막이벽을 설치한 주택건설공사 현장의 한 사례이다. 이 사진에서는 H말뚝을 재활용하여 엄지말뚝으로 활용하였고 이들 엄지말뚝 사이에 나무널판을 끼워 넣어 간이흙막벽을 설치한 모습을 볼 수 있다. 그러나 시공상태가 그다지 양호해 보이지 않는다. 이와 같은 간이흙막이벽은 흙막벽으로서의 기능을 충분히 발휘하기가 어려워 굴착공사 중 종종 붕괴사고가 발생한다.

사진 2.1 간이흙막이벽의 사례

2.2.2 엄지말뚝흙막이벽

H형강(혹은 I형강)의 엄지말뚝을 1~2m 간격으로 지중에 타설한 후(경우에 따라서는 천공을 하여 설치하기도 한다) 굴착하면서 말뚝 사이에 나무널판을 끼워 흙막이벽으로 조성하는 공법이다.[9] 양질지반에서 표준공법으로 널리 사용되고 있으나 차수성이 좋지 않고 굴착

저면 아래 근입부의 벽체연속성이 확보될 수 없는 등의 이유로 지하수위가 높은 지반이나 연약지반 등에서 사용 시에는 지하수위저하공법, 생석회 말뚝공법 등의 보조공법에 의한 지반개량을 병용할 필요가 있다.

그림 2.3은 엄지말뚝흙막이벽의 정면도와 단면도이다. 이 그림에서 보는 바와 같이 H말뚝을 엄지말뚝으로 일정간격으로 설치하고 이 엄지말뚝 사이에 흙막이판(나무널판)을 삽입하여 흙막이벽을 조성하였다.

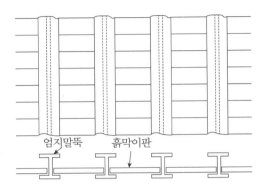

그림 2.3 엄지말뚝흙막이벽

사진 2.2는 엄지말뚝흙막이벽을 설치한 건설공사현장의 한 사례이다. 이 사진의 좌측 사진(사진 2.2(a))은 엄지말뚝흙막이벽이 띠장과 버팀보로 지지되고 있는 사진이며 우측 사진(사진 2.2(b))은 굴착공간이 넓어 굴착 공간 내부에 중간말뚝이 설치되어 있는 사진이다.

(a) 엄지말뚝흙막이벽   (b) 중간말뚝

사진 2.2 엄지말뚝흙막이벽의 사례

2.2.3 널말뚝흙막이벽

널말뚝흙막이벽은 지하수위가 높은 지반이나 연약지반에서의 대규모 굴착공사에 적용된다.[7,12,13] 특히 호안구조물공사 현장에서 적용되는 사례가 많다. 널말뚝흙막이벽은 널말뚝의 구성재료에 따라 ① 강널말뚝,[12,13] ② 강관널말뚝,[7] ③ 콘크리트널말뚝으로 구분된다. 이 중 강널말뚝흙막이벽과 강관널말뚝흙막이벽이 주로 적용되며 이들 흙막이벽에 대하여 설명하면 다음과 같다.

(1) 강널말뚝흙막이벽

그림 2.4에서 보는 바와 같은 다양한 단면, 즉 U형, Z형, 직선형, H형 단면의 강널말뚝(steel sheet pile)의 연결부를 서로 맞물리게 하면서 연속하여 지중에 타설하여 흙막이벽으로 사용하는 공법이다.[12,13] 일반적으로 U형 강널말뚝을 많이 사용한다. 차수성이 좋고 굴착저면 아래 근입 부분의 벽체연속성이 확보될 수 있기 때문에 지하수위가 높은 지반이나 연약지반 및 호안구조물에 일반적으로 이용된다. 타설 시의 소음, 진동이 문제가 되는 경우에는 무소음, 무진동공법을 고려할 필요가 있다.

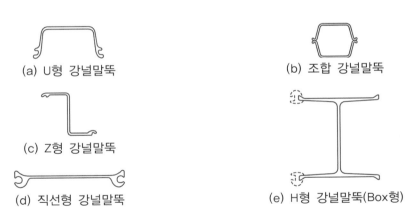

(a) U형 강널말뚝 (b) 조합 강널말뚝

(c) Z형 강널말뚝

(d) 직선형 강널말뚝 (e) H형 강널말뚝(Box형)

그림 2.4 강널말뚝의 종류

(2) 강관널말뚝흙막이벽

그림 2.5는 강관말뚝을 서로 인접시켜 흙막이벽으로 활용하는 강관널말뚝흙막이벽의 단면도이다. 이들 강관말뚝의 측면에 형강이나 파이프 등을 부착시켜 서로 물리게 연결시키면서 연속하여 지중에 타설하여 흙막이벽으로 사용하는 흙막이공법이다.[7] 이 흙막이벽은 차

수성이 좋고 굴착저면 아래 근입 부분의 연속성이 확보될 수 있으며 단면성능도 크기 때문에 지하수위가 높은 지반이나 연약지반에서의 대규모 굴착공사에 적용된다. 그러나 말뚝 타설 시에는 진동과 소음 문제가 발생되는 단점이 있다.

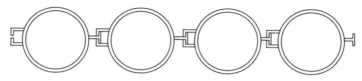

그림 2.5 강관널말뚝의 연결단면도

이들 강관널말뚝을 서로 연결시키는 이음장치는 그림 2.6에서 보는 바와 같이 T형, 파이프형, 프레스형, 파이프 T형, 앵글형, 고리형과 같은 여러 형상이 사용되고 있다.

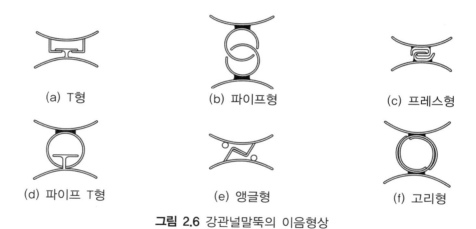

(a) T형   (b) 파이프형   (c) 프레스형

(d) 파이프 T형   (e) 앵글형   (f) 고리형

그림 2.6 강관널말뚝의 이음형상

2.2.4 철근콘크리트지중연속벽

흙막이벽 위치의 지반을 먼저 트렌치굴착한 후 그 위치에 철근콘크리트를 타설하여 현장에서 지중에 철근콘크리트벽체를 연속적으로 설치하여 조성하는 흙막이벽이다.[1,2,14,16,22] 지반을 굴착할 때는 트렌치 모양으로 굴착하며 이때 굴착벽의 붕괴를 방지하기 위해 벤트나이트(Bentonite) 슬러리 용액을 사용한다. 이 벤트나이트 슬러리 용액의 지반안정작용을 이용하여 지반을 굴착한 후 조립철근망을 트렌치에 넣고 콘크리트를 타설하여 현장에서 지중에 철근콘크리트벽을 연속적으로 설치하는 흙막이공법이다.

흙막이벽체의 차수성, 굴착저면 아래의 벽체연속성, 단면강성이 높기 때문에 대규모 굴착 공사 및 굴착으로 인한 피해가 예상되는 중요한 구조물에 인접한 공사, 연약지반공사 등에 적용된다. 또한 본체구조물의 일부로도 이용될 수 있고 소음, 진동이 적은 것 등의 특징이 있다. 그러나 작업시간이 길고, 작업대가 커지는 등의 이유로 본 공법의 채용 시는 공사비, 공기면에서 적합성을 검토할 필요가 있다.

시공순서를 개략적으로 도시하면 그림 2.7과 같다. 먼저 제1단계에서는 지표면에 가이드 벽(guide wall)을 설치하고 크램셸(cramshell)로 굴착을 실시하면서 트렌치 굴착벽의 안정을 유지하기 위해 벤트나이트 슬러리 안정액을 트렌치 내에 채운다. 제2단계에서는 벤트나이트 역순환에 의해 트렌치 바닥의 잔토를 제거한다. 제3단계에서는 스톱엔드 파이프를 설치하고 별도 조립해놓은 철근망을 트렌치 내에 삽입한다. 마지막으로 제4단계에서는 홉퍼를 통해 굴착 바닥에서부터 트레미 파이프로 콘크리트를 주입하여 지중 철근콘크리트벽체를 조성한다.

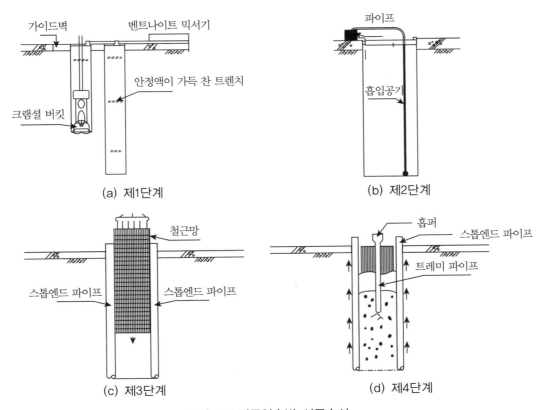

(a) 제1단계
(b) 제2단계
(c) 제3단계
(d) 제4단계

그림 2.7 지중연속벽 시공순서

(a) 가이드벽 설치

(b) BC커터기 장착

(c) 철근망 건입

(d) 철근망을 I빔에 메담

(e) 콘크리트 타설

(f) 계측용 파이프 설치

사진 2.3 지중연속벽시공 현장사진

사진 2.3은 지중연속벽 시공순서의 현장사진이다. 우선 사진 2.3(a)와 같이 지중연속벽이 설치될 위치에 가이드벽을 콘크리트로 설치하고 이 가이드벽 위에 트렌치 굴착용 장비인 BC커터기를 장착하고 슬러리용액을 넣으면서 굴착을 진행한다(사진 2.3(b) 참조). 이 굴착 단계에서는 그림 2.7(a)와 같이 크램셀로 굴착하기도 한다. 트렌치 굴착이 완료되면 트렌치 내 슬라임을 제거한 후 별도로 조립한 철근망을 크레인에 매달아 트렌치 속에 삽입한다(사진 2.3(c) 참조). 이 철근망을 가이드벽에 가로 지른 I빔에 메달아 놓는다(사진 2.3(d) 참조). 레미콘으로 운반해온 콘크리트를 홉퍼와 트레미 파이프를 통해 트렌치 바닥에서부터 천천히 주입한다(사진 2.3(e) 참조). 이때 굴착 중 지중연속벽의 변위를 모니터링하기 위해 계측용 파이프를 벽체 내부에 매몰 설치한다(사진 2.3(f) 참조).

2.2.5 주열식 흙막이벽

지표면에서 지중기둥의 위치를 먼저 천공한 후 조립철근이나 형강을 천공한 지중기둥공 간에 넣어 현장타설콘크리트 원형기둥을 일정한 간격으로 지중에 설치하여 조성한 흙막이 벽을 주열식 흙막이벽이라 부른다.[5,6,23] 즉, 기둥 속에 조립철근이나 형강을 넣어 현장타설 콘크리트 단형기둥을 연속하여 지중에 설치하여 만든 흙막이벽이다.

차수성 흙막이벽을 설치할 필요가 있을 경우는 콘크리트 원형 기둥 사이에 몰탈 기둥을 추가로 주입 설치한다. 벽체의 강성이 크며 소음, 진동이 적어 시가지 등에서 강널말뚝흙막 이공의 대용으로 사용되는 사례가 많다. 그러나 공비, 공기의 면에서 불리한 면이 있다.

지중 기둥의 배치는 그림 2.8과 같이 기둥 사이에 아무런 약액 그라우팅보강이 없는 경우 에서부터 기둥 사이를 약액으로 그라우팅 보강한 경우가 있다. 그 밖에도 기둥을 서로 중첩 시켜 차수성을 확보시키기도 한다.

이들 기둥의 배열 방법을 더욱 세분하면 그림 2.9에 도시된 바와 같이 ① 1열분리형 (seperate style), ② 1열접촉형(contact style) ③ 1열겹치기형(overlapping style) ④ 갈지 자형(zigzag style) ⑤ 조합형 등이 있다. 1열분리형은 그림 2.9(a)에 도시된 바와 같이 지중 기둥을 단지 일정 간격으로 배치 설치하는 형태이다. 이 경우는 기둥 사이에 그라우팅을 실시 하지 않아 지하수위가 높은 곳에서는 사용할 수 없다. 이 경우보다 좀 더 차수효과가 개선된 형태가 그림 2.9(b)의 1열접촉형과 그림 2.9(c)의 1열겹치기형 및 그림 2.9(d) 의 갈지자 형태 이다. 그 밖에도 그림 2.9(e)와 같이 조립철근과 H형강으로 보강한 기둥을 조합하여 사용하 는 경우도 있다.

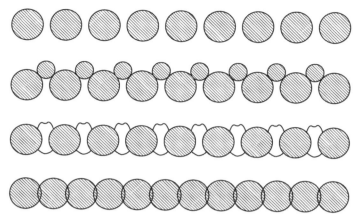

그림 2.8 주열식 흙막이벽의 차수성 보강

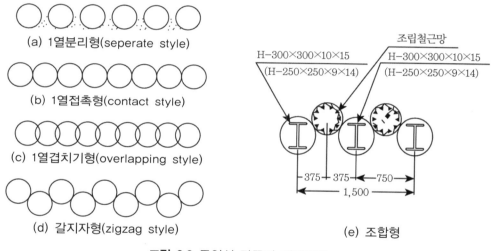

(a) 1열분리형(seperate style)

(b) 1열접촉형(contact style)

(c) 1열겹치기형(overlapping style)

(d) 갈지자형(zigzag style)

조립철근망

H−300×300×10×15
(H−250×250×9×14)

H−300×300×10×15
(H−250×250×9×14)

─375─┼─375─┼──750──
──────1,500──────

(e) 조합형

그림 2.9 주열식 말뚝의 배치방법

천공한 기둥에 소일시멘트를 사용하여 주열식 흙막이벽을 설치할 경우 벽체의 강성을 확보하기 위해 강재의 삽입 방법에 따라 주열식 흙막이벽의 종류는 그림 2.10과 같이 다양하게 제작할 수 있다. 즉, 그림 2.10(a)는 소일시멘트 기둥 속에 H형강을 삽입한 경우이고 그림 2.10(b)는 소일시멘트 기둥 속에 강관말뚝을 삽입한 경우이다. 강널말뚝으로 강성을 보강한 경우는 그림 2.10(c)이고 특수 강관말뚝과 PC말뚝을 사용한 경우의 단면은 각각 그림 2.10(d) 및 그림 2.10(e)와 같다. 그 밖에도 그림 2.10(f)와 같이 특수한 널말뚝을 넣어 흙막이벽을 조성하기도 한다.

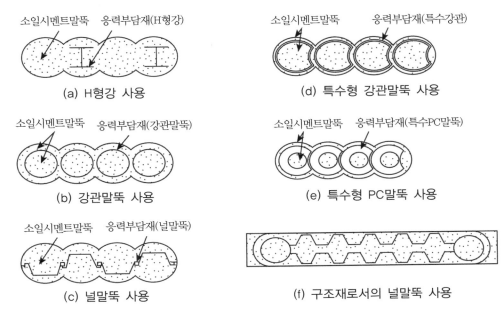

그림 2.10 주열식 흙막벽의 강성보강

사진 2.4는 주열식 흙막이벽을 시공한 현장에서의 시공순서 사진이다. 사진 2.4(a)는 세 개의 지중기둥을 한 번에 천공할 수 있는 다련식 천공장비이고 사진 2.4(b)는 천공한 지중기둥 공간에 조립철근을 삽입 설치하는 장면이다. 사진 2.4(c)와 (d)는 지중에 기둥의 설치가 완료된 장면이며 이들 기둥 두부에 캡콘크리트를 타설하는 장면이다. 마지막으로 사진 2.4(e)와 (f)는 각각 굴착을 시작하는 사진과 굴착이 완료된 사진이다.

2.3 흙막이벽지지공

2.3.1 지지형식

흙막이벽을 지지하는 방식으로는 그림 2.11에 정리한 바와 같이 자립식과 지지식의 두 가지로 대별할 수 있다. 자립식은 흙막이벽을 지지하는 지지공을 별도로 두지 않고 흙막이벽체의 강성과 흙막이벽 근입부의 저항만으로 흙막이벽을 캔틸레버식으로 지지하는 형식이다.[10,15] 이러한 지지형식은 흙막이 굴착깊이가 비교적 작은 경우나 널말뚝을 사용한 호안구조물에서 종종 볼 수 있다.

(a) 다련식 천공장비

(b) 조립철근 삽입

(c) 지중기둥 시공 후 상태

(d) 기둥두부 캡콘크리트 타설

(e) 제1단 띠장 설치

(f) 굴착 후 주열식 흙막이벽 전경

사진 2.4 주열식 흙막벽 현장사진

그림 2.11 흙막이벽지지공의 분류

그림 2.12는 흙막이벽을 자립식으로 지지한 경우의 개략도이다. 이 지지공은 지반의 강도가 크고 비교적 얕은 굴착에서 사용된다. 그림 2.12에서 보는 바와 같이 굴착부에 소단과 비탈면을 부착하면 굴착의 안전성을 향상시킬 수 있다. 보통 5~6m 깊이까지의 굴착현장에 적용 가능하다. 그러나 연약지반에는 적합하지 않다.

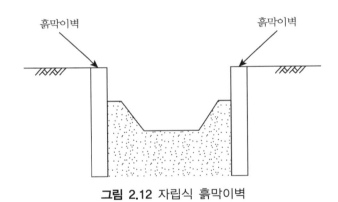

그림 2.12 자립식 흙막이벽

최근에는 소일네일링으로 흙막이벽을 벽체 배면의 지반에 지지시키는 방식도 많이 적용한다. 또한 역타공법을 적용할 때는 지중연속벽을 지표면에서부터 지중으로 순차적으로 타설하는 각 지하층의 슬래브로 지지시키는 방법도 많이 적용한다. 그 밖에 벽체와 굴착 바닥 사이에 경사 버팀보를 설치하여 지지시키는 레이커식도 유용하게 적용하고 있다.

2.3.2 버팀보식

그림 2.13(a)는 버팀보지지 흙막이벽의 단면 개략도이며 그림 2.13(b)는 현장사례사진이다. 버팀보로 지지하는 흙막이벽은 주로 엄지말뚝흙막이벽의 경우가 많다.[9,12] 즉, 굴착 경

계부에 엄지말뚝과 나무널판으로 흙막이벽을 설치하고 강재보로 지지하면서 굴착을 수행한다. 굴착 내부가 넓을 경우는 그림 2.13(a)의 개략도에서 보는 바와 같이 중간에 중간말뚝을 설치하여 버팀보의 좌굴장을 짧게 한다.

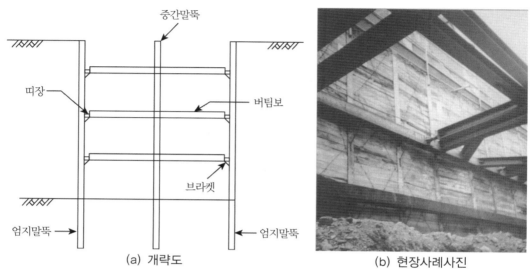

(a) 개략도   (b) 현장사례사진

그림 2.13 버팀보지지 흙막이벽

흙막이벽은 우선 띠장으로 서로 연결시킨 후 이 띠장 부위에 버팀보를 설치한다. 이 지지형식은 굴착면적이 중규모 이하이고 굴착평면형상이 사각형일 때 적합하다. 특히 흙막이벽 배면부지의 여유가 없을 때도 적합하다.

이 지지 시스템은 중규모 이하 굴착현장에 적용하기 용이하고 흙막이벽의 재질이 균일하고 재사용이 가능하다. 대규모 굴착현장에 사용하는 것은 바람직하지 않다. 굴착심도가 깊을 경우 버팀보가 많이 요구되어 시공이 곤란하다. 이 지지공은 시공실적이 풍부하며 실제 대규모 굴착현장에도 과감하게 적용한 사례도 많다. 물론 지금까지 이 지지 시스템을 적용한 현장에서 붕괴사고가 많이 발생하여 실패한 경험 또한 많다.

2.3.3 앵커식

그림 2.14(a)는 앵커지지방식의 흙막이벽 단면 개략도이며 그림 2.14(b)는 현장사례사진이다. 이 현장사례에서는 띠장을 단순보로 설치하였으나 연속보로도 설치할 수 있다. 즉,

흙막이벽체를 앵커로 지지시킴으로써 벽체에 작용하는 토압을 흙막이벽 배면 지반에 지지시키는 방식이다.[8,13,17,18] 여기서 흙막이 벽체는 여러 가지 형태의 흙막이벽체에 모두 적용할 수 있다. 즉, 엄지말뚝과 나무널판으로 조성한 흙막이벽이나 널말뚝흙막이벽뿐만 아니라 철근콘크리트 지중연속벽의 흙막이벽을 지지시키는 데도 적용할 수 있다. 여기서 앵커는 자유장과 정착장으로 구성되어 있고 경우에 따라서는 전체길이가 길어 흙막이벽 배면에 충분한 공간이 확보되어야만 적용할 수 있다.

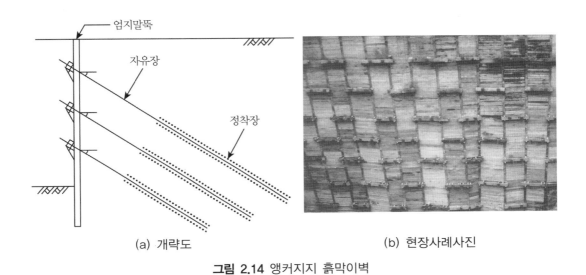

(a) 개략도   (b) 현장사례사진

그림 2.14 앵커지지 흙막이벽

앵커식 지지공은 굴착면적이 넓고 앵커 정착층이 양호할 때 유리하다. 또한 앵커지지방식은 지하수위가 높지 않을 때 유리하다. 이 지지방식을 적용할 경우 굴착 작업공간 확보가 용이하여 중장비 운용이 향상되며 시공능률이 양호하다. 그러나 인접지역 토지소유자로부터 지하지반의 사용허락을 얻어야 적용할 수 있는 단점이 있다. 또한 주변지하수위 저하로 지반침하를 유발할 수 있으며 정착장 지반이 불량한 경우 적용하기 부적합한 단점이 있다.

2.3.4 슬래브식(top-down 공법)

슬래브식 지지방식은 역타(top-down)공법으로 지하굴착공사를 수행할 때 적용하는 지지방식이다.[1] 그림 2.15는 역타공법의 시공순서도이다. 먼저 흙막이벽 위치의 지표면에서 지중연속벽을 설치한다(그림 2.15(a)). 이 벽체는 본 구조물의 외벽으로 활용된다. 다음은 본 건물의 기둥부에 해당하는 위치의 지표면에서 대구경 말뚝의 지중기둥을 설치한다(그림 2.15(b)). 제1단계 굴착을 실시한다(그림 2.15(c)). 이때 지표면에서 지중벽체와 기둥위에 바닥슬래브를 타설하며 동시에 본 건물의 상부구조물도 축조한다. 계속하여 제2단계 이상의 굴착을 실시한다. 이와 같이 하여 구조물의 상부와 하부의 공사를 동시에 실시한다.

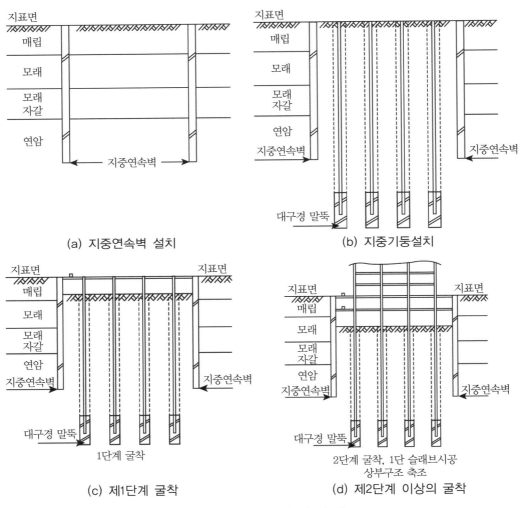

(a) 지중연속벽 설치

(b) 지중기둥설치

(c) 제1단계 굴착

(d) 제2단계 이상의 굴착

그림 2.15 역타공법 시공순서

각 층의 슬래브가 지하굴착을 실시하는 동안 지중연속벽체의 버팀기구 역할을 하게 된다. 이 공법은 인접구조물을 보호하고 연약지반에서 안전한 시공을 할 수 있는 공법이다. 지하와 지상 구조물을 동시에 시공할 수 있으므로 공기가 단축된다. 또한 도심지에서 소음, 분진, 진동 등의 공해가 적어 유리하며 깊은 심도의 공사에서는 경제성이 우수한 장점이 있다.

그러나 시공이 완료된 바닥 슬래브 아래에서 토공을 진행해야 됨으로 공기 및 공사비 면에서 불리한 단점이 있다. 또한 시공 중 토압 및 작업하중을 영구구조인 슬래브가 지지해야 하므로 많은 구조계산검토와 바닥두께를 증가시킬 필요가 있는 단점도 있다.

2.3.5 소일네일링식

그림 2.16에 소일네일링을 시공하는 순서를 개략적으로 도시하였다.[3,11] 먼저 지반을 소정의 깊이로 굴착하고(그림 2.16(a)) 굴착한 위치에 네일을 설치한 후(그림 2.16(b)) 굴착면에 쇼크리트를 타설한다(그림 2.16(c)). 방금 설치한 네일 하부를 다시 굴착하고 지금까지의 과정을 반복하여 최종 깊이까지 굴착한다(그림 2.16(d)).

비탈면이나 터파기 굴착면을 자립할 수 있는 안정높이로 굴착함과 동시에 쇼크리트 표면 보호공을 시공하고 굴착 배면 지반에는 천공 또는 기타의 방법으로 보강재를 삽입하는 작업을 반복하여 보강토체를 조성한다.

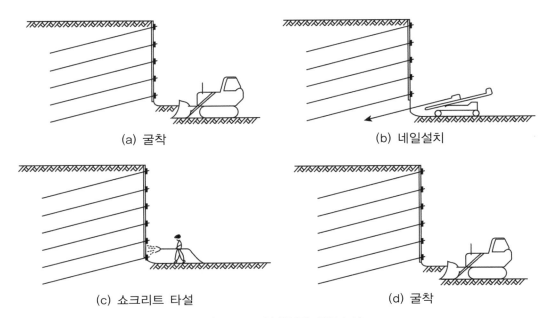

(a) 굴착   (b) 네일설치

(c) 쇼크리트 타설   (d) 굴착

그림 2.16 소일네일링 시공순서

이 공법은 굴착지반 내 작업공간 확보가 용이하며 경량의 시공장비로 신속하게 시공이 가능하여 공기단축과 공사비 절감의 장점이 있다. 또한 동적하중 작용 시 저항능력이 크다. 각 단계별 연직굴착깊이는 최대 2m로 제한하며 설치하고자 하는 네일과 네일 사이의 중간 위치까지 굴착한다. 네일 천공직경은 10~30cm로 한다.

네일로는 이형철근이나 강봉 및 유리섬유로 합성된 재료를 이용한다. 연결 시 용접으로 연결하지 않고 커플러를 이용한다. 쇼크리트의 최소두께를 확보해야 하고 네일이 천공구멍의 중간에 위치하도록 간격제를 사용한다. 벽체를 형성할 때는 와이어매쉬 위에 쇼크리트를 분사하고 섬유질 콘크리트에 의한 전면판이나 프리캐스트 패널을 이용한다. 설계 시에는 국부적 안정성과 전체 안정성에 대한 검토를 모두 해야 한다.

2.3.6 레이커식

그림 2.17(a)는 레이커지지공의 단면도이다. 이 그림에서 보는 바와 같이 흙막이벽과 굴착바닥 사이에 경사 지보재를 설치하여 흙막이벽을 지지시킨다. 흙막이벽은 여러 가지 형태의 흙막이벽에 다 적용이 가능하며 경사 지보재는 H형강이나 강관말뚝을 사용할 수 있다.

그림 2.17(b)는 H말뚝이 들어갈 공간을 먼저 천공으로 마련하고 시멘트몰탈로 천공내부를 충진시킨 후 H말뚝을 삽입하여 엄지말뚝으로 하고 굴착을 하면서 상부는 자립식으로 굴착을 실시하다가 하부에서는 강관 레이커로 지지시킨 사례현장사진이다.

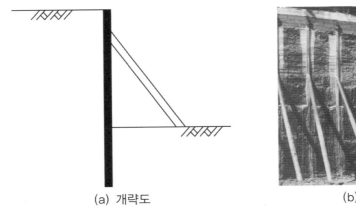

(a) 개략도

(b) 현장사례사진

그림 2.17 레이커지지 흙막이벽

2.4 흙막이공 선택을 위한 조사 및 시험

흙막이구조물은 축조된 후 항구적으로 혹은 정해진 기간 동안 그 기능이 지속적으로 만족되도록 설계되고 시공되지 않으면 안 된다. 그러기 위해서는 명확한 설계조건이 필요하며 적합한 시공조건을 설정할 필요가 있다. 더욱이 구조물이 실제와 합치되고 있는가 여부도 확인하여야 한다. 이러한 조건을 찾기 위하여 실시하는 것이 흙막이공 선택을 위한 조사와 시험이다. 조사대상은 지반의 특성, 주변의 환경조건 등을 들 수 있다. 지반의 특성에는 지형이나 지하수의 상태, 환경조건에는 교통사정이나 주변에 미치는 소음, 진동의 공해문제 등이 포함된다.[21]

2.4.1 예비조사

예비조사는 흙막이구조물의 종류에 맞는 형식을 선정하기 위한 자료를 수집하는 단계이다. 또한 예비조사는 본조사의 내용을 결정하기 위한 조사이기도 하다. 예비조사 단계에서는 다음 사항이 포함되어야 한다.

① 기존의 지반조사나 시공자료의 수집
② 지형이나 우물의 상황조사
③ 인접구조물의 크기, 기초의 형식 및 그 상황조사
④ 주변의 환경조사
⑤ 기상조건의 변동에 의한 영향의 유무
⑥ 기타

주변에 대한 사전조사항목으로는 표 2.1에 정리된 바와 같이 입지조건과 주위상황, 지형 및 지형변천사, 토질 및 지하수, 매설물 및 장애물, 계절 및 기상, 도로 및 교통 상황, 각종 신청, 제출 연락처, 관계법규 등이 있다.

표 2.1 주변의 사전조사항목

입지조건과 주위 상황	부지위치, 경계선확인, 부지형상, 부지 내외의 고저차 및 기준 높이, 인접구조물(도로 포함), 공작물 및 건설 시의 상황, 소음, 진동, 주위의 주택 등
지형, 지형 변천사	부지 부근 전반적 지형과 위치 변천(매립지 경우 등)
토질 및 지하수	토층 구성과 토질, 지하수위, 투수성, 수량, 간만상황 등
매설물 및 장애물	구기초, 구우물, 구제방, 지하매설전선, 상하수도, 전화선, 지하철
계절 및 기상	우량, 집중호우 등
도로 및 교통상황	도로의 종류 및 구조, 차량통행상황, 교통제한 등
각종 신청, 제출 연락처 관계법규	각종 신청, 제출, 연락처 관계 법규

2.4.2 본조사

예비조사에 의하여 얻은 개략의 지반조건 등으로부터 축조하려는 흙막이구조물의 형식이 선정된다. 본 조사는 여기에 대응한 설계, 시공 및 그 후의 관리에 필요하다고 생각되는 자료를 구하기 위하여 행하는 조사이다.

우선 지반조사에 관한 조사사항을 알아보면 다음과 같다. 지반조사의 기본은 지반구성을 분명히 파악하는 것과 각 토층의 역학적·물리적 특성을 알기 위함이다. 이 양자의 적절한 조합에 의하여 조사의 범위와 시험이 결정된다. 조사의 범위는 대략 50~100m 간격으로 조사깊이는 설계근입장$+\alpha$ 깊이까지 실시한다. 또한 조사범위를 결정하기 위해서는 작용응력이 미치는 범위를 고려하여 둘 필요가 있다. 말뚝을 사용하는 경우는 조사깊이를 지지층까지로 하며 압밀침하현상에 대하여는 층두께를 확인할 필요가 있다.

흙막이구조물의 종류에 따른 지반조사항목은 표 2.2와 같다. 지반의 조사항목은 물리특성, 역학특성, 압축특성, 및 지하수특성을 들 수 있다. 지반조사항목은 꼭 필요한 조사와 가능하면 조사하는 것이 좋은 조사로 나눌 수 있다.

표 2.2 흙막이구조물별 지반조사항목

조사항목	물리특성	역학특성	압축특성	지하수특성	기타
강널말뚝	△	○	○	○	○ : 꼭 필요로 한 조사
지하연속벽	△	○	○	○	△ : 가능하면 조사하는 것
앵커 사용 시	○	○	△	○	이 좋은 조사
기타	–	○	–	○	

흙막이벽이 축조될 수 있는가 여부의 판단뿐만 아니라 굴착에 따라 충분한 안전성을 확보할 수 있는가, 보일링이나 히빙이 발생하지 않을까 등의 요소를 눈여겨볼 필요가 있다. 또한 피압지하수의 유무 등과 함께 양수시험을 행할 필요가 발생할 경우도 있다.

앞의 조사항목에 대응한 시험방법을 보면 다음과 같다. 즉, 점성토와 사질토의 물리특성, 역학특성, 압축특성 및 지하수특성을 파악하기 위해 실시해야 하는 실내시험과 현장시험은 표 2.3과 같다. 우선 지반의 물리적 특성을 파악하기 위해서는 입도시험, 함수량시험, Atterberg 시험과 같은 실내물성시험을 실시한다.

표 2.3 지반특성을 파악하기 위한 실내시험과 현장시험

		물리특성	역학특성	압축특성	지하수특성
점성토	실내시험	• 입도시험 • 함수량시험 • LL, PL시험	• 일축압축시험 삼축압축시험	• 압밀시험 • LL 및 함수비시험	압밀시험 투수시험
	현장시험		Vane 시험 • DCPT • 평판재하시험 말뚝재하시험		
사질토	실내시험	• 입도시험 함수량시험	삼축압축시험 혹은 일면전단시험	삼축압축시험 혹은 압밀시험	
	현장시험		평판재하시험 말뚝재하시험 • SPT 혹은 DCPT	• SPT 혹은 DCPT 평판재하시험	현장투수시험 입도시험 • 수위측정

• 표시는 주로 사용하는 시험방법
* DCPT(Dutch Cone Penetration Test) : 더치콘관입시험
* SPT(Standard Penetration Test) : 표준관입시험

지반의 역학특성을 파악하기 위해서는 실내 및 현장의 다양한 시험이 실시될 수 있다. 실내시험으로는 일축압축시험, 삼축압축시험, 직접전단시험이 주로 실시되고 현장시험으로는 더치콘관입시험(DCPT) 혹은 표준관입시험(SPT)이 가장 많이 사용된다. 그 외에도 평판재하시험과 말뚝재하시험이 적용될 수도 있다. 점성토의 경우는 베인전단시험을 현장에서 실시하기도 한다.

지반의 압축특성을 파악하기 위해서는 실내압밀시험이 많이 실시되며 지하수특성을 파악하기 위해서는 점성토의 경우는 실내시험을 주로 실시하나 사질토의 경우는 현장투수시험을 많이 실시한다.

참고문헌

1) 강철중(2013), Top-Down 공법에 적용된 지중연속벽의 측방토압과 변위거동, 중앙대학교 대학원 박사학위논문.

2) 김동준·이병철·김동수·양구승(2001), "대규모 굴착공사에 따른 지중연속벽체의 변형특성(II)", 한국지반공학회논문집, 제17권, 4호, pp.107~115.

3) 김홍택(2001), 쏘일네일링의 원리 및 지침, 평문각.

4) 홍원표(1985a), 흙막이공법, 삼성종합건설주식회사 전문실무교재.

5) 홍원표(1985b), "주열식 흙막이벽의 설계에 관한 연구", 대한토목학회논문집, 제5권, 제2호, pp.11~18.

6) 홍원표·권우용·고정상(1989), "점성토지반 속 주열식 흙막이벽의 설계", 대한토질공학지, 제5권, 제3호, pp.29~38.

7) 홍원표 외 3인(1990), "편재하중을 받는 연약지반 속의 벽강관식 안벽의 안정 해석", 한국강구조학회논문집, 제2권, 제4호, pp.213~226.

8) 홍원표·윤중만(1995), "지하굴착 시 앵커지지 흙막이벽에 작용하는 측방토압", 한국지반공학회지, 제11권, 제1회, pp.63~77.

9) 홍원표 외 3인(1997), "버팀보로 지지된 흙막이벽의 거동에 관한 연구", 중앙대학교 기술과학연구소 논문집, 제28집, pp.49~61.

10) 홍원표(1998), "안산 고잔지구 풍림아파트 신축부지 지하굴착에 관한 연구보고서", 중앙대학교.

11) 홍원표·윤중만·송영석·공준현(2001), "깊은 굴착 시 쏘일네일링 흙막이벽의 변형거동", 대한토목학회논문집, 제21권, 제2C호, pp.141~150.

12) 홍원표·송영석·김동욱(2004a), "연약지반에 설치된 버팀보지지 강널말뚝흙막이벽의 거동", 대한토목학회논문집, 제24권, 제3C호, pp.183~191.

13) 홍원표·송영석·김동욱(2004b), "연약지반에 설치된 앵커지지 강널말뚝흙막이벽의 거동", 한국지반공학회논문집, 제20권, 제4호, pp.65~74.

14) 홍원표·윤중만·이문구·이재호(2007), "지하굴착 시 앵커지지 지중연속벽에 작용하는 측방토압 및 벽체의 변형거동", 한국지반공학회 논문집, 제23권, 제5호, pp.77~88.

15) 홍원표(2007), "2열 H-Pile을 이용한 자립식 흙막이 공법의 연약지반 적용방안 연구보고서", 중앙대학교.

16) Bolton, M.D., and Powrie, W.(1988), "Behaviour of diaphragm walls in clay prior to collaspe", Geotechnique, Vol.38, No.2, pp.167~189.

17) Hong, W.P. and Yun, J.M.(1996), "Lateral earth pressures acting on anchored excavation retention walls for buliding construction", Proc., 12th Southeast Asian Geotechnical Conference, 6-10 May, 1996, Kuala Lumpur. pp.373~378.

18) Hong, W.P., Yun, J.M. & Lee, J.H.(1997), "Horizontal displacement of anchored retention walls for underground excavation", Proc., Inter. Symp. on Engineering Geology and the Environment, The Greek National group of IAEG/Athens/Greece, 23–27 June, 1997, pp.2705~2710.

19) 本山蓊(1982), 仮設構造物の設計法と實例, 近代図書株式會社, 第1章.

20) 渡辺健 外 3人(1981), 地下鐵道施工法(上), 山海堂, 第2章.

21) 日本土質工學會(1978), 土留め構造物の設計法, 土質基礎工學ライブラリー 11.

22) 日本土質工學會(1988), 連續地中壁工法, 現場技術者のための土と基礎シリーズ.

23) 梶原和敏(1993), 柱列式地中連屬壁工法, 鹿島出版會.

24) 藤森謙一・內田藂(1975a), 新しい土留工法, 近代図書株式會社.

25) 藤森謙一・內田藂(1975b), 新しい土留工法の步掛と実績, 近代図書株式會社.

26) 大志万和也(1987), 土留め計測の現場活用法, 山海堂.

흙막이벽의 수평변위와 측방토압

CHAPTER

03 흙막이말뚝

흙막이벽의 수평변위와 측방토압

3.1 흙막이벽의 변위와 토압

3.1.1 흙막이벽 전후면 토압

일반적으로 임의의 구조물에 발생하는 응력 및 변형은 구조계(형상, 크기, 강성, 지지조건)와 하중계(작용위치, 하중, 강도)등이 결정되면 정적인 문제의 해석에 대해서 쉽게 계산할 수 있다. 그러나 흙막이공은 굴착에 따른 하중뿐만 아니라 구조물도 변형되므로 토압문제가 복잡하게 된다. 따라서 토압의 크기는 지반조건, 흙막이벽의 종류, 휨강성, 지보공의 강성, 굴착순서, 시공관리 등 여러 가지 요인에 영향을 받기 때문에 일률적으로 결정할 수 없다.

흙막이벽에 작용하는 토압의 크기는 그림 3.1과 같이 흙막이벽의 변위에 따라 달라진다. 즉, 굴착작업이 시작되기 전에는 흙막이벽의 변위가 발생하지 않으므로 $\delta = 0$에서 수평토압은 정지토압 p_0가 작용한다. 이런 상태에서 굴착 측으로 벽체가 이동하면 토압이 점차 감소하여 한계치인 주동토압 p_a에 도달하게 된다. 이때의 지반상태는 탄성영역에서 소성영역(주동역)에 도달한다. 그리고 흙막이벽에 작용하는 측방응력은 p_0에서 p_a에로 감소하며, 흙막이벽 변위량은 S_{0a}에 이르게 된다. 반면에 벽체가 흙막이벽배면 측으로 이동하면 토압이 점차 증가하여 한계치인 수동토압 p_p에 도달하게 된다.[6,10] 이때의 지반상태는 탄성영역에서 또 다른 소성영역(수동역)에 도달한다. 이 사이 흙막이벽에 작용하는 측방응력은 p_0에서 p_p에로 증가하며 흙막이벽 변위량은 S_{0p}에 도달하게 된다.

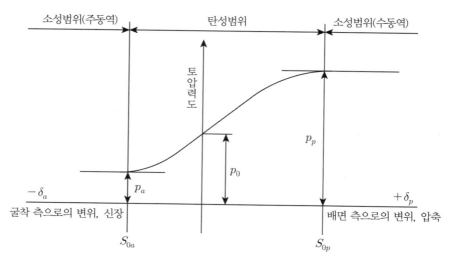

그림 3.1 흙막이벽의 변위와 토압의 관계

여기서, p_a : 주동토압

p_0 : 정지토압

p_p : 수동토압

δ_{0a} : 측방응력이 p_0에서 p_a에로 감소할 때의 흙막이벽변위량

δ_{0p} : 측방응력이 p_0에서 p_p에로 증가할 때의 흙막이벽변위량

δ_a : 굴착 측으로의 흙막이벽의 변위량

δ_p : 배면 측으로의 흙막이벽의 변위량

흙막이벽체에 응력·변형이 발생하는 것은 굴착에 의해서 흙막이벽의 좌우 토압이 불균형하게 되기 때문이다. 즉, 굴착 전 상태에서는 흙막이벽의 양측에 동일한 크기의 정지토압이 작용하고 있으므로 벽체의 응력·변형은 발생하지 않지만 한쪽 부분을 굴착하게 되면 굴착된 토괴로부터의 토압이 해방되기 시작해서 그림 3.2와 같이 굴착지반 측과 굴착배면지반 측의 응력상태가 동일하게 되지 않으므로 변형이 발생하게 된다.

즉, 굴착배면지반에서는 연직응력은 변하지 않으나 굴착으로 인하여 수평응력이 감소하여 주동역에 도달하게 되고, 굴착저면지반에서는 굴착으로 인하여 연직응력이 감소하고 수평응력이 증가하여 수동역에 도달하게 된다.

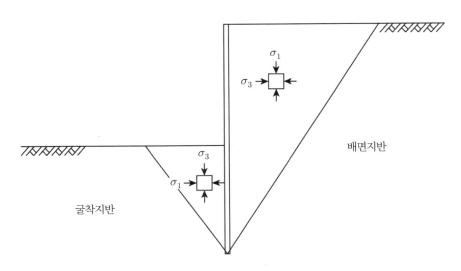

그림 3.2 흙막이벽 전면과 후면 지반의 응력상태

3.1.2 강성벽과 연성벽

흙막이벽의 배면에 작용하는 토압은 벽체의 변위나 변형의 형태에 따라 그 크기와 형태가 다르게 된다. 벽체의 변위나 변형에 의해 토압의 크기와 형태가 다르다는 것은 토압을 대상으로 하는 벽체의 종류에 따라 다르게 된다는 것이다.

흙막이벽은 크게 강성벽과 연성벽으로 대별할 수 있다. 즉, 옹벽과 같은 강성벽은 하나의 구조체가 일체가 되어 강체운동을 하고 파괴 시에도 전체가 동일하게 파괴되지만 버팀대로 지지된 흙막이벽과 같은 연성벽은 상당한 유연성이 있어 흙막이벽에 작용하는 측방토압은 국부적인 집중현상이 발생하게 되어 개개의 부재에 큰 응력을 발생시킨다. 이로 인하여 버팀대 일부가 파괴되면 인접부재의 응력이 증가되면서 전체의 파괴가 유발된다. 이와 같은 흙막이굴착에 따른 배면지반의 응력상태를 흔히 아칭 주동상태라고 한다. 따라서 벽체의 이동이나 회전으로 인하여 옹벽에 작용하는 토압과 비교적 변형되기 쉽고 굴착의 진행에 따라 변형하는 흙막이벽에 작용하는 토압은 토압의 크기나 분포형태도 다르게 된다.

옹벽과 같은 강성벽은 그림 3.3(a)와 같이 하단을 중심으로 회전하여 상단의 변형은 크고 하단의 변형은 매우 작게 되므로, Coulomb(1776)[4]이나 Rankine(1857)[15]의 고전적 주동토압이론으로 벽체에 작용하는 측방토압분포를 구할 수 있다.

그러나 가설흙막이벽의 변형은 옹벽과는 달리 그림 3.3(b)와 같이 굴착깊이에 따라 증가한다. 흙막이벽의 상단에서의 변형은 매우 작아서 이때 작용하는 수평토압은 정지토압에 가까우며, 벽체의 하단에서의 변형은 훨씬 커서 측방토압은 Rankine의 주동토압보다 작게 된다. 따라서 흙막이벽에 작용하는 측방토압의 분포는 옹벽에서의 주동토압분포와는 현저히 다른 분포를 보이게 된다.[6,10] 이와 같이 흙막이벽에 작용하는 측방토압은 시시각각 벽체의 변형상태, 변형량 등에 크게 영향을 받기 때문에 이론적으로 산정하기가 매우 어렵다.[25]

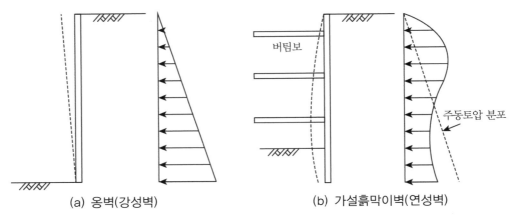

(a) 옹벽(강성벽)   (b) 가설흙막이벽(연성벽)

그림 3.3 흙막이벽의 변형형태와 토압

3.1.3 굴착단계별 토압의 변화

가설흙막이벽에 작용하는 토압의 변화 및 흙막이벽의 변위는 굴착단계에 따라 그림 3.4와 같이 개략적으로 나타낼 수 있다.[33] 각 굴착단계에서 응력·변형은 그 이전 단계까지의 굴착에 의한 변화량의 누계로 얻어진다. 지지공을 설치하기 전후를 기준으로 1단계 굴착과 2단계 굴착으로 구분하여 각 굴착단계에서의 흙막이벽체의 변위와 토압분포를 도시하면 그림 3.4와 같다.

우선 1단계 굴착에서의 거동은 그림 3.4(a)에서 보는 바와 같다. 흙막이벽 시공 시의 영향도 있지만 굴착전의 토압을 정지토압(p_0)으로 할 때 굴착에 의해 흙막이벽에 변형이 발생하면 굴착배면지반 측의 토압은 흙막이벽의 변형에 따라 감소하여 최종적으로는 주동토압(p_a)이 된다. 한편, 흙막이벽 근입부 굴착저면지반의 토압은 굴착에 의한 연직응력의 감소에 따른 토압의 감소와 굴착지반 측으로의 흙막이벽의 변형에 따른 토압 증가의 합력으로써 변화하여 최종적으로는 수동토압(p_p)이 된다. 또한 굴착으로 인하여 굴착 측의 상재하중은 감소하며 이에 따라 토압도 감소한다. 그러나 흙막이벽의 강성도 영향을 미치지만, 굴착저면 이하의 깊이에서는 흙막이벽이 굴착지반 측으로 변형함으로써 굴착배면 측 토압은 감소하는 반면 굴착지반 측 토압은 증가한다. 이러한 경향은 굴착바닥보다 깊은 부분에서 1차 굴착 시, 2차 굴착 시 모두 동일한 경향을 보인다. 단, 굴착깊이가 깊을수록 굴착배면 측 토압이 최소주동토압이 되고, 그 이상 흙막이벽의 변형에 따른 토압의 감소가 일어나지 않기 때문에 결과적으로 흙막이벽의 변형은 크게 된다.

　다음으로 2단계 굴착에서는 그림 3.4(b)에서 보는 바와 같이 ①~④ 단계 거동은 1단계 굴착에서와 동일하다. 그러나 굴착이 진행됨에 따라 흙막이벽 배면지반 측으로 발생한 벽체의 변위로 배면 측의 토압이 증가한다. 다음으로 버팀보 설치에 따른 버팀보 축력이 가하여진다. 이로 인하여 흙막이벽체의 변위가 변화되고 그에 따른 토압도 변하게 된다.

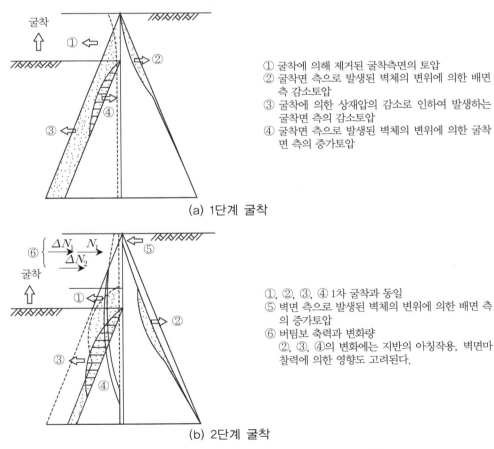

① 굴착에 의해 제거된 굴착측면의 토압
② 굴착면 측으로 발생된 벽체의 변위에 의한 배면 측 감소토압
③ 굴착에 의한 상재압의 감소로 인하여 발생하는 굴착면 측의 감소토압
④ 굴착면 측으로 발생된 벽체의 변위에 의한 굴착면 측의 증가토압

(a) 1단계 굴착

①, ②, ③, ④ 1차 굴착과 동일
⑤ 벽면 측으로 발생된 벽체의 변위에 의한 배면 측의 증가토압
⑥ 버팀보 축력과 변화량
　②, ③, ④의 변화에는 지반의 아칭작용, 벽면마찰력에 의한 영향도 고려된다.

(b) 2단계 굴착

그림 3.4 굴착에 따른 토압의 변화 및 흙막이벽의 변형[33]

이와 같이 흙막이벽체에 작용하는 토압은 굴착단계에 따라 시시각각으로 변하게 되므로 강성벽에 작용하는 토압분포와는 차이가 있게 된다. 따라서 연성벽의 흙막이벽체나 지지공의 설계에서는 어떤 경우에도 안전을 확보하도록 설계하게 되므로 고전적인 토압 Coulomb 토압이나 Rankine 토압과는 다른 경험적인 토압분포를 적용하게 된다. 이 경험적인 토압분포는 굴착시공이 진행되는 동안 발생될 수 있는 최대토압을 계측 등으로 파악하여 그 최대토압의 포괄적인 분포를 구하여 적용하게 된다. 즉, 이러한 경험토압은 버팀보(Strut, Anchor)에 작용하는 축력의 계측치 혹은 흙막이벽 배면지반에 설치한 토압계로부터 측정된 측방토압을 환산 정리한 것이다. 이들 방법에 의하여 산정된 토압은 실제토압이 이들 산정값과 같이 분포한다는 것이 아니고 흙막이벽의 버팀보에 예상되는 최대하중을 산정하기 위하여 만든 토압의 포락선이다. 또한 이런 경험적인 토압분포는 지역에 따라 다를 수 있으므로 많은 경험에 의거 확립되어야 한다. 이러한 경험토압분포들은 여러 굴착공사에서 얻은 계측자료들을 정리 도시하여 얻어진 최대토압분포점들을 포함시켜 단순화하여 얻은 것으로서, 대부분의 경우에 상당히 안전 측의 토압분포를 설정하여 과다 설계하는 요인이 되고 있다.

Bowles(1996)은 버팀보 지지된 흙막이벽의 변형에 따른 측방토압분포를 그림 3.5와 같이 나타내었다.[3] 단계별 굴착에 따른 측방토압분포는 굴착깊이가 깊어질수록 사각형분포를 나타내고 있다. 이때의 수평토압분포는 버팀보의 반력에 직접적인 관계가 있으며 굴착 시 흙막이벽을 굴착면 쪽으로 변형시키는 주동토압과는 관계가 거의 없다고 하였다.

끝으로 현제 흙막이벽의 설계에 사용하는 토압은 근입 부분의 토압분포를 합리적으로 파악하는 방법이 확립되어 있지 않기 때문에 흙막이벽의 근입깊이를 산정하는 경우와 흙막이

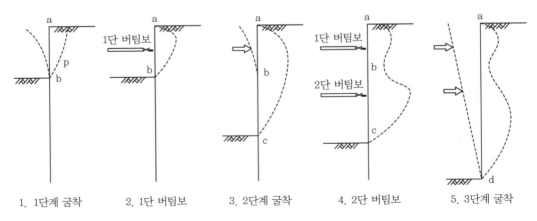

| 1. 1단계 굴착 | 2. 1단 버팀보 | 3. 2단계 굴착 | 4. 2단 버팀보 | 5. 3단계 굴착 |

그림 3.5 굴착단계별 측방토압의 변화(Bowles, 1996)[3]

구조물 단면을 결정하는 경우에 각각 다르게 토압을 가정하여 적용하고 있다.

3.2 흙막이벽에 작용하는 측방토압

3.2.1 강성벽체에 작용하는 토압

일반적으로 강성벽체에 작용하는 토압의 크기 및 분포는 벽체의 변위형태 및 변위량, 뒤채움 흙의 다짐 정도 등을 감안하여 결정함이 원칙이다. 그러나 대부분의 경우는 벽체의 움직임이 충분할 것으로 가정하여, 한계평형상태(limiting equilibrium state)에 관련된 주동토압 또는 수동토압을 이용해 설계가 이루어지고 있는 실정이며, 이를 위해 잘 알려진 Rankine 또는 Coulomb 토압이론이 일반적으로 적용되고 있다.

(1) Rankine 토압

Rankine(1856)[15]은 흙을 중력만이 작용하는 균질하고 등방인 반무한체로 가정하여 지반이 소성평형상태에 있을 때 지반 내의 응력을 구하였다. 이때 옹벽배면에 옹벽과 지반 사이의 벽면마찰이 없는 것으로 가정하고, 소성평형상태는 지반이 파괴되기 직전의 상태로서 지반 내의 응력을 나타내는 Mohr 원이 파괴포락선에 접하는 상태이며, 이때의 응력상태를 이용하여 작용하는 토압을 구하였다.

그림 3.6(a)는 벽체의 변위가 전혀 없어서 뒤채움 흙이 정지되어 있을 때의 토압을 의미하는데 일반적으로 옹벽과 같은 구조물은 약간의 벽체변위를 허용하므로 흙은 정지상태에 있지 않고 체적변화가 일어난다.

벽체의 변위를 허용하여 체적변화가 발생되는 상태를 주동상태 및 수동상태라고 한다. 우선 그림 3.6(b)와 같이 뒤채움 지반의 압력에 의해 벽체가 지반으로부터 멀어지는 변위를 일으키는 경우에 뒤채움 지반은 수평방향으로 서서히 신장하면서 결국 파괴가 일어나게 되는데, 이때의 토압을 주동토압(p_a)이라 한다. 그림 3.6(b)에 한 흙요소의 변형 전후 모양이 도시되어 있다. 이 흙요소는 수평방향으로 늘어나는 상태를 신장이라 부르는 것에 반하여 일부 문헌에서는 이 상태를 인장이라 표현하였는데 이는 잘못된 표현이다. 원래 흙은 인장응력을 받을 수 없는 재료이다. 그러나 응력을 잘 조절하면 예를 들어 수평으로 잡아당기지 않고 수평응력을 줄여주면 흙요소는 마치 수평으로 잡아당긴 것 같은 변형을 한다. 이는 다른 고체재료의 인장변형과 같은 모양으로 변형하지만 토질역학에서는 인장(tension)이라 하지 않고 신장(extension)이라고 표현한다.

한편 어떤 외력으로 벽체가 그림 3.6(c)와 같이 뒤채움 흙 쪽으로 변위를 일으켜서 흙이 수평방향으로 서서히 압축되는 경우에도 파괴가 발생하게 되는데, 이때의 토압을 수동토압(p_P)이라 한다. 이때 뒤채움 흙 속에 발생되는 파괴면은 그림 3.6(b)에 도시된 주동토압에서의 파괴면보다 크게 발달하고 토압도 수동토압이 주동토압보다 크게 발생된다.

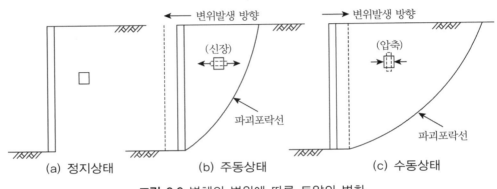

그림 3.6 벽체의 변위에 따른 토압의 변화

결과적으로 정지토압은 파괴되지 않는 탄성평형상태(state of elastic equilibrium)를 의미하고, 주동토압과 수동토압은 소성극한평형상태(state of limiting equilibrium)를 나타낸다. 그리고 옹벽 뒤채움 흙이 정지상태(단, $K_0 < 1$)로부터 전술한 주동상태나 수동상태까지의 응력경로(stress path)로 나타내면 그림 3.7에서 각각 AC 및 AB와 같다.

Rankine 토압론은 당초 흙을 점착력이 없는 것으로 보고 토압을 구하였으나 후에 Resal(1910)에 의하여 점착력이 있는 흙으로 확장되었으며 이를 Rankine-Resal의 토압이라 부르기도 하며 식 (3.1) 및 식 (3.2)와 같다.

주동토압응력 : $\sigma_{ha} = (q + \gamma z)\tan^2(45 - \phi/2) - 2c\tan(45 - \phi/2)$ (3.1)

수동토압응력 : $\sigma_{hp} = (q + \gamma z)\tan^2(45 + \phi/2) + 2c\tan(45 + \phi/2)$ (3.2)

여기서, q : 지표면위의 상재하중(t/m^2) ϕ : 흙의 내부마찰각(°)

γ : 흙의 단위체적 중량(t/m²) c : 흙의 점착력(t/m²)

z : 지표면에서의 깊이(m)

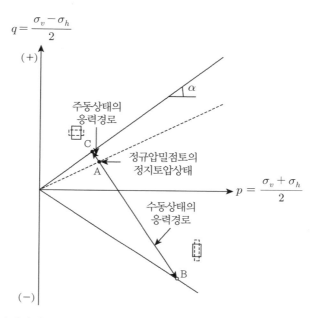

그림 3.7 옹벽 배면지반에서의 정지토압(A)상태에서 주동토압(AC)상태, 수동토압(AB)상태로의 응력경로

Rankine 이론은 벽면마찰을 무시하였으나 실제로는 벽체의 재료에 따라 상당한 마찰이 발생하므로 벽면마찰을 무시한 Rankine의 주동토압은 과대평가되고 수동토압은 과소평가 되는 경향이 있다. 하지만 설계에서는 안전 측으로 평가되고 사용이 편리하므로 Rankine이 론이 실제로 많이 이용되고 있다.

(2) Coulomb 토압

Coulomb(1776)[4]은 옹벽배면지반에서의 파괴가 흙쐐기 형태로 일어난다고 가정하고 옹 벽과 배면지반 사이의 벽면마찰계수를 고려하여 토압분포를 제안하였다. Coulomb 토압이 론에서 그림 3.8과 같이 벽면마찰 때문에 파괴면의 형상에 곡선부분이 생기며, 주동인 경우 에는 이러한 곡선 부분이 적기 때문에 파괴면의 형상을 직선으로 가정할 수 있으나, 수동의 경우에는 벽면마찰각 δ가 뒤채움 흙의 내부마찰각 $\phi/3$보다 작으면 주동인 경우처럼 직선으로 가정하고 δ가 $\phi/3$보다 크면 곡선 부분의 영향까지 고려해야 한다. 그러나 Coulomb은 파괴면을 직선으로 가정하여 그림 3.8(a)에서 보는 바와 같이 뒤채움지반 내의 지반파괴면을 고려하였다. 즉, 벽체가 강성벽체의 바깥쪽으로 변형을 일으키면 흙쐐기 ABC는 파괴면 BC를 따라 아래로 이동하려고 한다. 이때 AB면에서 저항하는 힘 P_A와 활동파괴면 BC에서 저항하는 힘 R이 발생하게 된다. 여기서 AB면에서의 힘 P_A의 극한값이 주동토압이며 식 (3.3)과 같이 구하였다. 강성벽체의 배면 흙이 내부마찰각과 함께 점착력을 가지고 있을 경우에는 가상파괴면을 여러 가지로 바꾸어 극대값을 구하면 이 값이 주동토압이 된다.

$$ 주동토압 : P_A = \frac{\gamma H^2}{2} \frac{\cos^2(\phi - \theta)}{\cos^2\theta \cdot \cos(\delta + \theta)\left[1 + \frac{\sin(\delta + \theta)\sin(\phi - i)}{\cos(\delta + \theta)\cos(\theta - i)}\right]^2\}} $$

(3.3)

여기서, θ : 벽체배면의 경사도(°)

δ : 벽면마찰각(°)

i : 뒤채움지표면경사도(°)

H : 옹벽높이

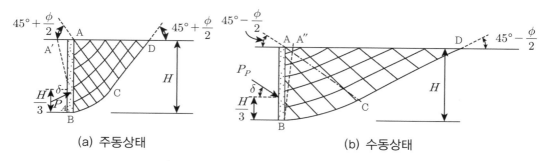

(a) 주동상태   (b) 수동상태

그림 3.8 벽면마찰로 인한 활동 파괴면의 형상

수동토압인 경우에는 주동토압과 반대로 옹벽이 뒤채움지반 쪽으로 압축됨에 따라 흙쐐기 ABC가 위쪽으로 이동되려고 하므로 그림 3.8(b) 같이 벽면 AB에 작용하는 힘 P_P는 AB의 법선에서 벽면마찰각 δ만큼 위쪽으로 기울어져 작용하게 되며 활동파괴면 BC에서 ϕ만큼 기울어져 저항하는 힘 R이 작용하게 된다. 이때 AB면에서의 힘 P_P의 극대값이 Coulomb

수동토압이며 식 (3.4)와 같이 구하였다.

$$\text{수동토압}: P_P = \frac{\gamma H^2}{2} \frac{\cos^2(\phi+\theta)}{\cos^2\theta \cdot \cos(\delta+\theta)\left[1 + \dfrac{\sin(\delta+\theta)\sin(\phi+i)}{\cos(\delta+\theta)\cos(\theta+i)}\right]^2\}}$$

(3.4)

　강성벽체의 배면 흙이 내부마찰각과 함께 점착력을 가지고 있을 경우에는 가상파괴면을 여러 가지로 바꾸어 극대값을 구하면 이 값이 수동토압이 된다. 강성벽체가 연직($\theta = 0°$)이고 지표면이 수평($i = 0°$)일 때 벽면마찰을 무시하면 Coulomb 이론토압은 Rankine 이론토압과 동일한 값이 된다.

3.2.2 연성벽체(가설흙막이벽)에 작용하는 측방토압

(1) Terzaghi & Peck의 측방토압분포

　Terzaghi(1934, 1936)는 버팀보지지 흙막이벽과 같은 연성벽체에서는 흙막이벽체의 변형과 기타 다른 여러 가지 요인으로 Rankine 토압이나 Coulomb 토압과 같은 토압이 작용하지 않는다는 것을 확인한 후 버팀보의 반력을 계측하여 흙막이벽에 작용하는 측방토압을 추정하는 경험적인 방법을 최초로 시도하였다.[20,21]

　일찍이 Terzaghi & Peck(1948)[23]은 버팀보로 지지된 흙막이벽을 도입한 흙막이 굴착현장에서 얻은 측정토압으로 흙막이벽체와 버팀보의 설계를 위한 측방토압분포도를 그림 3.9와 같이 제안하였다. 이러한 토압분포는 점성토지반의 경우는 시카고 지하철공사의 굴착현장에서 버팀보에 작용하는 하중의 계측치를 근거로 하였고,[12] 사질토지반의 경우는 베를린 지하철공사의 굴착현장에서 버팀보 하중의 계측치를 근거로 하였다.[18] 이 도면에서 p_a는 Rankine 주동토압이고 q_u는 흙의 일축압축강도이다. 또한 γ는 흙막이벽배면지반의 단위체적중량이고 δ는 흙막이벽체와 지반 사이의 마찰각이다.

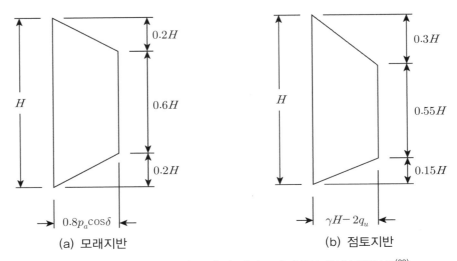

(a) 모래지반　　　　　　　　　　　(b) 점토지반

그림 3.9 Terzaghi & Peck(1948)의 버팀보지지벽의 측방토압분포[23]

　그 후 더욱 많은 버팀보지지 흙막이벽 굴착현장에서 측정된 버팀보의 반력을 근거로 하여 그림 3.10과 같이 수정토압분포도를 제안하였다.[23] 이 토압분포는 굴착깊이가 약 8.5m에서 약 12m까지 한정된 범위에서 측정된 결과로부터 얻은 것이기 때문에 이보다 깊은 굴착에 적용할 경우에는 주의가 요한다고 하였다.

　Terzaghi & Peck은 Rowe(1952)[16]와 Bejrrum & Duncan(1952)[1] 등의 사질토지반에 대한 실내실험 결과를 근거로 흙막이벽의 변형에 의해 배면지반의 토립자 사이에 지반아칭현상이 발생하여 토압분포가 재분배 된다는 점도 강조하였다.

　Peck(1969),[13] Peck et al.(1974)[14] 등은 연약 내지 중간 정도의 점토지반의 토압분포에 대해서는 안정계수 $N_b = \gamma H / c_u$를 도입하여 굴착저면지반의 안정성을 판정하였다. 즉, $N_b >$ 6~8일 때 깊은 굴착에서는 굴착저면 부근에서의 소성영역이 확대되기 때문에 추정하는 값보다 큰 토압이 발생한다고 하여 전단강도의 저감계수 m(통상 0.4~1.0)을 고려하여 측압계수(K_a)를 산정하도록 하였다. 보통은 1.0을 적용한다. 한편, 사질토와 점성토가 함께 있는 지반에 흙막이벽을 설치할 경우에는 Peck(1943)[12]이 제안한 등가점착력($\phi = 0$) 개념을 이용하여 평균점착력과 평균단위중량을 구한 다음에 흙막이벽에 작용하는 토압분포를 그림 3.10의 점성토지반의 토압분포를 사용할 것을 제안하였다.

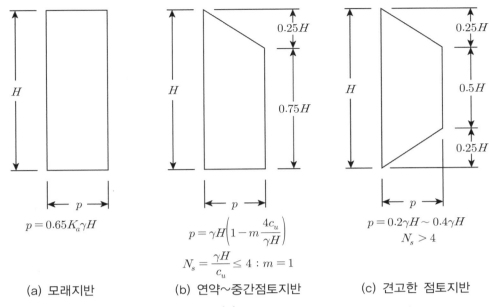

$$p = 0.65 K_a \gamma H$$

$$p = \gamma H \left(1 - m \frac{4c_u}{\gamma H} \right)$$

$$N_s = \frac{\gamma H}{c_u} \leq 4 : m = 1$$

$$p = 0.2\gamma H \sim 0.4\gamma H$$
$$N_s > 4$$

(a) 모래지반   (b) 연약~중간점토지반   (c) 견고한 점토지반

그림 3.10 Terzaghi & Peck(1967)[24]의 버팀보지지벽의 수정측방토압분포

(2) Tschebotarioff의 측방토압분포

한편 Tschebotarioff(1973)[26]는 Terzaghi & Peck(1948)[23]의 토압분포를 수정하여 그림 3.11과 같은 버팀보 설계를 위한 측방토압분포를 제안하였다. 즉, 그림 3.11은 모래지반을 대상으로 버팀보지지 흙막이벽에 작용하는 측방토압분포도로 Tschebotarioff(1973)[26]가 제안한 바 있다. 이 그림에서 보는 바와 같이 측방토압의 최대치는 $0.25\gamma H$이고 상하부에

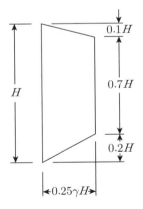

그림 3.11 Tschebotarioff(1973)의 버팀보지지벽 측방토압분포(모래지반)[26]

0.1H와 0.2H씩 토압이 감소되는 분포로 되어 있다.

그러나 점토지반(연약점토)에 대해서는 버팀보의 계측 결과로부터 Terzaghi & Peck(1948)의 토압분포[23]는 굴착깊이가 얕은 경우에는 과대하게 산정된다고 반론을 제기하고 그림 3.12(a)와 같은 삼각형분포를 제안하였다. 소성점토에 대해서는 모래와 같이 지반아칭작용에 의해 상부토압의 증가가 없다고 생각하고 측압계수를 압밀평행상태의 측압계수와 거의 같다고 하여 K_o=0.5를 사용하고 굴착깊이구간의 토압을 수압분포형태로 하였다.

점토(견고한 점토 및 중간 정도 점토)의 경우는 그림 3.12(b)와 (c)에서 보는 바와 같이 굴착저면 일정 깊이 상부에서 하부로 갈수록 토압이 감소하여 굴착저면에서는 토압이 0이 되도록 토압분포를 수정하였다. 이와 같은 토압 감소의 이유로 Tschebotarioff는 굴착저면의 상부에서 하부로 전단응력이 전달되기 때문이라 하였다.

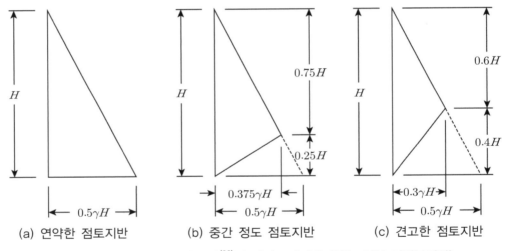

(a) 연약한 점토지반   (b) 중간 정도 점토지반   (c) 견고한 점토지반

그림 3.12 Tschebotarioff(1973)[26]의 버팀보지지벽 측방토압분포(점토지반)

(3) NAVFAC의 측방토압분포

NAVFAC(1982)의 설계시방서[11]에서는 그림 3.13과 같이 버팀보로 지지된 흙막이벽에 작용하는 측방토압분포뿐만 아니라 그림 3.14와 같이 어스앵커로 지지된 흙막이벽에 작용하는 측방토압분포도 제시하고 있다.

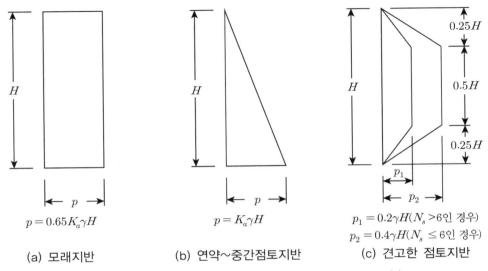

$p = 0.65 K_a \gamma H$

(a) 모래지반

$p = K_a \gamma H$

(b) 연약~중간점토지반

$p_1 = 0.2\gamma H (N_s > 6$인 경우$)$
$p_2 = 0.4\gamma H (N_s \leq 6$인 경우$)$

(c) 견고한 점토지반

그림 3.13 NAVFAC의 버팀보지지벽의 측방토압분포(1982)[11]

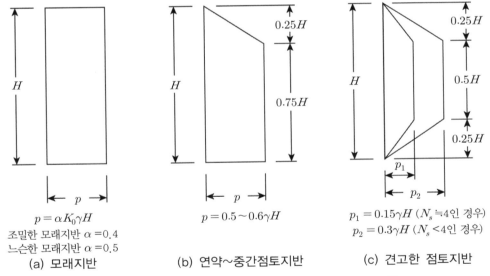

$p = \alpha K_0 \gamma H$
조밀한 모래지반 $\alpha = 0.4$
느슨한 모래지반 $\alpha = 0.5$

(a) 모래지반

$p = 0.5 \sim 0.6\gamma H$

(b) 연약~중간점토지반

$p_1 = 0.15\gamma H (N_s \fallingdotseq 4$인 경우$)$
$p_2 = 0.3\gamma H (N_s < 4$인 경우$)$

(c) 견고한 점토지반

그림 3.14 NAVFAC의 앵커지지벽의 측방토압분포(1982)[11]

3.2.3 경험적인 측방토압의 문제점

위에서 열거한 여러 가지 경험적인 측방토압분포 이외에도 여러 기관에서 경험적인 측방토압분포를 정하여 적용하고 있다. 그 대표적인 예로는 일본의 여러 기관기준을 들 수 있다. 예를 들면 일본건축학회(1974),[28] 일본도로협회(1977),[29] 일본토질공학회(1978)[30] 등의 기준을 들 수 있다. 이러한 기준들은 기본적으로 Tschebotarioff의 측방토압분포 및 Terzaghi & Peck의 수정측방토압분포에 근거를 두고 있지만 실측 결과를 토대로 하여 부분적으로 수정한 측방토압분포를 적용하고 있다.

한편 우리나라에서도 서울지하철공사를 비롯한 여러 대도시 지하철공사, 지하철기술협력회에서 정한 버팀보지지벽에 작용하는 측방토압분포을 들 수 있다. 이들 토압분포는 사질토지반에 대해서는 Terzaghi & Peck의 측방토압분포에 상재하중의 영향을, 점성토지반에 대해서는 Tschebotarioff의 측방토압분포에 상재하중의 영향을 고려한 형태이다.

Terzaghi(1943)는 일반쐐기이론에 의해 파괴면을 대수나선형으로 가정하여 버팀보로 지지된 흙막이벽에 작용하는 토압분포를 제안하였으며,[22] Das & Seeley(1975)는 일반쐐기이론을 점성토지반에서의 버팀보로 지지된 흙막이벽을 해석하기 위해 사용하였다.[5]

그러나 이들 경험적인 측방토압분포에 대한 문제점들이 여러 학자들에 의해 지적되고 있다. Lambe et al.(1970)[9]과 Golder et al.(1970)[8] 등은 이 제안된 측방토압분포는 정규압밀점토에서 사용할 경우에는 과다설계가 될 수 있다고 하였으며 Swatek et al.(1972)[19]은 굴착깊이가 20m 이상인 굴작현장에서 버팀보를 설계하는 데 Tschebotarioff의 측방토압분포가 Terzaghi & Peck의 측방토압분포보다 잘 맞는다는 것을 확인하였다.

Tschebotarioff, Klein & Malyshev(1973)[27]는 Swatek et al.(1972)[19] 등의 연구를 인용하여 Moscow 토질 및 기초 국제회의에서 Terzaghi & Peck의 측방토압분포에 대하여 굴착깊이에 따른 안정수(N_s) 및 저감계수(m)의 적용에 대한 문제점을 지적하였다. 점토지반에 대한 Terzaghi & Peck의 측방토압분포에 대하여 안정수(N_s)가 4 이하인 경우에는 과소설계가 되는 결과를 가져오고 굴착깊이가 20m 이상인 경우에는 과다설계의 요인이 될 수 있다고 하였으며 굴착깊이가 깊은 경우에는 저감계수(m)를 2로 하는 것이 바람직하다고 하였다.

한편 玉置(1973, 1976)는 점토지반의 굴착현장에서 버팀보 하중의 계측 결과로부터 얻은 토압분포를 근거로 하여 Tschebotarioff의 삼각형 측방토압분포는 상단의 지보공에 대해 위험 측의 설계가 되고 굴착깊이가 커지면 과대한 설계가 된다고 지적하였다.[31,32]

Bjerrum, Clausen & Duncan(1972)[2]은 제5회 유럽회의에서 앵커로 지지된 흙막이벽에 작용하는 측방토압은 벽의 변형, 앵커의 이완 및 아칭에 지배적인 영향을 받으며, 버팀보로 지지된 흙막이벽은 점토의 전단강도와 아칭에 영향을 받는다고 지적하였다. 특히 벽체의 거동과 버팀보의 반력은 단순히 굴착깊이뿐만이 아니라 굴착저면 하부의 견고한 지층까지의 깊이에도 크게 관련이 있다는 것을 설명하고 토압문제를 해석하기 위하여 벽체의 휨강성이나 근입 부분의 흙의 저항을 고려하여 토압과 지보공을 상호작용의 결과로 취급해야만 한다고 하였다.

Skempton & Ward(1952)는 점토지반에 설치된 흙막이벽에 작용하는 토압은 흙막이말뚝의 타입으로 인하여 점토의 전단강도가 저하되어 굴착하부의 버팀보응력은 60% 정도 감소된다고 하였다.[17] Di Bagio & Bjerrum(1957)은 지반의 동결융해작용으로 인하여 버팀보의 응력이 실제보다 상당히 차이가 있다고 하였다.[7] 지반동결은 응력이 실제보다 5배 정도 크게 증가하며 그 후 지반이 융해되면 버팀보의 응력은 감소한다고 하였다.

참고문헌

1) Bjerrum, L. and Duncan, J.M.(1952), "Earth pressure on flexible structures." A State of the Art Report, Norwegium Geotechnical Institute.

2) Bjerrum, L., Clausen, C.J.F. and Duncan, J.M.(1972), "Earth pressure on flexible structures." Proc. State of the Art Report, Proc. 5th ICSMFE. Vol. 2, pp.169~225.

3) Bowles, J.E.(1996), Foundation Analysis and Design, 5th Ed., McGraw-Hill, pp.644~681.

4) Coulomb, C.A.(1776), "Essai sur une Application des Regles de Maximis et Minimis a quelques de Statique, relatifs a l'Architecture", Mem. Roy. des Sciences, Paris, Vol.3, p.38.

5) Das, B.M. and Seeley, G.R.(1975), "Active thrust on braced cut in clay", Jour., Construction Division, ASCE, Vol.101, No.CO5, pp.945~949.

6) Das, B.M.(1990), Advanced Soil Mechanics, McGraw-Hill Book Co.

7) Di Bagio, E. and Bjerrum, L.(1957), "Earth pressure measurements in trench excavated in stiff marine clay", Proc., 4th ICSMFE, London, Vol.2, pp.196~202.

8) Golder, H.Q. et al.(1970), "Predicted-performance of braced excavationa', Jour. of SMFD, ASCE, Vol.96, No.SM3, Proc. Paper 7292, pp.801~815.

9) Lambe, T.W., Wolfskill, L.A. and Wong, H.(1970), "Measured performance of a braced excavation", ASCE, Proc., Vol.69, No. SM3, pp.817~836.

10) Lambe, T.W. and Whiteman, R.V.(1979), Soil Mechanics(SI version), John Wiley & Sons, Inc., New York.

11) NAVFAC(1982), Design Manual for Soil Mechanics, Dept. of the Navy, Naval Facilities Engineering Command, pp.DM7.2-85-116.

12) Peck, R.B.(1943), "Earth pressure measurements in open cuts", Trans., ASCE. Vol.108, pp.1008~1058.

13) Peck, R.B.(1969), "Deep excavations and tunnelling in soft Ground." 7th ICSMFE., State-of-Art Volume, pp.225~290.

14) Peck, R.B., Hanson, W.E. and Thornburn, T.H.(1974), Foundation Engineering, 2nd Ed., John Wiley and Sons, New York.

15) Rankine, W.M.J.(1857), "On stability on loose earth.", Philosophic Transactions of Royal Society, London, Part I, pp.9~27.

16) Rowe, P.W.(1952), "Anchored sheet-pile walls", ICE, London, Proc., Vol.1, part1, pp.27~70.

17) Skempton, A.W., Ward, W.H.(1952), "Investigations concerning a deep cofferdam in the Thames estuary clay at shellhaven." Geotechnique, Vol.3, pp.119~139.

18) Spilker, A.(1937), "Mitteilung über die Messung der Kräfte in reiner Baugruben-aussteifung", Bautechnik, 15, p.16.

19) Swatek, E.P., Asrow, S.P. and Seitz, A.M.(1972), "Performance of bracing for deep Chicago excavation", Proc., ASCE Special Conferance Performance of Earth and Earth Support Struture, Perdue Univ, Vol.1, Pt 2, pp.1303~1322.

20) Terzaghi, K.(1934), "Large retaining wall tests, Parts I~V, Eng. New Rec, No.112.

21) Terzaghi, K.(1936), "Discussion of the lateral pressure of sand on timbering of cuts", Proc., 1st ICSMFE, Vol.1, pp.211~215.

22) Terzaghi, K.(1943), Theoretical Soil Mechanics, New York, Wiley, p.510.

23) Terzaghi, K. and Peck, R.B.(1948), Soil Mechanics in Engineering Practice, 1st Ed., John Wiley and Sons, New York, pp.354~352.

24) Terzaghi, K. and Peck, R.B.(1967), Soil Mechanics in Engineering Practice, 2nd Ed., John Wiley and Sons, New York, pp.394~413.

25) Tschebotarioff, G.P.(1951), Soil Mechanics, Foundations and Earth Structure.

26) Tschebotarioff, G.P.(1973), Foundations, Retaining and Earth Structure, McGraw-Hill, New York, pp.415~457. McGraw-Hill, New York.

27) Tschebotarioff, G.P., Klein, G.K., Malyshev, M.V. and others(1973), "Lateral pressure of clayey soils on structures", Specialty Session 5, 8th ICSMFE, Moscow, Vol.4, pp.227~266.

28) 日本建築學會(1974), 建築基礎構造設計基準・同解説, 東京, pp.400~403.

29) 日本道路協會(1977), 道路土工擁壁・カルバト・假設構造物工指針, 東京, pp.179~183.

30) 日本土質工學會(1978), 土留め構造物の設計法, 東京, pp.30~58.

31) 玉置 修, 失作 樞, 中川誠志(1973), "多數の切梁反力實測値から求めた土留土壓について." 土と基礎, Vol. 21, No. 5, pp.21~26.

32) 玉置 修, 和田克哉, 中川誠志(1976), "たわみ性山留め壁に作用土壓について." 土と基礎, Vol. 24, No. 12, pp.17~22.

33) 윤중만(1997), 흙막이굴착지반의 측방토압과 변형거동, 중앙대학교 박사학위 논문, pp.8~41.

우리나라 지반 속
흙막이벽의 측방토압

04 우리나라 지반 속 흙막이벽의 측방토압

우리나라에서는 최근 지하공간의 활용도를 증대시키기 위하여 대형 건축물이나 지하철 등의 건설 시 대규모 지하굴착작업이 수반되는 공사가 급증하고 있다.[23,28] 지반을 깊게 굴착할 경우 굴착현장에 인접한 지반은 상당한 영향을 받게 되어 시공 중에 지반변형이나 붕괴사고가 종종 발생하고 있다.[1-3,5] 이러한 사고는 재산상에 막대한 피해를 가져옴은 물론이고 심한 경우 인명피해가 발생되는 대형사고로 나타나기도 한다. 최근 이런 사고를 사전에 예방하기 위한 안전대책으로 현장계측을 통하여 흙막이 구조물의 안전시공을 관리하려는 경향이 늘어나고 있다.[9,10]

제4장에서는 흙막이벽에 작용하는 측방토압을 현장계측을 통하여 조사하고 그 자료를 종합분석하여 우리나라 지반특성에 맞는 측방토압을 분포와 크기를 설명한다. 우리나라의 지반특성을 내륙지역과 해안지역의 둘로 크게 구분하여 설명한다. 이들 두 지역은 사질토지반과 점성토지반으로도 구분될 수 있다. 즉, 내륙지역 지반특성은 사질토 성분을 많이 포함하고 있는 다층지반이고 해안지역 지반특성은 연약한 점성토지반의 특성을 대표할 수 있다.

제4.1절에서는 사질토지반 속 흙막이벽에 작용하는 측방토압에 관하여 설명하고 제4.2절에서는 연약지반 속 흙막이벽에 작용하는 측방토압에 관하여 설명한다.

4.1 사질토지반 속 흙막이벽

4.1.1 버팀보지지 흙막이벽

홍원표 등(1997)은 버팀보지지 흙막이구조물 설계 시 보다 합리적이고 경제적인 설계가 될 수 있도록 버팀보지지 굴착현장으로부터 계측자료를 수집하여 버팀보지지 흙막이벽에 작용하는 측방토압분포를 분석하였다.[11] 이들 굴착현장 주변에는 대규모 아파트단지, 고층빌딩, 인접공사현장, 상가 및 주택지가 밀집되어 있으며 인접도로 지하에는 각종 지하매설물들이 묻혀 있다. 이들 굴착현장의 일부는 개착식 터널공법이 적용된 지하철건설 현장이며 일부는 빌딩을 축조하기 위한 굴착공사현장이다.

각 현장의 지층구성은 위로부터 표토층, 풍화대층, 기반암층의 순으로 구성되어 있다. 표토층은 상부 매립층과 하부 퇴적층으로 구성되어 있으며 매립층은 실트질 모래, 모래질 실트, 자갈, 전석 등이 혼재되어 있다. 퇴적층은 모래, 실트질 점토, 모래자갈로 이루어져 있고 풍화대층은 풍화도가 매우 심한 풍화잔류토층과 모암조직이 존재하며 비교적 단단한 풍화암층으로 구분되어 있다. 표토층과 풍화대층은 사질토의 성분이 많은 관계로 단순화시키기 위해 내부마찰각만 가지는 토층으로 취급하기로 한다. 풍화대층 하부에는 기반암인 연암 및 경암으로 구분되는 암층이 분포하고 있으며 대부분 현장의 연암층과 경암층에는 균열과 절리가 발달되어 있다.

굴착현장의 흙막이벽은 엄지말뚝(H말뚝)과 나무널판으로 구성되어 있으며 이 흙막이벽은 버팀보지지방식으로 지지되어 있다. 엄지말뚝으로는 H말뚝을 사용하였는데, 규격은 주로 H−250×250×9×14 및 H−300×300×10×15의 강재를 많이 사용하였고, 1.6~2.0m 간격으로 설치되었으며 길이는 최종굴착바닥보다 1.0~2.5m 정도 더 지중에 관입되어 있다. 그리고 굴착이 진행됨에 따라 80~100mm 두께의 나무널판을 엄지말뚝(H말뚝)의 프렌지 전면에 끼워 설치하였다. 버팀보의 설치간격은 연직으로 1.0~3.1m, 수평으로 2.0~5.6m 정도이며 버팀보 및 띠장은 주로 H−300×300×10×15인 강재를 사용하였다.

버팀보축력은 버팀보와 띠장 사이에 설치된 하중계로 측정하였다. 측정된 버팀보축력에 의한 굴착단계별 환산측방토압은 각 단에 설치된 버팀보가 분담하는 방법으로 중점분할법을 이용하여 산정하였다.[24]

이와 같이 버팀보축력의 측정치로부터 환산된 흙막이벽에 작용하는 측방토압분포는 다음과 같은 경향을 보였다.

① 굴착단계별 환산측방토압분포는 흙막이벽 상부구간에서는 지표면의 제로토압에서 굴착깊이에 비례하여 일정깊이까지 선형적으로 증가하고 있다.
② 굴착단계별 환산측방토압의 변화를 보면 하중계에 의한 환산측방토압분포는 일정깊이

이하에서는 불규칙한 분포를 보이고 있으나 수평변위에 의한 환산측방토압분포는 굴착깊이에 비례하여 증가하며 최대측방토압 발생위치는 변하지 않고 있다.

③ 환산측방토압분포에서는 흙막이벽 하부구간의 토압분포형태를 명확히 알 수 없으나 수평변위에 의한 환산측방토압분포에서는 굴착하단부의 일정깊이부터 토압이 선형적으로 감소하여 굴착바닥에서는 제로토압이 작용하는 구간이 존재한다.

이와 같은 환산측방토압분포 특성을 토대로 하여 굴착상부에서 선형적으로 증가하는 측방토압증가구간을 H_1으로, 굴착하단부에서 선형적으로 감소하는 측방토압감소구간을 H_2로 표시하면, 다층지반에 설치된 버팀보지지 흙막이벽에 작용하는 측방토압분포는 그림 4.1과 같이 개략적으로 도시할 수 있다.

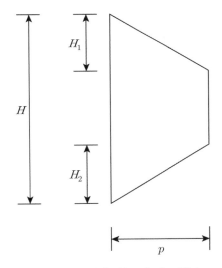

그림 4.1 흙막이벽에 작용하는 측방토압분포 개략도

먼저 측방토압분포 중 지표부분의 0에서 시작되어 지중으로 선형적으로 증가하는 측방토압증가구간 H_1과 최종굴착깊이 H와의 상관성을 조사하면 그림 4.2와 같다. 이 그림에 의하면 측방토압 증가구간 H_1값은 최종굴착깊이 H의 0.1~0.26배의 범위에 분포되어 있다. 즉, 측방토압 증가구간 H_1값은 최종굴착깊이 H의 0.1배 이상으로 나타나고 있음을 알 수 있다. 따라서 안전한 설계를 수행하기 위해 측방토압 증가구간 $H_1 = 0.1H$을 선택할 수 있다. 이는 앞장의 그림 3.11에 도시된 바와 같이 Tschebotarioff(1973)[36]가 모래지반을 대상

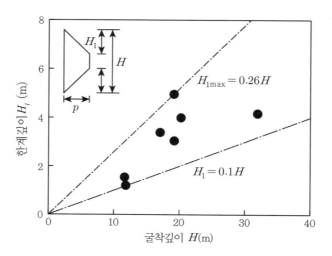

그림 4.2 최종굴착깊이 H와 측방토압증가구간 H_1의 상관성

으로 제안한 $H_1 = 0.1H$과 동일하다.

한편 흙막이벽 하단에서의 측방토압분포는 하중계에 의한 계측치로는 알 수가 없다. 왜냐하면 대부분의 현장에서 최하단부 버팀보에는 하중계를 설치하지 못하였기 때문이다. 그러나 다음의 앵커지지 흙막이벽에서 설명할 경사계로 측정한 수평변위로 역산하여 파악한 바에 의하면 최종굴착바닥의 일정구간에서는 흙막이벽 중앙구간에서 일정하였던 측방토압이 감소하는 경향이 있었다.[13] 따라서 여기서는 버팀보지지 흙막이벽에서 흙막이벽 하단부 측방토압 분포를 그림 3.11에 도시된 Tschebotarioff(1973)가 제시한 측방토압분포[36]와 같이 흙막이벽 하단의 측방토압감소구간으로 $H_2 = 0.2H$를 적용하기로 한다. 이에 대한 타당성은 다음의 제4.1.2절의 앵커지지 흙막이벽 부분에서 자세히 설명하기로 한다.[13]

결론적으로 우리나라 내륙지역의 사질토 다층지반 속에 설치되는 버팀보지지 흙막이벽의 설계에는 그림 3.11에 도시된 Tschebotarioff(1973)의 측방토압분포를 그대로 적용할 수 있을 것이다.

한편 그림 4.3은 흙막이벽 중앙깊이구간의 일정토압 p의 크기를 최종굴착깊이에서의 여러 토압과 비교한 결과이다. 우선 그림 4.3(a)는 최종굴착깊이에서의 Rankine의 주동토압 $p_a = K_a\gamma H$와 비교한 결과이다. 이 그림에서 보는 바와 같이 버팀보지지 흙막이벽에 작용하는 최대측방토압은 Rankine의 주동토압보다 상당히 적게 나타나고 있음을 알 수 있다. 즉, 측방토압은 Rankine 주동토압의 50~85% 사이에 분포하고 있으며 Terzaghi & Peck

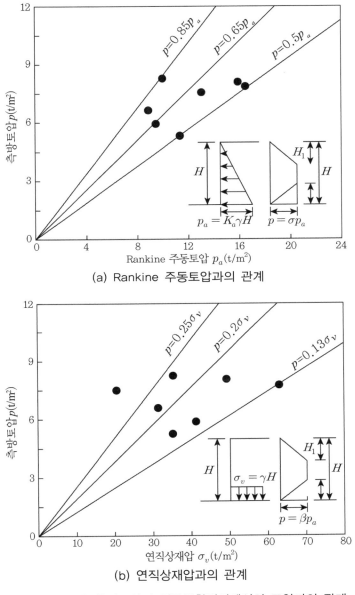

(a) Rankine 주동토압과의 관계

(b) 연직상재압과의 관계

그림 4.3 실측 측방토압과 최종굴착깊이에서의 토압과의 관계

$(1967)^{(35)}$이 제안한 $p = 0.65K_a\gamma H$ 측방토압은 측정값의 거의 평균치에 해당한다. 따라서 버팀보지지 흙막이벽의 설계에서 흙막이벽에 작용하는 측방토압은 최종굴착깊이에서의 Rankine 주동토압의 65~85%을 적용할 수 있다. 즉, 경제적인 설계를 실시할 경우에는 평균치인 $p = 0.65K_a\gamma H$을 적용하며 특별히 안전한 설계를 실시할 경우에는 최대치인 $p =$

$0.85K_a\gamma H$를 적용하는 것이 바람직하다.

한편 그림 4.3(b)는 흙막이벽 중간부의 일정토압 p의 크기를 최종굴착깊이에서의 연직상 재압 $\sigma_v (=\gamma H)$와 비교한 결과이다. 이 그림에서 보는 바와 같이 버팀보지지 흙막이벽에 작용하는 측방토압은 연직상재압 $\sigma_v (=\gamma H)$의 13~25% 사이에 분포하고 있다. 이들 측방토압 측정치는 앞장의 그림 3.11에 도시된 Tschebotarioff(1973)가 제시한 토압[36] $p = 0.25\gamma H$보다 모두 작게 나타났다. 또한 그림 4.3(b)에서는 이들 측방토압의 평균치가 $p = 0.20\gamma H$로 나타났음을 보여주고 있다. 따라서 버팀보지지 흙막이벽의 설계에서 흙막이벽에 작용하는 측방토압은 최종굴착깊이에서의 연직상재압 $\sigma_v (=\gamma H)$의 20~25%를 적용할 수 있다. 즉, 우리나라 내륙지역에서의 다층지반에 설치된 버팀보지지 흙막이벽의 안전한 설계를 실시할 경우에는 Tschebotarioff(1973)가 모래지반 속 버팀보지지 흙막이벽을 대상으로 제안한 측방토압 $p = 0.25\gamma H$를 그대로 적용할 수 있다. 그러나 경제적인 설계를 실시할 경우에는 측방토압의 평균치인 $p = 0.20\gamma H$를 적용할 수도 있다.

4.1.2 앵커지지 흙막이벽

지하굴착현장에서는 엄지말뚝공법에 의한 흙막이벽이 많이 사용되었으며 엄지말뚝흙막이 벽은 버팀보에 의하여 지지되는 구조가 많다. 이러한 형태의 흙막이벽에 작용하는 측방토압 분포로는 Terzaghi & Peck(1967)[35]이나 Tschebotarioff(1973)[36]에 의하여 제안된 경험식이 많이 사용되었다. 특히 Peck(1969)은 제7회 토질 및 기초 국제회의의 State-of-the-Art 보고서[32]에서 당시까지의 이 분야에 관한 연구를 잘 정리하였으며 지금까지 각종 굴착현장에서 많은 참고로 삼아 오고 있다. 그 후에도 현장계측 및 수치해석에 의하여 이 문제를 해결하려는 연구도 많이 실시되고 있다.[26,29,34,38]

최근에는 지하굴착 심도도 깊어지고 도심지에서의 인접건물에의 영향도 되도록 억제시켜야 하며 지하수에 대한 차수대책을 마련해야 하는 등 여러 가지 어려운 제약이 제기됨에 따라 흙막이구조물도 다양해졌고 여러 가지 우수한 공법도 발달하게 되었다. 그중에서도 특히 굴착구간에서의 작업능률을 향상시키기 위하여 앵커를 사용하는 경우가 많이 늘어났다.[40] 즉, 앵커로 흙막이벽을 지지시킴으로써 버팀보로 지지하는 경우보다 굴착작업공간을 넓게 확보할 수 있게 되었다. 그러나 현재 버팀보지지 흙막이벽을 대상으로 제시되었던 Terzaghi & Peck(1967)[35] 및 Tschebotarioff(1973)[36]의 경험적 측방토압분포가 앵커지지 흙막이벽에도 적용될 수 있는지는 검토가 필요한 사항이다.

이에 일찍이 홍원표 연구팀은 국내에서 시공된 8개 앵커지지 흙막이벽 굴착현장의 실측자료[12]를 분석하여 국내의 지반특성에 부합되는 앵커지지 흙막이벽에 작용하는 측방토압분포를 조사하였다. 이후 현장계측자료를 27개로 확장하여 분석의 심도를 더욱 깊이 하였다.[13]

(1) 굴착현장

굴착현장은 모두 도심지에서 시공된 굴착현장으로서 대규모 아파트단지, 고층빌딩 인접 공사현장, 상가 및 주택지가 밀집되어 있다. 또한 인접도로 지하에는 지하철이 통과하고 있거나 각종 지하매설물이 묻혀 있다. 따라서 주변지반의 침하로 인하여 인접건물이나 지하구조물에 피해를 줄 수 있어 근접시공에 대한 중요성이 매우 큰 현장들이다.[12-13]

지반조건은 우리나라 내륙지방의 전형적인 지층구조인 표토층, 풍화대층, 기반암층으로 구성된 다층지반이다. 표토층은 대부분 실트질 모래, 모래질 실트, 자갈 등이 혼재되어 있는 매립토와 퇴적토로 이루어져 있다. 이 표토층에는 모래의 성분이 많다. 풍화대층은 풍화도가 매우 심한 풍화잔류토층과 모암조직이 존재하며 비교적 단단한 풍화암층으로 구성되어 있다. 풍화대 하부에는 기반암인 연암 및 경암으로 구분되는 암층이 분포하고 있으며 대부분 현장의 연암층과 경암층에는 균열과 절리가 발달되어 있다.

이들 지반을 토사지반현장과 암반지반현장으로 구분하였는데, 구분기준은 풍화암 이하의 암반층의 두께가 전체 굴착깊이의 50% 이상이거나 연암 이하의 암반층이 전체 굴착깊이의 30% 이상이 되면 암반지반으로 분류하였다.

흙막이공으로는 전 현장에서 엄지말뚝과 나무널판을 사용한 연성벽체의 흙막이벽을 앵커로 지지하였다. 대부분의 현장에서 흙막이벽 배면에는 차수 및 지반보강 목적으로 L/W 그라우팅 및 쏘일시멘트(SCW : soil cement wall)를 시공하였으며 벽체의 강성을 높이기 위해 풍화암층과 연암층 상단까지 엄지말뚝 사이에 CIP 공법을 적용하였다.

계측기기로는 앵커축력측정용 하중계, 경사계 및 지하수위계를 설치하였다. 하중계는 앵커의 두부에 부착하였으며 지하수위는 지하수위 측정용 홀을 흙막이벽체 배면에 천공하고 이 천공홀 내에 피에조메터(piezometer)를 삽입하여 측정하였다.

(2) 지하수위의 변화

그림 4.4는 굴착공사 진행에 따른 지하수위의 변화 상태를 측정한 예이다. 그림 중 점선

은 지하수위의 변화곡선이고 실선은 굴착깊이를 나타내고 있다. 그림 4.4(a)와 (b)는 각각 흙막이벽 배면의 지하수 차단공법을 적용하지 않은 현장과 적용한 현장의 지반굴착에 따른 지하수위의 변화거동을 정리한 결과이다.

우선 지하수 차수공을 실시하지 않은 현장에서는 그림 4.4(a)에서 보는 바와 같이 굴착깊이가 깊어짐에 따라 흙막이벽 배면 지반 속의 지하수위가 점진적으로 낮아지고 있음을 보이고 있다. 이는 굴착에 따라 흙막이벽 배면에 있던 지하수가 굴착공간 내로 유입되었기 때문임은 이미 예상하였던 바이다.

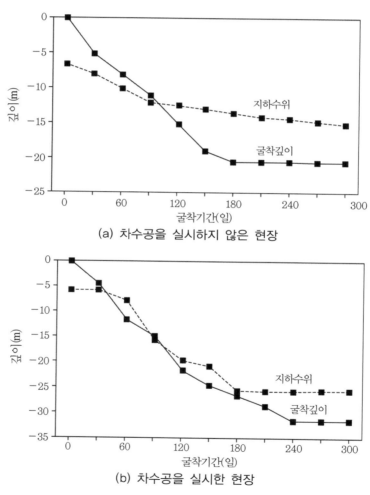

(a) 차수공을 실시하지 않은 현장

(b) 차수공을 실시한 현장

그림 4.4 굴착에 따른 지하수위의 변화[12]

그러나 지하수 차수공을 시공한 현장에서도 그림 4.4(b)에서 보는 바와 같이 굴착깊이가 깊어짐에 따라 지하수위도 점진적으로 낮아지고 있었다. 즉, 초기의 지하수위는 GL-6.0m 정도였으나 GL-28.0m 깊이의 굴착시기까지 굴착과 더불어 지하수위가 점진적으로 낮아졌고 굴착 개시 6개월 후부터 GL-26.0m 깊이로 안정되었음을 보여주고 있다.

이 현장 이외에도 흙막이벽 배면에 L/W, SCW, CIP공 등의 차수공법을 실시한 모든 현장에서도 굴착과 더불어 점진적으로 지하수위가 낮아지는 결과가 관측되었다. 결국 차수공을 실시하고 굴착을 실시한 현장에서 지하수위를 차단시켜 지하수위 하강을 방지하려는 효과는 거두지 못한 것으로 생각된다. 따라서 굴착 시 흙막이벽의 배면에 수압은 작용하지 않았을 것으로 생각된다. 그러나 이들 현장에서의 차수공은 비록 효과를 거두지는 못하였으나 전반적으로 지반의 강도를 증대시키는데 그라우팅의 효과가 있었기에 굴착을 안전하게 마무리할 수 있었다. 원래 지하수위의 하강을 방지하는 목적은 지하수위하강으로 지반에 배수가 발생하여 압밀침하로 도심지 건물침하문제를 방지하기 위해서다. 비록 지하수위 하강방지의 원래 목표는 이루지 못하였어도 그라우팅으로 흙막이벽 배면 지반의 강도증대효과는 크게 작용하여 지반의 침하는 최소한으로 방지하면서 굴착시공을 완성할 수 있었던 것으로 판단된다.

(3) 앵커축력의 변화

(가) 시공단계별 앵커축력 변화

그림 4.5는 흙막이벽에 대한 굴착단계별 앵커축력의 변화를 나타낸 그림이다. 이 그림에서 앵커두부에 설치된 하중계로부터 측정된 굴착단계별 앵커축력의 변화는 선행인장력을 가한 후 선행인장력해방(jacking free) 시 1차적으로 감소하고, 그 후 계속적으로 감소하다가 다음 단의 앵커가 설치될 때마다 앵커축력은 재분배된 후 마지막 4단 앵커설치 후 거의 수렴하는 경향을 보이고 있다.

그림 4.5는 1단 앵커축력의 변화를 나타낸 결과인데, 1단계 굴착이 완료된 후 1단 앵커에 인장력을 55t 도입하였으나 하중계로 측정된 앵커축력은 52.1t이었고 선행인장력해방 시에는 47.8t으로 나타났다. 2단계 굴착이 완료되고 2단 앵커에 인장력이 도입된 직후 1단 앵커축력은 급속히 감소하여 35.2t 정도로 나타났다. 그러나 1단 앵커축력은 4단 앵커설치에 의한 영향이 크게 나타나지는 않고 거의 일정하게 유지되는 것으로 나타났다.

더욱이 흙막이벽 전면에 옹벽의 합벽시공으로 인하여 앵커축력은 13.8t에서 15.8t으로 일시적으로 2.0t 증가하였으나 다시 점차 감소하는 경향을 보이고 있다. 합벽식 옹벽은 전면에 거푸집을 대고 거푸집지지 경사버팀보를 설치하여 시공하였다. 따라서 일시적인 축력의 증가는 옹벽시공으로 인하여 흙막이벽의 강성이 증대되고 벽체의 변형이 억제되었기 때문이다. 그리고 합벽식 옹벽 시공 완료 후 거푸집을 지지하고 있던 경사버팀보를 해체함에 따라 축력은 다시 감소되어 옹벽설치 이전 값으로 수렴하게 된다.

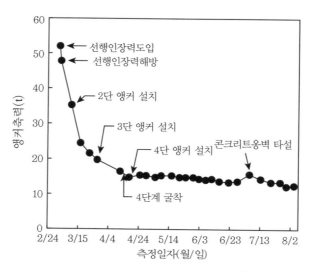

그림 4.5 시공단계별 앵커축력 변화[(14)]

(나) 앵커축력의 거동

그림 4.6은 굴착단계별 앵커두부에 설치된 하중계로부터 측정한 각 앵커설치단의 앵커축력이다. 그림 4.6(a)는 토사지반에 정착된 앵커축력의 측정 결과이고 그림 4.6(b)는 암반지반에 정착된 앵커축력의 측정 결과이다. 그림 4.6(a) 및 (b)에서 보는 바와 같이 토사지반에 정착된 앵커축력은 10~35t 범위에서 작용하고 있으며 암반지반의 앵커축력은 25~40t 범위에서 작용하고 있다. 암반지반의 앵커축력이 토사지반의 앵커축력보다 크게 나타나는 것은 암반지반에 시공된 앵커의 정착장이 대부분 연암 및 경암층에 위치하고 있어 앵커의 정착상태가 양호하여 선행인장력을 크게 가하였기 때문이라 생각된다.

한편 대부분의 앵커축력은 지반조건에 관계없이 정착 후에 나타난 초기의 선행인장력이 굴착 완료 시점까지 큰 변화 없이 비교적 안정된 상태를 보이고 있는데 이는 굴착이 진행됨에 따라 연성벽체의 변형에 따른 흙막이벽배면 흙입자의 배열이 재배치되어 응력의 재분배 현상이 발생되었기 때문이다.

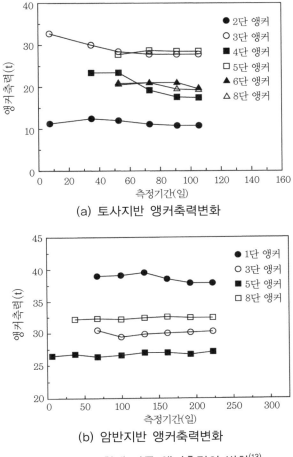

(a) 토사지반 앵커축력변화

(b) 암반지반 앵커축력변화

그림 4.6 굴착에 따른 앵커축력의 변화[13]

그러나 그림 4.7의 사례에서와 같이 그림 4.6에서 본 앵커축력의 안정된 거동이 보이지 않는 경우도 있다.[12] 이 사례에서는 앵커축력의 측정치는 30t 이하의 값을 보이며 굴착이 진행됨에 따라 각 앵커 설치단의 앵커축력이 점진적으로 감소하는 경향을 보이고 있어 최종 굴착 시의 측정치가 굴착 진행 중과 비교할 때 가장 적은 값을 나타내고 있다. 이는 굴착 진행에 따라 연성벽체의 변형이 진행되어 벽체의 변형에 따른 응력의 재분배 현상이 발생되었음을 의미한다.

연성벽체로 시공된 경우 종종 이런 거동을 볼 수 있는데 앵커축력은 30t 이하를 보이며 초기의 측정치가 굴착의 진행에 따라 강성벽체의 경우와 달리 매우 감소하여 최종굴착 시 안정된 값을 유지하는 현상이 나타나고 있다. 이와 같이 연성벽체는 굴착에 따라 벽체의 변

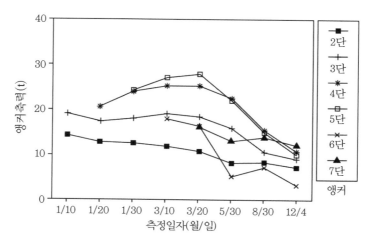

그림 4.7 앵커축력 감소 사례[(12)]

형량이 강성벽체의 경우보다 크므로 측방토압이 감소한다.

(다) 앵커축력의 손실

앵커에 가한 선행인장력은 여러 가지 원인에 의하여 손실된다. 이러한 선행인장력 감소의 원인으로는 정착장치의 활동, PC강재와 쉬즈 사이의 마찰, 정착장의 탄성변형 등 선행인장력을 가하자마자 발생하는 즉시손실과 정착장의 건조수축, PC강재의 릴렉세이션 등 선행인장력 도입 후에 시간경과와 함께 발생하는 시간적 손실이 있다. 흙막이벽을 지지하고 있는 앵커에 가한 선행인장력 P_j는 일반적으로 선행인장력을 도입하자마자 즉시손실에 의하여 감소하게 된다. 이때의 앵커축력을 초기앵커축력(initial anchor force)이라고 한다.

그림 4.8은 앵커의 선행인장력과 초기앵커축력과의 관계를 나타낸 결과이다.[(6)] 여기서 앵커의 선행인장력은 잭압력계로부터 측정된 인장력을 말한다. 그림에서 초기앵커축력은 선행인장력의 45~95% 정도에 해당하며 평균적으로 70% 정도에 해당된다. 즉, 앵커의 선행인장력은 평균적으로 초기에 30% 정도가 즉시손실에 의하여 감소함을 알 수 있다. 이 즉시손실 값은 현장 여건에 따라 달라질 수 있다. 예를 들면 경사면 흙막이벽에서 측정한 한 사례[(14)]에서는 그림 4.9에서 보는 바와 같이 초기앵커축력은 선행인장력(jacking force)의 75~90% 정도에 해당하는 것으로 나타났으며, 평균 82% 정도에 해당한다. 즉, 이 경우는 앵커의 선행인장력은 평균적으로 초기에 18% 정도만 즉시손실에 의하여 감소하였다.

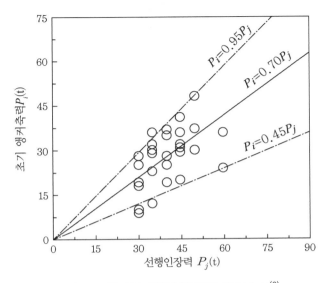

그림 4.8 앵커의 선행인장력과 즉시손실[6]

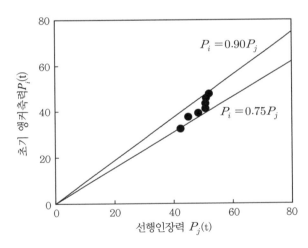

그림 4.9 경사면 흙막이벽지지 앵커의 선행인장력과 즉시손실[14]

  따라서 이러한 앵커의 선행인장력의 즉시손실을 고려하여 흙막이벽을 지지하고 있는 앵커의 축력을 설계하면 흙막이벽의 변형은 감소시킬 수 있으므로 보다 안전한 굴착시공을 수행할 수 있다.

  한편 앵커의 선행인장력의 즉시손실은 앵커정착장의 지반조건에도 영향을 받고 있다. 즉, 앵커의 정착장이 토사층에 형성된 경우 선행인장력의 즉시손실량이 암반층에 형성된 경우보다 크게 발생하는 것은 토사층에서는 앵커정착장의 그라우팅 시공효율이 떨어지는 것과 배면지반의 변형이 암반층보다 크게 발생하여 앵커정착장의 활동이 크게 일어났기 때문이라고 판단된다.

(라) 앵커축력의 재분배

굴착을 진행하면서 앵커에 인장력을 도입하게 되면 상단 앵커의 축력은 하단앵커의 선행인장력에 영향을 받아 앵커축력이 재분배되는 현상이 발생하게 된다. 즉, 앵커에 선행인장력을 도입하면 제일 인접한 기존 앵커의 축력 감소가 심하게 발생한다.

한 현장사례[14]에 의하면 2단 앵커에 선행인장력을 도입하자마자 1단 앵커의 축력은 감소하여 손실률이 12.3%로 나타났으며 3단 앵커에 선행인장력이 도입되었을 때는 1단 앵커의 손실률은 1.6%인 반면, 2단 앵커축력의 손실률은 17.6%로 크게 나타났다. 또한 4단 앵커에 선행인장력이 도입되었을 때는 1단 및 2단 앵커축력의 손실률은 각각 2.3%와 2.2%인 반면, 3단 앵커축력의 손실률은 14.2%로 나타났다.

한편, 다른 위치에서의 앵커의 경우도 2단 앵커에 선행인장력을 도입하자마자 1단 앵커축력은 크게 감소하여 손실률이 24.1%로 나타났다. 이 결과에서 보는 바와 같이 하단에 설치된 앵커의 선행인장력 도입에 따른 상단앵커축력의 감소는 바로 인접한 상단에 설치된 기존 앵커에서 가장 크게 나타나고 있음을 알 수 있다.

또한 1단 앵커에 인장력을 도입하였을 때 흙막이벽의 수평변위는 감소하는 것으로 나타났다. 특히 앵커가 설치된 GL(−)1.2m 지점에서는 흙막이벽의 수평변위가 약 50mm 정도 감소하였다. 이러한 흙막이벽의 변형은 Bowles(1996)이 제시한 연성벽체의 변형거동[20]에서 1~2단계에서의 거동과 유사한 경향을 보이고 있음을 알 수 있다(그림 3.5 참조).

(4) 앵커축력으로부터 측방토압 산정방법

앵커축력의 변화는 앵커두부에 부착된 하중계에 의하여 측정한다. 측정된 앵커축력에 의한 굴착단계별 환산측방토압은 각 단에 설치된 앵커가 분담하는 방법으로 중점분할법을 이용하여 산정하였다.[24] 각 단의 앵커가 부담하는 토압산정식은 식 (4.1)과 같다.

$$p = \frac{P\cos\beta}{SL} \tag{4.1}$$

여기서, p : 측방토압(t/m^2)

　　　P : 앵커축력(t)

　　　β : 앵커타설각도$(°)$(수평축을 기준으로)

　　　S : 앵커의 수평설치간격(m)

　　　L : 중점분할법에 의한 엄지말뚝의 연직분담길이(m)

　한편 흙막이벽 배면에 설치된 경사계로부터 실측된 벽체의 수평변위에 의하여 산정된 각 굴착단계별 측방토압 산정은 흙막이벽 배면에 단위하중(t/m^2)을 작용시켰을 때 발생된 벽체의 수평변위와 흙막이벽의 실측변위는 탄성영역 내에서 비례한다는 조건하에서 식 (4.2)와 같이 산정한다.

$$p = \frac{\delta_2 \, W}{\delta_1} \tag{4.2}$$

여기서, p : 수평변위에 의한 수평토압(t/m^2)

　　　δ_1 : 벽체의 가상변위(m)

　　　δ_2 : 벽체의 실측변위(m)

　　　W : 가상단위하중(t/m^2)

　앵커지지 흙막이벽과 같은 연성벽체에서 앵커로 지지하고 있는 각 절점의 스프링계수 K는 식 (4.3)과 같이 산정하였다.

$$K = \frac{A \, E \cos \beta}{L_s S} \tag{4.3}$$

여기서, A : 앵커의 총단면적(m^2)

　　　E : 앵커의 탄성계수(t/m^2)

　　　S : 앵커의 수평설치간격(m)

　　　L_s : 앵커 자유장(m)

β : 앵커타설각도($°$)(수평축을 기준으로)

각 단계별 굴착에 따른 환산측방토압을 산정하는 과정에서 서로 다른 지층의 토질정수를 구하기 위해 최종굴착심도 H에 대한 평균내부마찰각 ϕ_{avg} 및 단위체적중량 γ_{avg}은 각 지층별 ϕ_i, γ_i를 이용하여 식 (4.4) 및 식 (4.5)와 같이 산정한다.

$$\phi_{avg} = \frac{\sum_{i=1}^{n} H_i \phi_i}{i = \sum_{i=1}^{n} H_i} \tag{4.4}$$

$$\gamma_{avg} = \frac{\sum_{i=1}^{n} H_i \gamma_i}{i = \sum_{i=1}^{n} H_i} \tag{4.5}$$

여기서, H_i : 각 지층별 지층두께(m)

γ_i : 지층두께 H_i 흙의 단위중량(t/m^2)

ϕ_i : 지층두께 H_i 흙의 내부마찰각($°$)

(5) 흙막이벽의 측방토압

배면이 수평지표면인 암층이 포함된 다층지반에 설치된 앵커지지 흙막이벽체에 대한 현장계측(앵커축력, 벽체의 수평변위)으로부터 산정된 환산측방토압분포는 다음과 같은 경향이 있다.

① 굴착단계별 환산측방토압분포는 흙막이벽 상부지표면에서의 제로토압에서 굴착깊이에 비례하여 일정깊이까지는 선형적으로 증가하고 있다.

② 굴착단계별 환산측방토압의 변화를 보면 앵커축력에 의한 환산측방토압분포는 일정깊이 이하에서는 불규칙한 분포를 보이고 있으나 수평변위에 의한 환산측방토압분포는 굴착깊이에 비례하여 증가하며 최대토압 발생위치는 변하지 않고 있다.

③ 앵커축력에 의한 환산측방토압분포에서는 흙막이벽 하부의 토압분포형태를 명확히 알

수 없으나 수평변위에 의한 환산측방토압분포에서는 굴착하단부의 일정깊이부터 토압이 선형적으로 감소하여 굴착바닥에서는 제로토압이 작용하는 경향을 보이고 있다.

이와 같은 환산측방토압분포를 토대로 하여 흙막이벽 상부에서 선형적으로 증가하는 측방토압증가구간을 H_1으로, 흙막이벽 하부에서 선형적으로 감소하는 측방토압 감소구간을 H_2로 표시하면, 다층지반에 설치된 앵커지지 흙막이벽에 작용하는 측방토압분포는 버팀보지지 흙막이벽의 경우와 동일하게 그림 4.10과 같이 생각할 수 있다.

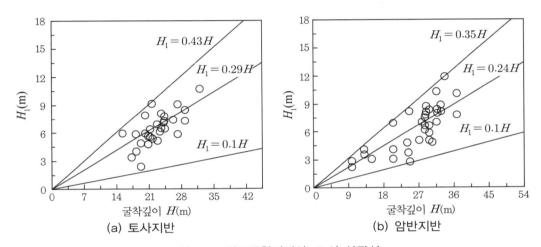

그림 4.10 최종굴착깊이와 H_1의 상관성

그림 4.10은 토사지반과 암반지반에서의 H_1과 굴착깊이 H의 상관성을 보여주고 있다. 토사지반에서의 H_1은 그림 4.10(a)에서 보는 바와 같이 최종굴착깊이 H의 $(0.1\sim0.43)$배 범위 내에 분포되어 있고 암반지반에서는 그림 4.10(b)에서 보는 바와 같이 $0.1\sim0.35H$ 범위 내에 분포되어 있다. 결국 토사지반과 암반지반에서 측방토압 증가구간 H_1의 모든 측정값은 최종굴착깊이 H의 10%가 되는 상관관계선 $H_1 = 0.1H$의 상부에 위치하게 된다. 따라서 $H_1 = 0.1H$ 선은 최소상관관계선에 해당하며 모든 현장에서 만족하는 기준으로 정할 수 있다.

한편 그림 4.11은 토사지반과 암반지반에서의 측방토압 감소구간 H_2과 최종굴착깊이 H의 상관성을 보여주고 있다. 토사지반에서의 H_2는 그림 4.11(a)에서 보는 바와 같이 최종굴착깊이 H의(0.20~0.45)배 범위 내에 분포되어 있다. 암반지반에서는 그림 4.11(b)에서 보는 바와 같이 (0.20~0.57)H 범위 내에 분포되어 있다. 결국 토사지반과 암반지반에서 측방토압 감소구간 H_2의 모든 측정값은 최종굴착깊이 H의 20%가 되는 상관관계선 $H_2 = 0.2H$의 상부에 위치하게 된다. 따라서 $H_2 = 0.2H$ 선은 최소상관관계선에 해당하며 모든 현장에서 만족하는 기준으로 정할 수 있다.

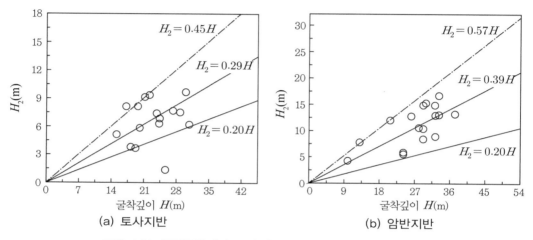

그림 4.11 최종굴착깊이 H와 측방토압감소구간 H_2의 상관성

결론적으로 그림 4.10과 그림 4.11의 결과로부터 안전한 설계를 수행하기 위해서는 그림 4.1의 H_1과 H_2를 각각 $H_1 = 0.1H$ 및 $H_2 = 0.2H$로 정하는 것이 좋을 것임을 알 수 있다. 윤중만(1997)은 H_1과 H_2를 그림 4.10과 그림 4.11에서의 평균치에 유사한 측방토압분포를 제안한 바 있다.[6] 즉, 토사지반에서는 $H_1 = 0.30H$과 $H_2 = 0.30H$을 제안하였고 암반지반에서는 $H_1 = 0.25H$과 $H_2 = 0.40H$을 제안하였다. 그러나 안전한 설계를 실시하기 위해 토사지반과 암반지반 모두에서 동일하게 $H_1 = 0.1H$과 $H_2 = 0.2H$을 적용하는 것이 바람직하다. 이는 Tschebotarioff(1973)가 모래지반을 대상으로 제안한 그림 3.11[36]과 동일하다.

한편 그림 4.12는 앵커지지 흙막이벽에 작용하는 실측측방토압을 지반조건에 따라 구분하여 최종굴착깊이에서의 Rankine 주동토압 $p_a (= K_a\gamma_{avg}H)$와 비교분석한 결과이다. 그림 4.12(a) 및 (b)에서 보는 바와 같이 실측최대측방토압은 지반조건에 관계없이 최종굴착깊이에서의 Rankine 주동토압 $p_a (= K_a\gamma_{avg}H)$보다 작게 나타나고 있다.

즉, 토사지반에 작용하는 실측최대측방토압은 최종굴착깊이에서의 Rankine 주동토압 p_a 의 0.50~0.84배 사이에 분포하고 있으며 평균적으로 0.62배로 나타났다. 암반지반에서는 실측최대측방토압은 최종굴착깊이에서의 주동토압의 0.38~0.73배 사이에 분포하고 있으며 평균적으로 0.53배로 토사지반보다 작게 나타났다.

홍원표·윤중만(1995)은 측방토압 p를 그림 4.12에서의 평균치에 유사한 측방토압분포를 제안한 바 있다.[13] 즉, 토사지반과 암반지반에서 각각 $p = 0.65K_a\gamma H$과 $p = 0.55K_a\gamma H$를 제안하였다. 그러나 평균치를 적용하여 흙막이공을 설계할 경우 그림 4.12에서 보는 바와 같이 평균치보다 측방토압이 크게 발달한 현장에서는 과소설계, 즉 위험한 설계의 우려가 있게 된다. 따라서 특별히 안전한 설계를 실시하려면 그림 4.12의 실측측방토압 중 최대치에 유사한 측방토압을 설계기준으로 정하면 토사지반에서는 $p = 0.85K_a\gamma H$가 되고 암반지반에서는 $p = 0.75K_a\gamma H$를 적용하게 된다.

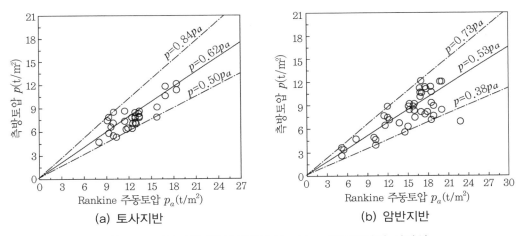

(a) 토사지반   (b) 암반지반

그림 4.12 겉보기최대측방토압과 Rankine 주동토압의 상관성

그림 4.13은 실측최대측방토압과 최종굴착깊이에서의 연직상재압 $\sigma_v (= \gamma H)$와의 상관성을 조사한 결과이다. 이 그림에서 토사지반에서는 측방토압의 크기가 최종굴착깊이에서의 연직상재압 σ_v의 (0.13~0.26)배 사이에 분포하였으며 암반지반에서는 연직상재압 σ_v의 (0.08~019)배 사이에 분포하였다.

홍원표·윤중만(1995)은 측방토압 p를 그림 4.13에서의 평균치를 적용하여 측방토압분포를 제안한 바 있다.[13] 즉, 토사지반과 암반지반에서 각각 $p = 0.2\gamma H$과 $p = 0.15\gamma H$를 제안하였다.

그러나 평균치를 적용하여 흙막이공을 설계할 경우 그림 4.13에서 보는 바와 같이 평균치보다 측방토압이 크게 발달한 현장에서는 과소설계, 즉 위험한 설계의 우려가 있게 된다. 따라서 특별히 안전설계를 실시해야 하는 경우에는 최대측방토압을 택하여 토사지반에는 $p = 0.25\gamma H$를 적용하는 것이 바람직하다. 이는 Tschebotarioff(1973)가 모래지반을 대상으로 제안한 값과 동일하다. 동일하게 암반지반에서도 최대측방토압을 택하여 $p = 0.20\gamma H$를 적용하는 것이 바람직하다.

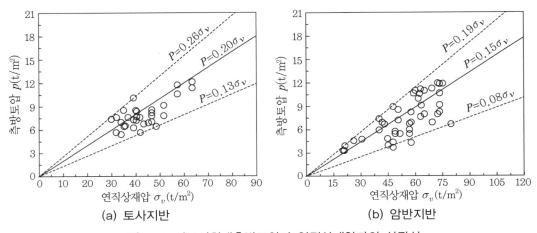

그림 4.13 겉보기최대측방토압과 연직상재압과의 상관성

한편 그림 4.14는 최종굴착깊이에서의 정지토압과의 상관성을 조사한 결과이다. 이 그림에서 토사지반과 암반지반에 각각 최대측방토압은 정지토압의 (0.30~0.55)배 및 (0.23~0.48)배로 조사되었다. 홍원표·윤중만(1995)은 측방토압 p를 그림 4.14에서의 평균치를 적용하여 측방토압분포를 제안한 바 있다.[13] 즉, 토사지반과 암반지반에서 각각 $p = 0.40K_0\gamma H$과 $p = 035K_0\gamma H$를 제안하였다. 그러나 평균치를 적용하여 흙막이공을 설계할 경우 그림 4.14에서 보는 바와 같이 평균치보다 측방토압이 크게 발달한 현장에서는 과소설계, 즉 위험한 설계의 우려가 있게 된다. 따라서 특별히 안전설계를 실시해야 하는 경우에는 토사지반과 암반지반에 각각 최대측방토압을 $p = 0.55K_0\gamma H$ 및 $p = 0.50K_0\gamma H$가 되도록 적용하는 것이 바람직하다.

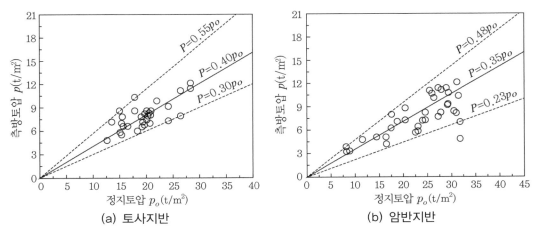

그림 4.14 겉보기최대측방토압과 정지토압과의 상관성

위에서 검토한 결과를 정리요약하면 다음과 같다. 토사지반에 설치된 흙막이벽에 작용하는 측방토압의 평균치와 최대치의 크기는 식 (4.6)~식 (4.8)의 하한치와 상한치에 해당한다.

결론적으로 사질토지반 속에 설치된 흙막이벽체에 작용하는 측방토압분포의 기하학적 형상은 그림 4.1로 제안한 분포와 동일하다. 즉, 지표면에서 흙막이 벽체의 상부 10% 깊이까지는 측방토압이 선형적으로 증가하여 식 (4.6)~식 (4.8)의 측방토압에 도달하여 이 측방토압의 크기를 유지하다가 흙막이벽체의 하부 20% 위치에서부터는 이 측방토압이 선형적으로 감소하여 최종굴착바닥에서는 0이 되는 사다리꼴분포이다. 여기서 흙막이벽체의 중앙 70% 구간에서는 최대치의 측방토압이 작용하는데 이 최대측방토압은 세 가지 방법으로 결정할 수 있다. 즉, Terzaghi & Peck(1967)이 제안한 최종굴착바닥에서의 주동토압과 연계하는 방법,[35] Tschebotarioff(1973)이 제안한 최종굴착바닥에서의 연직상재압과 연계하는 방법,[36] NAVFAC(1982)에서 제안된 최종굴착바닥에서의 정지토압과 연계하는 방법[31]의 세 가지로 식 (4.6)~식 (4.8)과 같이 결정할 수 있다. 이들 식의 계수는 실측측방토압의 평균치를 하한값으로 하고 최대치를 상한값으로 하여 결정하였다.

$$p = (0.65 \sim 0.85)K_a \gamma H \tag{4.6}$$

$$p = (0.20 \sim 0.25)\gamma H \tag{4.7}$$

$$p = (0.40 \sim 0.55)K_0 \gamma H \tag{4.8}$$

이 결과에 의하면 Terzaghi & Peck(1967)이 제안한 $p = 0.65 K_a \gamma H^{(35)}$와 NAVFAC(1982)의 단단한 모래지반의 $p = 0.40 K_0 \gamma H^{(31)}$는 우리나라 내륙지역 다층지반 속의 흙막이벽에 작용하는 측방토압의 평균치에 해당한다. 그러나 Tschebotarioff(1973)가 모래지반을 대상으로 제안한 측방토압$^{(36)}$ $p = 0.25 \gamma H$은 우리나라 내륙지역 다층지반의 흙막이벽에 작용하는 측방토압의 최대치에 해당한다.

결국 국내에서 실시된 앵커지지 굴착현장의 계측자료로부터 환산한 측방토압의 최대치는 Tschebotarioff(1973)가 제안한 값과 가장 잘 일치하고 평균치는 Terzaghi & Peck(1967) 및 NAVFAC(1982)의 제안 값과 잘 일치하고 있음을 알 수 있다. 이 결과는 앞 절에서 설명한 버팀보지지 흙막이벽에서의 측방토압과도 동일하다.

따라서 Tschebotarioff(1973)가 모래지반을 대상으로 흙막이벽에 작용하는 측방토압분포로 제안한 그림 3.11의 분포는 버팀보지지 흙막이벽 설계뿐만 아니라 앵커지지 흙막이벽 설계에도 적용할 수 있다. 즉, 국내 내륙지역 다층지반의 경우를 모래지반으로 취급하면 그림 3.11에서와 같이 제안한 측방토압분포 속에 현장계측으로 환산한 모든 측방토압이 분포함을 알 수 있다.

한편 암반지반에 설치된 흙막이벽에 작용하는 설계측방토압의 크기는 식 (4.9)~식 (4.11)과 같다. 우선 측방토압분포의 기하학적 형상은 그림 4.1로 제안한 토사지반에서의 분포와 동일하다. 그러나 흙막이벽의 중앙 70%에서는 측방토압의 실측 평균치와 최대치는 각각 식 (4.9)~식 (4.11)과 같이 토사지반에서의 측방토압보다는 작다. 이 측방토압도 토사지반에서와 동일하게 세 가지 방법으로 정리할 수 있다.

$$p = (0.55 \sim 0.75) K_a \gamma H \tag{4.9}$$

$$p = (0.15 \sim 0.20) \gamma H \tag{4.10}$$

$$p = (0.35 \sim 0.50) K_0 \gamma H \tag{4.11}$$

암반지반의 경우는 일반토사지반에서보다도 토압이 적게 작용함을 고려하여 토사지반에 대한 경험식에 의해 제시된 측방토압 크기의 75~85% 정도만 고려하여 적용하는 것이 합리적이라 생각된다. 예를 들어 식 (4.10)의 측방토압 $p = 0.20 \gamma H$은 식 (4.7)의 $p = 0.25 \gamma H$의 80%에 해당하는 측방토압이다.

따라서 토사지반 속 흙막이벽에 작용하는 측방토압분포로 제안한 그림 4.1의 측방토압분포를 그대로 적용하되 측방토압의 크기를 암반지반에서의 토압감소율 80%를 적용하여 $p = 0.20\gamma H$로 결정함이 바람직하다. 동일하게 식 (4.9)와 식 (4.11)도 각각 식 (4.6)과 식 (4.8)에 토압감소율 75~85%를 적용한 값에 해당한다.

단 암반층 굴착 시 흙막이벽 하부 최하단지지공 설치위치에서 근입심도의 설계 시 근입심도가 과다하게 산정되거나 단층, 파쇄대, 바람직하지 않은 절리가 발달된 경우에는 하단에 지지공을 추가로 설치하여야 한다.

여기서 제안된 측방토압분포는 암반층에서의 점착력을 무시하고 산정된 것이므로 실제 흙막이벽에 작용하는 측방토압보다 크게 산정될 수 있으나 흙막이공 설계 시 안전 측을 고려하면 그대로 적용하여도 무방하다고 판단된다.

그러나 실제 굴착현장에서 굴착배면지반의 뒤채움재 및 상재하중으로 인하여 상부 지표면에서 토압이 0이 되지 않는 경우가 있으며 지하수에 의한 수압이 작용하여 앵커지지 흙막이벽체에 작용하는 측방토압분포는 제안된 토압분포와는 약간 상이할 수 있으므로 주의를 요한다.

그러나 앵커지지 엄지말뚝흙막이벽체와 같은 연성벽체의 경우 흙막이벽 배면의 지하수위를 계측한 결과 굴착이 진행되는 동안 지하수위는 대부분 감소하므로 수압의 영향을 고려하지 않아도 무방할 것으로 판단된다.

4.1.3 사질토지반 속 흙막이벽에 작용하는 측방토압분포 제안

사질토지반 속에 설치된 흙막이벽에 작용하는 측방토압분포는 흙막이벽 지지 시스템에 상관없이 그림 4.1에 제시된 측방토압분포를 적용할 수 있다. 즉, 지표면에서 $H_1 = 0.1H$ 깊이까지의 흙막이벽체에는 측방토압이 선형적으로 증가하여 일정치에 도달하였다가 최종 굴착바닥 흙막이벽 하부에서 $H_2 = 0.2H$이 되는 구간에서부터는 측방토압이 점차 선형적으로 감소하는 사다리꼴분포이다.

이때 일정치의 측방토압은 표 4.1과 같다. 즉, 표 4.1은 사질토지반과 암반지반에 설치된 흙막이벽 설계에 적용될 수 있는 측방토압의 제안값을 정리한 표이다. 이들 측방토압은 흙막이벽 지지 시스템에 상관없이 적용될 수 있다. 즉, 버팀보지지 흙막이벽과 앵커지지 흙막이벽 모두에 적용할 수 있다.

그러나 실제 흙막이벽의 설계에서는 평균치의 측방토압을 선택할 것인지 최대치의 측방토압을 선택할 것인지를 결정해야 한다. 이에 저자는 설계대상이 되는 구조물의 중요도 및 경제성에 따라 설계기술자가 적절하게 선택할 것을 제안한다. 만약 경제적 설계가 필요한 현장이라면 평균치의 측방토압을 적용하여 설계를 한 후 시공 시 현장계측으로 시공관리를 충실히 해야 한다. 그러나 경제성보다는 전체적인 안전성이 특히 강하게 요구되는 프로젝트의 경우는 최대치의 측방토압을 적용하여 설계를 수행해야 한다.

사질토지반 속에 설치된 흙막이벽에 작용하는 측방토압분포를 최종굴착깊이에서의 Rankine 주동토압과 연계하여 적용하려 할 경우 지지 시스템에 관계없이 기존의 Terzaghi & Peck(1967)이 제안한 측방토압보다 크게 측정되는 경우가 많았다. 기존의 Terzaghi & Peck(1967)이 제안한 측방토압 $p = 0.65 K_a \gamma H$은 현장계측치의 평균값 정도에 해당하였다. 이는 만약 Terzaghi & Peck(1967)이 제안한 측방토압분포를 적용할 경우 실제 작용하는 측방토압이 예상치보다 클 경우가 발생할 수 있다는 것을 의미하므로 흙막이공의 설계는 위험한 경우가 발생할 수 있을 것이다. 따라서 특별히 안전한 설계가 요구될 때는 최대측방토압의 크기를 $p = 0.65 K_a \gamma H$보다 큰 $p = 0.85 K_a \gamma H$를 적용하는 것이 안전하다.

한편 정지토압과 연계하여 적용하는 경우도 NAVFAC(1982)이 제안한 측방토압 $p = 0.40 K_0 \gamma H$보다 약간 크게 $p = 0.55 K_0 \gamma H$을 적용해야 한다. 따라서 NAVFAC(1982)이 제안한 형태의 측방토압을 적용하려면 최대측방토압의 크기를 $p = 0.40 K_0 \gamma H$보다 큰 $p = 0.55 K_0 \gamma H$를 적용하는 것이 안전하다.

그러나 최종굴착깊이에서의 연직응력과 연계하여 적용한 Tschebotarioff(1973)가 제안한 측방토압의 경우는 현장계측 측방토압의 최대값과 잘 일치하여 수정 없이 적용할 수 있다.

표 4.1 흙막이벽에 작용하는 측방토압

관련 토압 (최종굴착깊이에서의 토압)	토사지반 속 흙막이벽 측방토압		암반지반 속 흙막이벽 측방토압	
	평균치	최대치	평균치	최대치
주동토압 p_a	$p = 0.65 K_a \gamma H^{(1)}$	$p = 0.85 K_a \gamma H$	$p = 0.55 K_a \gamma H$	$p = 0.75 K_a \gamma H$
연직상재압 σ_v	$p = 0.20 \gamma H$	$p = 0.25 \gamma H^{(2)}$	$p = 0.15 \gamma H$	$p = 0.20 \gamma H$
정지토압 p_0	$p = 0.40 K_0 \gamma H^{(3)}$	$p = 0.55 K_0 \gamma H$	$p = 0.35 K_0 \gamma H$	$p = 0.50 K_0 \gamma H$

(1) : Terzaghi & Peck(1967) 제안치
(2) : Tschebotarioff(1973) 제안치
(3) : NAVFAC(1982) 제안치

결론적으로 우리나라 내륙지역 지반과 같이 다층지반구조로 되어 있는 지역에서는 그림 4.1과 같은 측방토압분포로 제안한 $p = 0.25\gamma H$ 측방토압분포를 버팀보지지든 앵커지지든 모든 사질토사지반 속의 흙막이벽 설계에 적용하는 것이 가장 안전할 것으로 생각된다.

그러나 암반지반으로 판정한 경우는 그림 4.1에 제시한 측방토압분포에 동일한 측방토압 분포를 적용하되 토사지반의 최대측방토압값을 80% 정도만을 최대측방토압으로 반영할 필요가 있다. 따라서 암반지반에서의 흙막이 설계에는 $p = 0.20\gamma H$의 측방토압을 적용함이 바람직하다.

4.1.4 붕적토지반에 설치된 흙막이벽에 적용사례

산악지역에는 대규모 붕적층지반이 존재하는 경우가 많다. 붕적층지반에서 흙막이 굴착공사를 진행하게 되면 흙막이벽의 변형이 크게 발생되고 굴착지반의 안정성에 문제가 발생하게 되어 최악의 경우 지반붕괴 사고가 발생하게 된다.

장효석(2006)는 두꺼운 붕적토층이 존재하는 위치에서 터널공사를 실시하는 한 현장을 대상으로 터널 입구부에 앵커지지흙막이벽의 현장계측사례를 토대로 흙막이벽의 거동특성과 흙막이벽에 작용하는 측방토압을 조사한 바 있다.[9,27] 총길이 4.58km의 터널공사구간 중 터널갱구 시점부에 앵커지지흙막이구조물을 시공하였다. 터널갱구 시점부는 붕적층이 발달한 지역으로 절토고를 줄여 환경훼손을 최소화하기 위해 갱구부에 흙막이벽을 시공하였다.

흙막이벽을 계획함에 있어 지형적인 원인, 시공장비의 원활한 통행 등으로 인하여 버팀보 설치가 곤란하여 흙막이벽 지지구조를 앵커지지 방식으로 시공하는 경우가 많다. 붕적층지반에 앵커 시공 시 정착력 확보를 위하여 JS-CGM 그라우팅으로 차수벽을 형성한 후 시멘트 밀크 및 몰탈을 주입하여 보강하고 앵커를 설치한다.

붕적층 지반은 주로 상부로부터 붕적층, 풍화암층, 연암층, 보통암, 경암층으로 구성되어 있으며 붕적층은 지표 아래 20여m까지 분포한다. 붕적층에는 암괴 함유량이 높으며 소량의 잔류토사가 함유되어 있어 투수성이 높다.

엄지말뚝흙막이벽은 앵커지지방식으로 설치하였고 앵커설치각도는 30° 정도로 하였다. 앵커 속 PC강선은 4~6개를 사용하였으며 앵커는 자유장을 조정하여 가능한 정착장이 기반 암층에 위치하도록 하였다. 그러나 부득이하게 붕적층에 정착장이 위치할 경우에는 팩앵커를 사용하였다.

그림 4.15는 다수의 붕적층 지반에 앵커지지 흙막이벽을 설치한 현장에서 측정한 환산측방토압이다. 이 그림 속에 일반사질토지반에 적용하도록 제안한 그림 4.1의 측방토압분포를 함께 도시하였다. 이 결과에 의하면 붕적토지반에 설치된 흙막이벽의 측방토압에 일반 사질토의 측방토압분포를 적용하여도 지장이 없는 것으로 보인다. 즉, 사다리꼴모양의 측방토압 분포로 상부 $H_1 = 0.1H$ 부위에서 측방토압이 선형적으로 증가하고 하부 $H_2 = 0.2H$ 부위에서 측방토압이 선형적으로 감소하는 분포이다. 이때 최대측방토압의 크기는 최종굴착깊이에서의 연직토압의 20%인 $p = 0.20\gamma H$로 나타났으며 이는 식 (4.7)에 정리된 평균치의 측방토압에 해당한다. 따라서 붕적층지반도 토질정수의 차이만 감안한다면 일반 사질토지반으로 취급할 수 있음을 의미한다. 다만 붕적층에서 배면지반이 경사진 현장의 경우 지표면 경사에 의한 상재하중의 영향을 고려할 경우는 상부 $H_1 = 0.1H$ 부분의 토압 감소를 고려하지 않는 것이 바람직하다.[14] 만약 배면 경사의 영향을 고려한 설계를 실시할 경우는 제9장에서 설명할 경사면에 설치된 흙막이벽의 측방토압을 적용하는 것이 바람직하다.

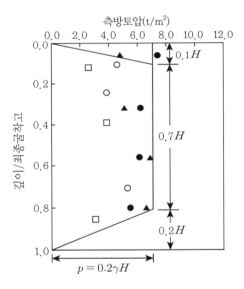

그림 4.15 붕적층의 측방토압

4.2 연약점성토지반 속 흙막이벽

최근 경제성장과 인구 증가로 인하여 공업용지와 주거용지의 수요가 날로 증가되고 있으나 조건이 양호한 토지를 확보하기는 매우 어려운 실정이다. 이러한 토지수요를 충족시키기 위하여 해안매립으로 토지를 공급하는 경우가 급증하고 있다. 해안매립지에 구조물을 건설하기 위해서는 기초공사와 지하구조물공사를 위한 지하굴착공사를 반드시 실시하여야 한다.

이와 같은 지하굴착공사를 실시할 경우 안전하고 합리적인 흙막이구조물을 선택하는 것은 매우 중요한 일이다. 이러한 해안지역에서 대규모 흙막이굴착공사를 실시할 경우, 굴착으로 인하여 지반의 강도가 저하되므로 흙막이벽의 변형은 증가하게 되고 굴착지반의 안정성에 문제가 발생한다.[41] 또한 연약점성토지반에서의 굴착은 사질토지반에서의 굴착과는 다른 변형특성을 나타내게 된다. 그러므로 연약지반에서의 흙막이굴착공사는 항상 불안정 요소를 지니고 있으며 이에 대한 대처방안이 반드시 필요하다.

이에 홍원표 연구팀은 영종도지역 해안매립지 연약지반에 축조된 인천국제공항건설현장에서의 지하굴착공사 시 흙막이 굴착단면에서 계측된 자료를 토대로 점성토지반에 버팀보지지 및 앵커지지 강널말뚝흙막이벽에 작용하는 측방토압을 검토한 바 있다.[15-18]

또한 이 연구 결과를 송도지역[7]과 청라지역[4] 연약지반에서 시공한 버팀보지지 널말뚝흙막이벽 굴착현장에서의 현장계측자료와 비교하였다.

4.2.1 영종도지역 연약지반 흙막이 굴착현장

(1) 현장 및 흙막이공 개요

영종도지역 해안을 매립하여 건설한 인천국제공항 건설현장에서는 4개의 평행활주로, 한 동의 여객터미널, 두 동의 탑승동 및 배수구조물, 중수 처리시설, 수하물 처리시설 그리고 건축 및 부대시설 등으로 분류하여 시공되었다. 그림 4.16은 전체 개략도이며 4개의 활주로(A-1, A-2, A-3, A-4) 구간 및 여객계류장(A-5) 구간으로 구성되어 있다. 이 공항 현장은 총길이 17.3km의 방조제를 쌓고 1,700만 평의 바다갯벌을 부지로 조성하였다.

(가) 지반특성

지반조건은 지표면으로부터 매립층, 해성퇴적층, 풍화잔류토층, 풍화암층, 및 연암층의 순으로 구성되어 있다. 매립층은 지표면으로부터 약 3m 정도까지 분포하고 있으며, N치가 18~31인 양호한 지반이다. 해성퇴적층은 10~40m의 두께로 분포하고 있으며, 주로 실트, 점토, 가는 모래이고 최하부에서는 중간 내지 굵은 모래가 분포되어 있다. 지반의 연경도

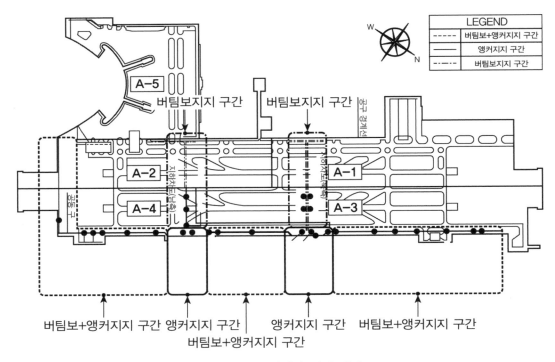

그림 4.16 대상지역의 전체 개략도

또는 상대밀도는 깊이에 따라 증가하지 않으며 연경도의 변화가 매우 심한 것으로 조사되었다. 전반적인 해성퇴적층의 분포는 북측에서 남측으로 퇴적층 두께가 두꺼워지는 분포를 보였으며, 북측과 남측의 지층분포도 다소의 차이를 보였다. 남측의 경우 주로 실트와 점토가 두껍게 분포하고 있지만 북측의 경우는 가는 모래의 분포가 우세하게 나타나고 있다. N치는 2~26으로 매우 다양하게 나타났다. 해성퇴적층의 비중은 평균 2.68이고, 함수비는 평균 35.1%이며, 단위중량은 평균 1.76g/cm^{3}이다. 비배수전단강도는 삼축압축시험(UU-Test) 결과 평균 0.36kg/cm^{2}이며, 일축압축시험 결과 평균 0.45kg/cm^{2}으로 나타났다. 풍화잔류 토층은 주로 3~4m의 두께로 분포하고 있으며, 실트 섞인 모래로 구성되어 있다. N치는 43/30~50/16의 범위로 매우 조밀한 상대밀도를 보였다. 풍화잔류토 아래의 풍화암은 심하게 풍화된 상태로 암의 조직과 형태는 보존되어 있었다. 풍화암의 두께는 10m 이상이며 깊이가 깊어짐에 따라 풍화의 정도가 약화되었다. 풍화암층의 하부는 기반암인 연암이 존재하며, 연암의 암질은 매우 불량한 상태로서 코아 회수율이 저조한 편이다. 한편, 지하수위는 GL(-)3~6m 정도이며, 굴착이 진행됨에 따라 미소하게 하강하지만 굴착이 완료된 이후에는 거의 변화가 없는 것으로 나타났다.

(나) 흙막이구조물

이 공항의 신설부지 가운데 A-1공구, A-2공구, A-3공구 그리고 A-4공구에 강널말뚝흙 막이벽을 이용하여 굴착을 실시하였다. 대상현장의 강널말뚝흙막이벽은 모두 공동구와 지하차도 건설을 위하여 수행된 것이다. 본 현장은 지하수위가 높은 연약점성토지반으로 구성되어 있으므로 흙막이벽의 강성이 우수하고 별도의 차수공법을 고려하지 않아도 되는 강널말뚝을 채택하였다. 강널말뚝의 이음부는 서로 맞물리게 하여 연속성을 확보할 수 있도록 하였다. 그리고 강널말뚝흙막이벽의 형식은 U-Type(KWSP-IV)을 적용하였다. 최종굴착깊이는 10~17m이며, 대부분 현장의 굴착깊이는 12m 정도이다. 본 현장에 적용된 흙막이구조물의 제원을 요약·정리하면 표 4.2와 같으며 흙막이벽 지지방식에 따른 흙막이벽의 대표적 굴착단면도는 그림 4.17과 같다.

표 4.2 흙막이구조물의 제원

구분	단면 형태 및 단면 치수		주요 용도
흙막이벽	U-Type(KWSP-IV)(400×170×15.5)		가설흙막이벽체
버팀보	H-Pile(300×300×10×15)		가설흙막이벽 지지
앵커	설치각도	40°	가설흙막이벽 지지
	강선수	7~8개	
	자유장 길이	23~28m	
띠장	H-Pile(300×300×10×15, 350×350×12×19)		가설흙막이벽 지지
중간말뚝	H-Pile(250×250×9×14)		버팀보 변형 방지

A-1공구의 강널말뚝흙막이벽은 일부 지하차도구간에서 앵커지지 방식으로 시공되었으나 거의 대부분 버팀보지지 방식으로 시공되었다. 또한 A-2공구의 강널말뚝흙막이벽도 모두 버팀보지지 방식으로 시공되었다. 그러나 A-3공구의 강널말뚝흙막이벽은 버팀보와 앵커의 복합지지 방식으로 시공되었다. 즉, 상부 1, 2단은 버팀보 지지방식이고 하부 3, 4, 5단은 앵커지지방식이다. 그리고 A-4공구에서의 강널말뚝흙막이벽은 버팀보지지, 앵커지지 및 복합지지 방식으로 다양하게 시공되었다. 즉, 남측 지하차도의 강널말뚝흙막이벽은 버팀보지지 방식으로 시공되었고, 일부 공동구와 지하차도 램프구간의 강널말뚝흙막이벽은 앵커

지지 방식으로 시공되었으며, 공동구구간에서는 굴착면 상부의 1, 2단은 버팀보지지이고, 하부 3, 4, 5단은 앵커지지인 복합지지 방식으로 시공되었다.

버팀보, 띠장 및 중간말뚝은 모두 H말뚝을 사용하였다. 중간말뚝은 H-250×250×9×14을 사용하였으며 버팀보는 H-300×300×10×15를 사용하였고, 띠장은 H-300×300×10×15 또는 H-350×350×15×19을 사용하였다. 특이한 사항으로는 띠장의 단면이 두 가지 형태이며 2열 띠장을 사용한 구간도 있다.

앵커는 주면마찰형 형태이며 PC 스트랜드 강연선을 사용하였고, 강선 수는 7~8개로 하였다. 앵커의 자유장의 길이는 23~28m, 정착장의 길이는 8~10m, 설치각도는 40°이다.

그림 4.17(a)는 지하박스구조물을 축조하기 위한 버팀보지지 강널말뚝흙막이벽의 굴착단면도를 나타낸 것으로 굴착깊이는 13m 정도이며, 총 4~5단의 버팀보에 의하여 강널말뚝흙막이벽이 지지되어 있다. 굴착폭은 22m이며, 굴착단면의 중앙에 버팀보의 처짐을 방지하기 위하여 2~3개의 중간말뚝을 설치하였다. 버팀보의 수평간격은 2.5m, 수직간격은 2.0~3.0m로 시공되었다. 이 강널말뚝은 최종굴착깊이 아래 14m 정도를 더 근입시켜 지지층에 도달하도록 하였다.

다음으로 그림 4.17(b)는 지하차도와 공동구를 축조하기 위한 앵커지지 강널말뚝흙막이벽의 굴착단면도를 나타낸 것으로 굴착깊이는 7~10m이며, 총 3~4단의 앵커에 의해 강널말뚝흙막이벽이 지지되고 있다. 이 구간에서는 굴착폭이 30m 이상으로 넓어 앵커공법을 적용하였으며 앵커공법을 적용함으로써 굴착작업공간 확보가 용이하였다. 앵커의 수직간격은 2.0~2.5m로 다양하며, 수평간격은 2.0m로 일정하다. 이 강널말뚝은 최종굴착깊이 아래 약 7m 정도를 더 근입시켰다. 마지막으로 그림 4.17(c)는 지하구조물을 축조하기 위한 버팀보와 앵커의 복합지지 강널말뚝흙막이벽의 굴착단면도로 굴착깊이는 12.5m 정도이며, 상부 두 단의 버팀보와 하부 세 단의 앵커에 의하여 강널말뚝흙막이벽이 지지되어 있다. 굴착폭은 15m이며, 굴착단면의 중앙에 중간말뚝을 설치하여 상부 버팀보의 처짐을 방지하였다. 이 강널말뚝은 앵커지지 흙막이벽과 마찬가지로 최종굴착깊이 아래 약 7m 정도를 더 근입시켰다.

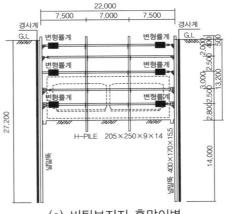

(a) 버팀보지지 흙막이벽

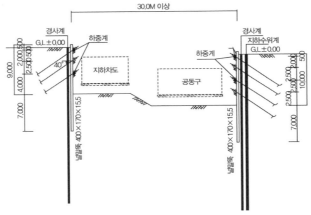

(b) 앵커지지 흙막이벽

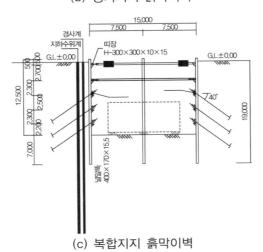

(c) 복합지지 흙막이벽

그림 4.17 지지방식에 따른 흙막이벽의 굴착단면도 및 계측기 설치도

그림 4.17의 굴착단면도에 표시된 바와 같이 강널말뚝흙막이벽의 총 44개 단면에 계측기를 설치하여 흙막이벽의 거동을 조사하였다. 버팀보지지 강널말뚝흙막이벽은 19개 단면에서 계측을 실시하였고, 앵커지지 강널말뚝흙막이벽은 7개 단면에서 계측을 실시하였으며, 버팀보와 앵커의 복합지지 강널말뚝흙막이벽은 18개 단면에서 계측을 실시하였다.

(다) 계측기 설치

각각의 지지방식별 흙막이벽에 대하여 변형률계, 하중계, 지중경사계 및 지하수위계를 설치하여 계측을 수행하였다. 즉, 버팀보지지 흙막이벽에서는 버팀보의 축력을 측정하기 위해서 변형률계를 설치하였고, 앵커지지 흙막이벽에서는 앵커의 축력을 측정하기 위하여 하중계를 설치하였다. 그리고 시공 도중 흙막이벽의 변형거동을 살펴보기 위해서 흙막이벽에 근접하여 흙막이벽 배면에 지중경사계를 설치하였다. 또한 굴착단계 및 강우에 따른 지하수위의 변화를 조사하기 위하여 지하수위계를 지중경사계에 인접하여 설치하였다.

(2) 버팀보지지 흙막이벽

점성토지반에서의 버팀보지지 흙막이벽에 대한 연구로는 Bjerrum and Eide(1956),[19] Rodriguez and Flamand(1969),[33] Peck(1969),[32] Manna and Clough(1981),[30] Clough and Reed(1984),[22] Ulrich(1989),[37] Goh(1994),[25] Yoo(2001)[39] 등의 업적을 들 수 있다.

국내의 경우 버팀보지지 흙막이벽에 대한 연구로는 주로 사질토지반과 이를 포함한 다층지반을 대상으로 수행[8,11]되었다. 이는 해안지반이나 연약지반에서의 흙막이굴착공사에 대한 시공 및 계측사례가 부족하기 때문이다. 현제 국내에서는 연약지반 속 버팀보지지 흙막이벽의 설계 시 Tschebotarioff(1973) 및 Terzaghi & Peck(1967)의 측방토압 분포형상 및 크기를 그대로 적용하고 있다.

그림 4.18은 버팀보지지 흙막이벽에 작용하는 측방토압의 분포와 최대측방토압의 크기를 구하기 위하여 각 굴착단계별 최대측방토압을 최종굴착깊이에서의 연직상재압으로 무차원화시킨 측방토압비(p/σ_v)로 도시한 그림이다.

그림 4.18 중에는 일부 단면의 경우 급속굴착 및 과굴착으로 인하여 최대 450mm의 과대변형이 발생된 위치의 자료도 포함되어 있다. 이러한 과대한 변형은 타당한 측방토압을 적용하지 못하여 흙막이벽의 단면설계가 불안전하였기에 발생된 것으로 판단된다. 따라서 최대측방토압의 크기를 산정할 경우 이러한 비정상적인 과대변형 자료로부터 합리적인 결과

를 도출할 수가 없음으로 과대변형 자료를 제외하여 산정함이 바람직하다.

이 그림에서 보는 바와 같이 흙막이벽에 작용하는 측방토압 분포는 사각형 형태로 생각할 수 있으며, 최대측방토압의 크기는 $p = 0.6\sigma_v = 0.6\gamma H$로 정할 수 있다. 이 측방토압은 사질 토지반에서의 측방토압 산정식 (4.7)의 $p = 0.25\gamma H$보다는 상당히 큰 토압에 해당한다.

측방토압의 분포형태도 사질토지반에 제안된 측방토압분포 형태와 상당한 차이가 있다. 사질토지반에서의 측방토압과 비교하여 특히 다른 차이점은 흙막이벽 상부에서 상당히 큰 측방토압이 굴착초기부터 발생하였다는 점이다. 따라서 사질토지반에 제안된 그림 4.1의 흙 막이벽 상부 $H_1 = 0.1H$ 구간에서의 측방토압의 선형증가구간을 연약점토지반에서는 고려 할 수가 없다.

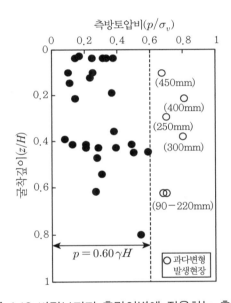

그림 4.18 버팀보지지 흙막이벽에 작용하는 측방토압

한편 흙막이벽체 하부의 측방토압분포는 그림 4.18에서 보는 바와 같이 측정치가 충분하지 못하여 결정하기가 용이하지 않다. 일반적으로 굴착현장에서 흙막이벽체 하부구간에는 대개 계측기를 설치하지 않는다. 따라서 이 계측 결과만으로 흙막이벽 하부의 측방토압의 분포를 정하기는 어렵다. 그러나 흙막이벽체의 수평변위를 조사한 바에 의하면 최종굴착깊이에서 흙막이벽의 수평변위가 상당히 크게 발생하였다.[15] 이는 상당한 측방토압이 흙막이벽 하부에도 작용하였기 때문이라고 생각된다. 따라서 그림 4.1에 제안한 흙막이벽체 하부 $H_2 =$

$0.2H$ 구역에서 측방토압이 선형적으로 감소하는 구간도 연약점토지반에서는 고려할 수가 없다. 기존에 제안된 측방토압분포를 살펴보면 Terzaghi & Peck(1967)[35]이 연약~중간점토지반에서의 측방토압분포로 제안한 그림 3.10(b)의 측방토압분포에서도 흙막이벽체 하부의 측방토압은 감소시키지 않았다.

또한 Tschebotarioff(1973)[36]와 NAVFAC[31]이 제안한 연약점토지반에서의 측방토압분포로 제안한 그림 3.12(a) 및 그림 3.13(b)에서도 흙막이벽체 하부의 측방토압은 역시 감소시키지 않았다.

따라서 연약지반에 설치된 버팀보지지 흙막이벽에 작용하는 측방토압의 분포는 그림 4.18에 도시된 바와 같이 사각형분포로 하고 최대측방토압의 크기는 $p = 0.6\sigma_v = 0.6\gamma H$로 정함이 바람직할 것이다. 이 최대측방토압의 크기는 Tschebotarioff(1973)가 연약점토지반 속 버팀보지지 흙막이벽에 작용하는 최대측방토압으로 제안한 $p = 0.5\gamma H$(그림 3.12(a) 참조) 보다 약간 큰 값이다.

(3) 앵커지지 흙막이벽

굴착구간의 작업능률을 향상시키기 위하여 흙막이벽 지지공으로 앵커를 사용하는 경우가 많이 늘어났다. 즉, 앵커로 흙막이벽을 지지시킴으로써 버팀보로 지지하는 경우보다 작업공간을 넓게 확보할 수 있게 되었다.

연약지반상 앵커지지 흙막이벽에 작용하는 측방토압에 대한 연구로는 Broms & Stille (1975),[21] Ulrich et al.(1989)[37] 등의 업적을 들 수 있다. 국내에서는 앵커지지 흙막이벽의 설계 시 NAVFAC(1982)[31] 및 홍원표와 윤중만(1995)[13]이 제안한 경험토압을 적용하거나 버팀보지지 흙막이벽에 작용하는 경험토압[35,36]을 그대로 적용하고 있다. 그러나 이들 측방토압분포에 대한 연구는 주로 사질토지반과 이를 포함한 다층지반을 대상으로 수행되었으며 연약지반에서의 흙막이벽에 대한 연구는 아직 미흡한 편이다.

연약지반에서 측정된 앵커의 축력을 토대로 산정된 흙막이벽에 작용하는 측방토압분포는 그림 4.19와 같다. 그림 4.19는 흙막이벽에 작용하는 측방토압의 분포와 최대측방토압의 크기를 구하기 위하여 각 굴착단계별 측정된 최대측방토압을 모두 도시한 결과이다.

그림 4.19에서 보는 바와 같이 연약지반에서 앵커지지 흙막이벽에 작용하는 측방토압 분포는 그림 4.18의 버팀보지지 흙막이벽의 경우와 동일하게 사각형 형태로 제안할 수 있으며, 최대측방토압의 크기는 $p = 0.60\gamma H$로 정할 수 있다. 이는 NAVFAC에 연약~중간점토

지반 속 앵커지지 흙막이벽에 작용하는 측방토압의 최대크기로 규정한 $p = (0.5 \sim 0.6)\gamma H$ (그림 3.14(b) 참조)와 동일한 크기이다.

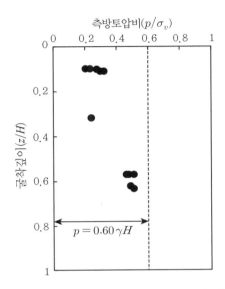

그림 4.19 앵커지지 흙막이벽에 작용하는 측방토압분포

(4) 복합지지 흙막이벽

통상적으로 흙막이벽 설계 및 시공에서는 버팀보지지 혹은 앵커지지 흙막이벽과 같이 단일 지지방식 흙막이벽을 대상으로 설계 및 시공이 이루어져 왔다. 그러나 연약지반상 버팀보지지 흙막이벽의 경우 최종굴착저면부분에서 수평변위가 90~450mm 정도로 크게 발생되었다.[20] 이러한 버팀보지지 흙막이벽의 과대한 변형을 억제하고 굴착바닥면에서의 작업공간을 확보하기 위하여 흙막이벽의 상부에는 버팀보지지방식을 적용하고, 흙막이벽의 하부에는 앵커지지방식을 적용하는 복합지지방식이 적용되고 있다.

본 공사현장에서도 버팀보지지와 앵커지지의 복합지지 강널말뚝흙막이벽이 시공되었다. 이 흙막이굴착공사에서 실제 계측된 자료를 토대로 연약지반에 설치된 버팀보지지와 앵커지지의 복합지지 강널말뚝흙막이벽에 작용하는 측방토압을 조사하고, 복합지지방식의 지지효과를 검토해본다.

그림 4.20은 흙막이벽에 작용하는 측방토압의 분포와 최대측방토압의 크기를 구하기 위하여 각 굴착단계에서 발생한 최대측방토압을 함께 도시한 그림이다. 이 그림에서 보는 바

와 같이 복합지지 흙막이벽에 작용하는 측방토압분포도 버팀보지지나 앵커지지 흙막이벽에서와 동일하게 사각형 형태로 제안할 수 있으며, 최대측방토압의 크기는 $p = 0.60\gamma H$로 정할 수 있다. 이는 버티보지지 흙막이벽와 앵커지지 흙막이벽을 대상으로 검토한 그림 4.18 및 그림 4.19의 사각형 형태의 측방토압분포와 동일하다. 따라서 연약지반 속 복합지지 흙막이벽 설계에서도 버팀지지나 앵커지지 흙막이벽 설계에 적용한 측방토압을 동일하게 적용할 수 있을 것이다.

그러나 실제 굴착현장에서 지하수의 영향에 따라 흙막이벽에 작용하는 측방토압분포는 그림 4.20에서 제안된 토압분포와는 약간 다르게 작용할 수 있을 것이다. 따라서 실무에서 그림 4.20과 같이 제안한 측방토압분포를 사용하고자 할 때는 이러한 요인들을 고려하여 흙막이구조물을 설계하는 것이 바람직하다.

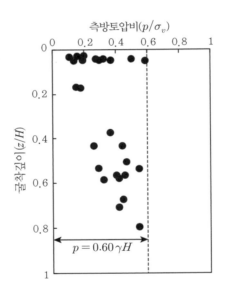

그림 4.20 복합지지 흙막이벽에 작용하는 측방토압분포

4.2.2 송도지역 연약지반 흙막이 굴착현장[7]

영종도와 동일하게 우리나라 서해안지역에 위치하고 있는 송도지역의 연약지반에서 버팀보지지 강널말뚝흙막이벽을 설치하고 굴착을 실시하였을 때 흙막이벽에 작용하는 측방토압분포를 조사하여 영종도 연약지반에서 파악된 측방토압분포 특성과 비교해본다. 송도지역도 영종도지역과 동일하게 공유수면을 매립하여 조성한 지역으로 지층구조 또한 유사하다.

(1) 현장개요 및 흙막이공

(가) 지반특성

본 현장은 인천도시철도 1호선 송도국제도시 연장사업에 속하는 현장이다. 대상지역의 시추조사 결과를 토대로 지층분석을 하면 지표로부터 매립층 퇴적층 잔류토층 풍화암층의 순으로 구성되어 있다. 매립층은 준설토와 복토로 이루어져 있으며 지표로부터 2.0~5.0m 의 심도로 분포하고, 갈색~황갈색, 암색의 실트질 모래 및 자갈 섞인 실트질 모래로 구성되어 있다. 준설토에 의한 매립층의 N값은 4~11이고 습윤상태이다. 퇴적층은 점토질 실트, 점토, 실트, 실트질 점토, 실트질 모래로 이루어져 있으며, 지표로부터 2.9~29.8m의 심도에서 나타나고 있다. 상부퇴적층은 N값이 4~14 정도인 실트질 점토 및 점토질 실트가 혼재되어 있으며 하부 퇴적층은 N값이 4/30~50/6으로 느슨~매우 조밀한 모래층이 분포하고 있다. 퇴적층 하부에 0.5~2.0m의 두께로 부분적으로 분포하고 있으며 갈색, 회갈색의 실트질 모래로 구성되어 있다. N값은 50 이상으로 매우 조밀한 상태이다. 풍화암층은 지표로부터 29.8~32.0m 심도에서 출현하며 색조는 갈색, 회갈색, 담회색이고 N값은 50/10 이상으로 매우 조밀한 상태이다.

연약지반의 비배수전단강도를 조사하기 위하여 자연시료를 채취하여 일축압축시험(q_u), 삼축압축시험(UU, CU)을 실시한 결과 일축압축시험에 의한 비배수전단강도는 0.14~ 0.46kgf/cm^{2}의 범위(평균 0.26kgf/cm^2)이고, 삼축시험에 의한 비배수전단강도는 0.14~ 0.56kgf/cm^{2}의 범위(평균 0.33kgf/cm^2)로 삼축압축에 의한 값이 약간 크게 나타났다.

(나) 흙막이구조물

흙막이구조물을 살펴보면 흙막이벽은 차수성과 강성이 뛰어난 강널말뚝이 사용되었으며, 흙막이벽의 지지방식은 H형강에 의한 버팀보지지 방식이다. 즉, 대상현장은 지하수위가 높은 연약지반이 주 구성지층이므로 흙막이벽으로 강성이 우수하고 별도의 차수공법이 필요하지 않은 강널말뚝흙막이벽을 채택하였다. 강널말뚝의 형식은 U-Type(KWSP-V)이며, 버팀보, 띠장 그리고 중간말뚝은 모두 H형강을 사용하였다. 이들 흙막이구조물의 제원을 요약하면 표 4.3과 같다.

표 4.3 송도현장에 적용된 흙막이구조물 제원

구분	단면형태 및 단면치수	주요용도
흙막이벽	U-Type(KWSP-V)(500×200×19.5)	가설흙막이벽체
버팀보	H말뚝(300×305×15×15)	가설흙막이벽 지지
띠장	H말뚝(300×305×15×15)	가설흙막이벽 지지
중간말뚝	H말뚝(300×305×15×15)	버팀보 지지
주형보	I형강(700×300×13×24)	복공판 지지

그림 4.21은 흙막이벽과 지지공을 설치한 대표적 굴착단면도이다. 이 그림에서 보는 바와 같이 굴착폭은 27.0m이고 최종굴착깊이는 16.5m이다. 흙막이벽으로 사용된 강널말뚝은 최종굴착깊이에서 6m 더 근입되었고, 강널말뚝흙막이벽은 H형강 버팀보에 의하여 지지되고 있다. 버팀보의 수평간격은 2.5m, 수직간격은 1.8~2.2m로 시공되었으며 버팀보의 처짐을 방지하기 위하여 굴착구간 내에 중간말뚝 4개를 설치하였다.

총 24개의 버팀보지지 흙막이벽 단면에 대하여 지중경사계, 지하수위계, 지중침하계 등의 계측기를 설치하여 흙막이벽의 변위를 조사하였고, 각각의 버팀보에 하중계 및 변형률계를 설치하여 버팀보 축력의 변화량을 조사하였다.

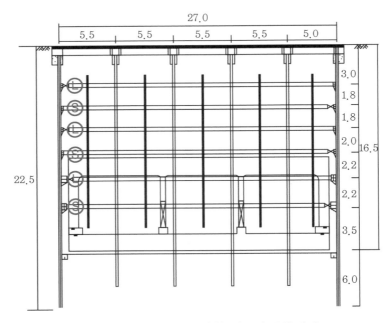

그림 4.21 흙막이공을 설치한 대표적 굴착단면도

(2) 흙막이벽수평변위와 버팀보축력

(가) 흙막이벽수평변위

그림 4.22는 굴착단계별 강널말뚝흙막이벽의 수평변위의 대표적 거동을 도시한 그림이다. 먼저 최종굴착깊이가 19m인 구간에서는 그림 4.22(a)에서 보는 바와 같이 굴착이 진행됨에 따라 흙막이벽의 중앙부인 8m 깊이부근에서의 수평변위가 점차 증가하는 거동을 보였다. 반면에 흙막이벽체 상·하부에서는 수평변위가 그다지 크게 발생하지 않았다. 즉, 흙막이벽체 중앙부에서의 수평변위가 가장 크게 발생하는 불룩한 형태의 수평변위를 보였다. 굴착이 완료된 직후 8m 깊이 부근에서 100mm 정도의 최대수평변위가 발생하였으며 210일 경과 후에는 수평변위가 120mm로 증가하였다. 이는 버팀보지지력이 이완되었기 때문으로 생각된다.

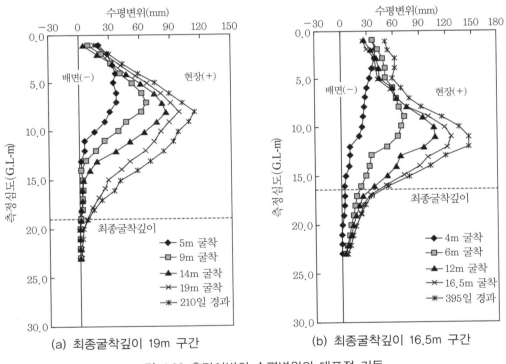

(a) 최종굴착깊이 19m 구간   (b) 최종굴착깊이 16.5m 구간

그림 4.22 흙막이벽의 수평변위의 대표적 거동

다음으로 최종굴착깊이가 16.5m인 구간에서는 그림 4.22(b)에서 보는 바와 같이 굴착작업이 진행됨에 따라 12m 부근깊이에서 최대수평변위가 발생하는 거동을 보였다. 초기 4m 깊이 굴착시기까지는 흙막이벽 상부의 수평변위가 가장 크게 발생하는 캔틸레버 형태로 발

생하였으나 그 후 흙막이벽 중앙부에서 수평변위가 크게 증가 발생하는 포물선 형태로 변하였다. 굴착이 완료된 직후는 12m 깊이부근에서 120mm 정도의 최대수평변위가 발생하였으며 395일 경과 후에는 수평변위가 150mm로 증가하였다. 이 수평변위는 최종굴착심도의 0.9%에 해당하여 매우 크게 발생한 수평변위이다. 이와 같이 강널말뚝은 강성이 뛰어나서 큰 측방토압에 잘 견딜 수는 있었으나 그만큼 변위가 크게 발생하였다는 것을 의미한다.

(나) 버팀보축력

그림 4.23은 횡축에 측정기간(일) 종축에 버팀보축력(tonf)을 표시하여 굴착작업이 진행되는 동안 버팀보축력의 변화거동을 도시한 그림이다. 즉, 시공과정에 따라 버팀보축력이 어떻게 변화하는지를 관찰하기 위해 버팀보에 설치한 하중계로 측정한 축력을 도시한 결과이다. 버팀보는 굴착이 진행되는 과정에서 제1단 버팀보부터 굴착깊이별로 설치하여 최하단까지 설치하였고 이후 구조물을 설치한 후 흙막이벽을 철거하기 위해 최하단버팀보부터 순차적으로 철거한다. 이 과정에서 측방토압을 받는 흙막이벽을 지지하는 버팀보에 작용하는 하중은 토압의 재분배현상의 영향으로 변화하고 종국에는 일정한 값에 수렴하게 된다.

먼저 최종굴착깊이가 19m인 구간에서의 버팀보축력의 대표적인 변화거동을 도시한 그림 4.23(a)를 살펴보면 지표부를 어느 정도 굴착한 후 제2단 버팀보를 설치하면서부터 축력을 측정하였다. 제2단 버팀보와 제4단 버팀보 모두 각각의 버팀보를 설치한 직후에는 해당 버팀보의 축력이 급격히 증가하였다. 또한 하부에 설치된 버팀보에 더 큰 축력이 작용하였다. 즉, 제5단 버팀보 축력이 제2단 및 제4단 버팀보 축력보다 크게 작용하였다. 또한 하부 버팀보를 해체할 경우 얼마 후 상부 제2단 버팀보의 축력이 급격하게 증가하는 경향도 보인다. 이러한 현상은 하부의 버팀보가 해체되면서 하부 버팀보가 받던 축력을 상부 버팀보가 분담함으로써 축력의 재분배가 발생하였기 때문이다.

한편 최종굴착깊이가 16.5m인 구간에서의 버팀보축력의 변화거동을 도시한 그림 4.23(b)를 살펴보면 제1단 버팀보 설치 직후에 축력이 급격히 증가하고 이후 토압의 재분배로 점차 수렴하는 거동을 보이고 있다. 그러나 바로 인접한 제2단 버팀보를 설치하면 제1단에 작용하던 축력은 약간 감소한다. 즉, 하부 버팀보가 설치되면서 상부 버팀보의 축력을 하부 버팀보가 분담하는 과정을 거쳐 일시적으로 축력이 변하게 되고 이후 다시 수렴하는 거동을 보이고 있다. 또한 하부 버팀보를 해체할 경우도 해체 얼마 후부터 상부 버팀보의 축력이 급격하게 증가하는 경향도 보인다. 즉, 그림 4.23(b)에서 제4단 버팀보 해체후 제1단 및 제

2단 버팀보 축력이 급격히 증가하였다. 이러한 현상은 하부의 버팀보가 해체되면서 하부 버팀보가 받던 축력을 상부 버팀보가 분담함으로써 축력의 재분배가 발생하였기 때문이다.

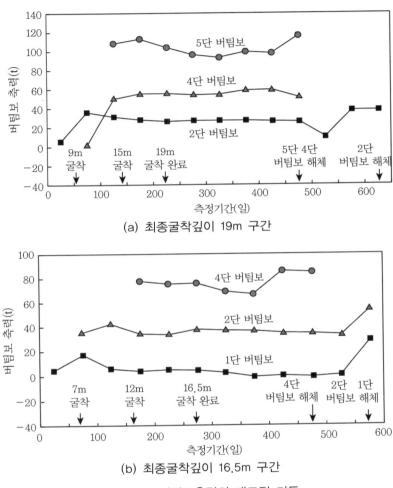

(a) 최종굴착깊이 19m 구간

(b) 최종굴착깊이 16.5m 구간

그림 4.23 버팀보축력의 대표적 거동

(3) 지중침하량과 지하수위

(가) 지중침하량

일반적으로 굴착현장에서 굴착이 진행됨에 따라 흙막이벽의 수평변위가 발생하고 지하수위는 감소되면서 배면지반의 지중침하가 발생하게 된다. 이 지중침하량의 변화를 관찰하기 위해 횡축에 측정기간(일)을 나타내고 종축에 지중침하량과 굴착심도를 좌·우축에 나타냈다. 흙막이벽 배면 심도 −5m와 −10m의 두 지점에서 지중침하량을 측정하였다. 굴착진행 과정의 영향을 살펴보기 위해 그림 4.24 속에 굴착심도도 함께 그려 넣었다. 이 그림을 살펴보면 굴착이 진행됨에 따라 지중침하량도 점차 증가하는 경향을 보이고 있다.

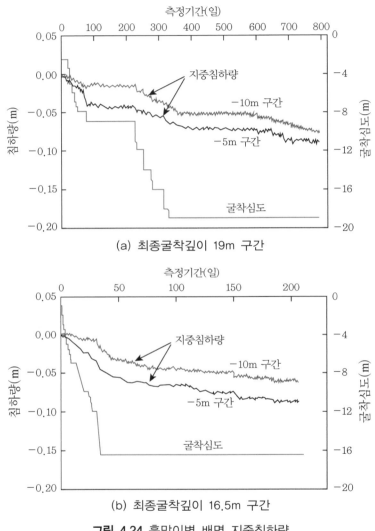

(a) 최종굴착깊이 19m 구간

(b) 최종굴착깊이 16.5m 구간

그림 4.24 흙막이벽 배면 지중침하량

먼저 최종굴착깊이가 19m인 구간에서의 지중침하량의 대표적인 변화거동을 도시한 그림 4.24(a)를 살펴보면 굴착심도가 깊어질수록 지중침하량도 점진적으로 증가하였으며 굴착이 완료된 후 침하가 정지되었다. 이후 침하가 다시 측정되었는데 이는 시기적으로 되메움 시 버팀보 해체에 의한 영향으로 생각된다. 또한 심도 −10m 지점보다 지표면에 가까운 −5m 지점에서 더 큰 침하량이 계측되었다. 즉, 심도 −10m지점에서는 7.5cm의 최종침하량이 측정되었고 심도 −5m지점에서는 8.8cm의 최종침하량이 측정되었다. 따라서 지표면에 가까운 위치에서의 침하량이 더 크게 발생됨을 알 수 있다.

한편 최종굴착깊이가 16.5m인 구간에서의 지중침하량의 대표적인 변화거동을 도시한 그림 4.24(b)를 살펴보면 굴착이 진행되는 동안에는 지중침하가 크게 진행되다가 굴착이 완료된 시기부터 침하량의 증가가 둔화되는 거동을 보이고 있다. 심도 −10m 지점에서는 6.2cm의 최종침하량이 측정되었고 심도 −5m 지점에서는 8.8cm의 최종침하량이 측정되었다. 따라서 지표면에 가까운 위치에서의 침하량이 더 크게 발생함을 알 수 있다.

(나) 지하수위

그림 4.25는 굴착작업 중 흙막이벽 배면지반 속 지하수위의 변화거동을 도시한 그림이다. 굴착작업과정과의 관계를 고찰하기 위해 그림 속에 굴착심도도 함께 도시하였다. 즉, 횡축에 측정기간(일) 종축에 지하수위(m) 및 굴착심도(m)를 각각 좌·우축에 나타내서 굴착작업 진행 중 지하수위의 변화를 도시하였다.

먼저 최종굴착깊이가 19m인 구간에서의 지하수위의 대표적인 변화거동을 도시한 그림 4.25(a)를 살펴보면 굴착심도가 깊어질수록 지하수위도 점진적으로 하강하여 14m 이상의 수위하강을 보였으며 굴착이 완료된 후 약간의 재상승거동을 보였다. 강널말뚝으로 흙막이벽을 설치하였으므로 흙막이벽 배면의 지하수위 하강은 없을 것으로 예상하였으나 상당히 크게 지하수위가 하강하였다. 따라서 이 구역에서는 강널말뚝의 차수효과는 얻지 못하였다.

그러나 최종굴착깊이가 16.5m인 구간에서의 지하수위의 대표적인 변화거동을 도시한 그림 4.25(b)를 살펴보면 굴착이 진행되는 동안에는 굴착초기 −1.9m 위치에 있던 지하수위가 굴착이 완료 후 −5.6m로 하강하였다. 굴착심도가 16.5m로 얕은 관계로 지하수위 하강은 그다지 크지 않았다. 또한 굴착 완료 후 지하수위 재상승거동도 발생하지 않았다. 따라서 이 구역에서는 강널말뚝의 차수효과를 어느 정도 얻을 수 있었다.

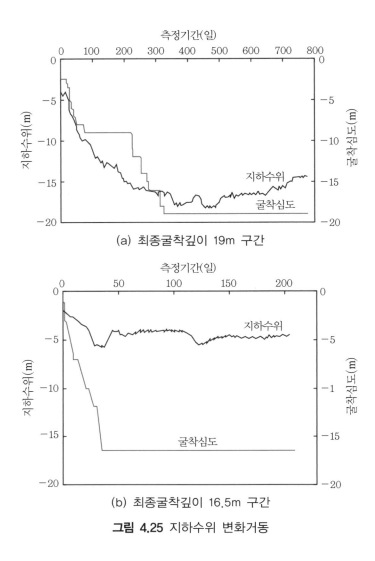

(a) 최종굴착깊이 19m 구간

(b) 최종굴착깊이 16.5m 구간

그림 4.25 지하수위 변화거동

(4) 흙막이벽에 작용하는 측방토압

송도지역 연약지반에 설치한 강널말뚝흙막이벽에서 측정된 버팀보축력을 중점분할법으로 환산한 측방토압을 도시하면 그림 4.26과 같다. 즉, 그림 4.26은 버팀보지지 흙막이벽에 작용하는 측방토압의 분포와 최대측방토압의 크기를 구하기 위하여 각 굴착단계별 최대측방토압을 최종굴착깊이에서의 연직상재압 σ_v와의 비(p/σ_v)로 무차원화 시키고 굴착깊이 z도 최종굴착깊이 H로 무차원화시켜 각 해당 굴착심도에 측방토압비를 도시함으로써 각 굴착단계별 흙막이벽체에 작용하였던 최대측방토압을 종합적으로 도시한 그림이다.

이 그림에서 보는 바와 같이 흙막이벽에 작용하는 측방토압분포는 사각형 형태로 생각할 수 있으며, 최대측방토압의 크기는 $p = 0.6\sigma_v = 0.6\gamma H$로 정할 수 있다. 이 최대측방토압의 크기는 사질토지반에서의 최대측방토압 $p = 0.25\gamma H$(표 4.1 참조)보다는 상당히 큰 토압에 해당한다. 이 최대측방토압의 크기는 Tschebotarioff(1973)가 연약점토지반 속 버팀보지지 흙막이벽에 작용하는 최대측방토압으로 제안한 $p = 0.5\gamma H$(그림 3.12(a) 참조)보다 약간 큰 값에 해당한다.

그림 4.26 속에 점선으로 도시한 사각형 측방토압분포는 제4.2.1절에서 제안한 연약지반에서의 측방토압분포이다. 이 측방토압분포는 영종도 연약지반에 설치된 강널말뚝흙막이벽에서 측정된 현장계측치로부터 파악된 연약지반 속 측방토압분포(그림 4.18 참조)이다.

송도지역 연약지반에서의 측방토압 분포형태는 사질토지반에 제안된 측방토압분포 형태와 차이점이 있다. 먼저 사질토지반에서의 측방토압과 비교하여 흙막이벽체 상부에서 상당히 큰 측방토압이 연약지반 굴착초기부터 발생하였다는 점이다. 따라서 사질토지반에 제안된 그림 4.1의 흙막이벽체 상부 $H_1 = 0.1H$ 구간에서의 측방토압의 선형증가구간을 연약점토지반에서는 고려할 수가 없다.

그러나 그림 4.26에서는 흙막이벽체 상부에서 측정된 측방토압 계측치가 충분하지 못하여 이 부분에서의 측방토압분포를 규정하기가 어렵다. 다행히 흙막이벽체 상부에서의 측방

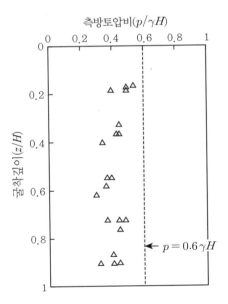

그림 4.26 송도지역 연약지반 강널말뚝흙막이벽 측방토압

토압분포는 이미 영종도 연약지반에 설치된 강널말뚝흙막이벽에 작용하는 측방토압 계측치로부터 연약지반에서는 굴착초기부터 큰 측방토압이 흙막이벽에 발생하였음을 그림 4.18로 볼 수 있었다. 따라서 사질토지반에 제안된 그림 4.1의 흙막이벽체 상부 $H_1 = 0.1H$ 구간에서의 측방토압의 선형증가구간을 연약점토지반에서는 고려할 수가 없다.

다음으로는 그림 4.26에서 보는 바와 같이 상당한 측방토압이 흙막이벽체 하부에 여전히 작용하였다는 점이다. 흙막이벽체 하부에 대한 측방토압분포는 그림 4.18~그림 4.20에서 보는 바와 같이 영종도 연약지반에서의 측정치가 충분하지 못하여 결정하기가 용이하지 않았다. 그러나 송도지역 연약지반에서는 그림 4.26에서 보는 바와 같이 흙막이벽체 하부에 상당히 큰 측방토압의 측정치가 존재하여 이 부분의 측방토압 크기를 규정할 수가 있다. 따라서 그림 4.1에 제안한 흙막이벽체 하부 $H_2 = 0.2H$ 구역에서 측방토압이 선형적으로 감소하는 구간도 연약점토지반에서는 고려할 수가 없으며 그림 4.18~그림 4.20에서 제안한 사각형 모양의 측방토압분포를 연약지반에 적용할 수 있다.

결국 영종도 연약지반에 설치된 흙막이벽에 작용하는 측방토압에 근거하여 연약지반 속 측방토압분포를 그림 4.18과 같이 사각형분포로 결정하고 최대측방토압의 크기를 $p = 0.6\sigma_v = 0.6\gamma H$로 규정한 타당성을 그림 4.26의 송도지역 연약지반에서의 현장계측치로부터 확인할 수 있다.

4.2.3 청라지역 연약지반 흙막이 굴착현장[4]

청라지역은 앞의 두 절에서 설명한 영종도지역 및 송도지역과 동일하게 우리나라 서해안지역에 위치하고 있는 연약지반지역이다. 청라지역도 영종도지역 및 송도지역과 동일하게 공유수면을 매립하여 조성한 지역으로 지층구조 또한 유사하다. 청라지역은 과거 매립지로써 1989년 매립사업이 시행되었으며 2004년 서측 청라도 일대에 이르는 대규모 매립지가 조성된 상태다. 이 매립지는 대체로 농경지로 활용되었다. 이 청라지역의 연약지반에서 버팀보지지 강널말뚝흙막이벽을 설치하고 굴착을 실시하였을 때 흙막이벽에 작용하는 측방토압분포를 조사하여 영종도 및 송도 연약지반에서 파악된 측방토압분포 특성과 비교해본다.

(1) 현장개요 및 흙막이공

본 현장은 인천청라지구 개발 사업에 따른 광역교통개선 목적으로 도로를 건설하는 현장으로 택지지구 내를 횡단하고 있는 공용중인 도로하부에 지하차도를 건설하는 공사현장이다.[4] 본 지하차도는 완공 시 북항~김포 간 차량통행을 원활하게 하여 택지지구의 주거환경 개선 및 경인고속도로의 직선화를 도모할 수 있고 도로와 인천공항을 연결하는 주간선로의 역할을 담당한다. 공사구간은 지하차도 약 2,005m이며 이 중 1,400m는 가시설을 설치하여 흙막이굴착을 시공한 후 되메우기 및 가시설 인발 공사를 실시하였다. 공사기간은 2008년 4월 착공하여 2011년 6월 준공하였다.

(가) 지반특성

본 지역 지형특성은 북동측은 계양산(395m)을 중심으로 한 북서방향의 산계, 동측은 철마산(221m)이 남북방향의 구조선에 규제되어 발달한 상태이며 지질연관성은 북서방향의 구조선에 의해 계양산과 철마산으로 구분되며 각각의 산악지형은 남북방향의 구조선에 의해 발달하였고 산악지역에서는 저밀도 하계의 수지상 수계가 발달하여 있다.

지질은 선캄브리아의 변성암류, 쥐라기의 화성암류 및 백악기의 관입암류 및 화산암류가 분포하고 있으며 변성암류는 흑운모편마암, 운모편암, 석영편암 등이며 쥐라기 화성암류는 주로 흑운모화강암이고, 백악기 화산암류는 응회암, 유문암, 안산암등이 분포한다. 특히 공사구간에서는 화강암이 주류를 이루고 있다.

지층은 상부로부터 매립층, 퇴적층, 풍화대층(잔류토층, 풍화암층), 연암층의 순으로 분포되어 있다. 매립층은 지표로부터 0~3m의 심도에 분포하고, 보통 조밀하며 갈색~황갈색의 점토 및 모래자갈층으로 구성되어 있다. N값이 2~10이다. 퇴적층은 상부퇴적층과 하부퇴적층으로 구분할 수 있는데, 상부퇴적층은 저소성 점토층이 지표하 3~8m 위치에 분포하며 연약~보통 견고한 습윤포화상태로 암회색의 색깔을 띠며 N치는 4~7 정도이다. 하부퇴적층은 지표하 8~20m 위치에 분포하며 고소성 점토층으로 이루어져 있다. 상부퇴적층은 N값이 1~14 정도의 실트질 점토 및 점토질 실트가 혼재되어 있는 연약지반이고 하부퇴적층은 N값이 4/30~50/2으로 점토질 실트와 실트질 점토, 실트질 모래가 분포되어 있다. 잔류토는 퇴적층 하부에 0.3~11m의 두께로 부분적으로 분포하고 있으며 갈색, 회갈색의 실트질 모래로 구성되어 있다. N값은 50 이상으로 매우 조밀한 상태이다. 풍화암층은 지표하 27~45m 심도에서 출현하며 색조는 갈색, 회갈색, 암회색, 담회색이고 N값은 50/10 이상으로 매우 조밀한 상태이다.

(나) 강널말뚝흙막이벽

본 현장에 적용된 흙막이공은 강널말뚝흙막이벽 구간과 엄지말뚝흙막이벽 구간으로 구성되어 있다. 연약지반 매립구간에서는 강널말뚝흙막이벽으로 시공하였고 원지반(청라도) 굴착구간에 선 엄지말뚝흙막이벽으로 시공하였다. 그러나 여기서는 강널말뚝흙막이벽 구간에서의 흙막이벽 측방토압만을 고찰하기로 한다. 이 구간은 지하수위가 높은 연약지반이므로 강성이 우수하고 별도의 차수공법이 필요하지 않은 강널말뚝흙막이벽을 채택하였다. 그러나 강널말뚝흙막이벽 구간에서의 흙막이벽은 일반널말뚝 및 보강널말뚝의 두 종류가 사용되었다. 통상적으로는 U-Type(KWSP-V) 강널말뚝만을 적용하나 지층변화가 있는 부분에서는 1.0m의 중심간격으로 H형강을 강널말뚝에 용접이음하여 강성을 보강한 보강널말뚝을 적용하였다. 그림 4.27은 보강널말뚝의 한 단면이다.

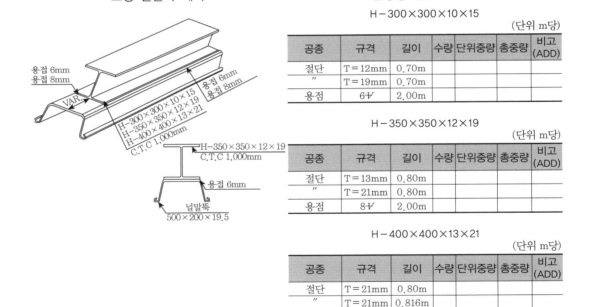

보강 널말뚝 제작

합성형 널말뚝 재원

H−300×300×10×15

(단위 m당)

공종	규격	길이	수량	단위중량	총중량	비고(ADD)
절단	T=12mm	0.70m				
〃	T=19mm	0.70m				
용접	6∀	2.00m				

H−350×350×12×19

(단위 m당)

공종	규격	길이	수량	단위중량	총중량	비고(ADD)
절단	T=13mm	0.80m				
〃	T=21mm	0.80m				
용접	8∀	2.00m				

H−400×400×13×21

(단위 m당)

공종	규격	길이	수량	단위중량	총중량	비고(ADD)
절단	T=21mm	0.80m				
〃	T=21mm	0.816m				
용접	8∀	2.00m				

그림 4.27 보강널말뚝 제작단면도 및 제원

영종도지역과 송도지역 연약지반에서 파악한 바에 의하면 연약지반에서 종래의 측방토압으로 설계한 경우 강널말뚝의 수평변위가 상당히 크게 발생하였다. 특히 최종굴착바닥 부근에서의 수평변위가 상당히 크게 발생하였다. 이는 연약지반에서의 측방토압은 현재 적용되는 측방토압보다 상당히 큰 측방토압이 실제 작용하고 있음을 의미한다. 따라서 최종굴착바닥 근처에서의 강널말뚝흙막이벽의 강성을 증가시켜줄 필요성이 있다. 따라서 통상적으로 사용하는 널말뚝 U-Type(KWSP-V)에 H형강으로 보강하여 사용하였다.

(다) 강관버팀보

본 굴착현장 전 구간의 흙막이벽체는 강성이 큰 강관버팀보로 지지하였다. 통상 국내외 많은 굴착현장에서 사용되는 버팀보는 대부분이 규격 H-300×300×10×15, H-300×305×15×15인 H형강을 사용하고 있다. H형강 버팀보는 오랜 기간의 현장 적용 실적을 토대로 그 거동 특성과 안정성을 입증하였다. 특히 H형강의 기본 규격을 표준화함으로써 임대 특성을 갖는 버팀보를 사용하는 현장에서 낭비를 최소화하고 회전율을 향상시킬 수 있다.

그러나 H형강 보팀보는 강축과 약축으로 구분되는 그 방향성으로 인하여 약축을 보강하기 위한 수직/수평 브레이싱 보강재를 함께 사용해야 하는 약점도 갖고 있다. 이러한 약축의 추가 브레이싱 보강재 설치 및 해체에 의한 공사비 및 공사기간 증가 외에도 H형강 버팀보 위에서 브레이싱 보강재 설치 작업이 이루어져야 하는 위험한 작업 공정이 발생하게 된다. 그 밖에도 중간말뚝 간 거리가 짧아지고, 버팀보의 수직/수평 간격이 제한적이고, 구조물 간섭에 의한 지반굴착공간 협소화, 벽체 이상변위 발생 시 약축으로서의 급격한 좌굴발생 등의 단점들이 나타난다. 이로 인해 보다 경제적인 가시설 건설을 가로막아 불필요한 공사비가 증가되어 예산낭비가 발생되고 공정협의과정에서 많은 마찰과 공사 지연으로 부실공사의 원인으로 나타나고 있다.

반면에 강관버팀보는 강축, 약축 구분이 없으므로 H형강 버팀보의 단점을 보완할 수 있다. 강관버팀보는 전 세계적으로 한국과 일본을 제외한 모든 국가에서 사용되고 있으며, 버팀보를 사용한 지반굴착 가시설 공사 시 안정성이 주요사항이 되며 흙막이벽의 안정성과 더불어 공사 중의 작업자들의 안정성이 최우선시 된다.

현재 굴착현장에서 H형강 버팀보 상부로의 통행이 금지되어 있으나 실재 공사 중에는 이를 위반하는 경우가 많다. 즉, 버팀보 설치시공 시 보강재, 사보강재, 브레이싱, 연결부, 접속부, 등 H형강 버팀보 시공법은 버팀보 위로 작업자가 올라가서 직접 용접 및 설치하는 위험한 작업이 발생되고 갑작스런 약축 방향의 파괴에 의해 타 버팀보까지 그 영향을 미치는 단점이 있다. 그러나 강관버팀보의 경우는 브레이싱 보강재의 설치 및 해체 시 버팀보 위로의 통행필요성이 없게 된다. 즉, 강관버팀보는 브레이싱 보강재 생략으로 인해 버팀보 위에서 적접 용접 또는 볼트를 체결하는 브레이싱 보강재를 포함한 부속재의 설치 및 해체가 없으므로 위험한 고공작업이 불필요하며 버팀보의 시공속도는 H형강보다 훨씬 빠르다. 또한 H형강 대비 약 65%의 단위중량으로 운반·설치·해체가 상대적으로 용이하다. 그리고 안정성뿐만 아니라 강관버팀보를 기존 H형강과 동일한 수직/수평 간격으로 시공할 경우에는 강재량 감소와 브레이싱 보강재 생략으로 전체 가시설 공사비의 약 10~30% 절감이 가능하며 공사기간도 15~30% 단축이 가능하다.

보편적으로 이용되는 버팀보는 H-300×300×10×15 형강으로 지반 및 굴착 여건에 따라 단독 또는 2개의 형강을 결속하여 사용한다. 본 현장에서 적용된 원형강관의 비교검토 대상인 H-300×300×10×15, 2H-300×300×10×15 형강과 비슷한 단면적을 가질 수 있도록 두께를 10mm, 직경을 40mm 및 80mm로 가정하여 H형강과 원형강관의 허용축방향압축하중을 산정하기 위해 약축 기준의 강재별 단면 제원을 비교하면 표 4.4와 같다.

표 4.4 H형강 및 원형강관의 제원 비교

구분	단면적 $A(cm^2)$	단면2차 모멘트 $I(cm^4)$	단면 2차 반경 $r(cm^3)$	단면계수 $Z(cm^3)$
H-300×300×10×15	119.8	6,750	7.5	450
2H-300×300×10×15	239.6	13,500	7.5	900
Φ400×10t	122.5	23,310	13.8	1,165
Φ800×10t	248.1	193,646	27.9	4,841

일반적으로 H형강 버팀보는 강축에 대해서는 중간말뚝 간격으로, 약축에 대해서는 브레이싱간격으로 설계를 수행하게 된다. 실질적인 H형강 버팀보의 파괴는 주로 약축 방향으로 일어나며 이는 ㄱ형강(90×90×10) 브레이싱재의 용접 및 볼트만을 통하여 완전 고정단을 통한 좌굴 길이 조정이 거의 불가능하기 때문이다. 또한 H형강 버팀보를 모두 브레이싱 보강재로 연결하여 어느 정도의 하중을 분담하여 안전율을 높이도록 하는 것과 파괴가 발생할 경우에는 전체 지보재들에 영향을 미치게 되어 흙막이벽 전체에 위험한 결과를 가져다줄 수 있다.

그러나 강관버팀보는 구조 성능 측면에서 H형강 대비 단면효율이 뛰어나다. 즉, 단위중량 대비 허용하중이 훨씬 높다. 압축실험 결과 H형강 버팀보의 거동은 최대하중까지 10mm

변위를 보이고 있으나 강관버팀보는 최대하중까지 40mm 변위를 보이고 있다. 이는 현장에서 H형강 보팀보가 갑작스러운 변위와 함께 파괴가 일어나는 데 비해 강관버팀보는 이에 대해 4배의 변위까지 허용함으로써 사공자로 하여금 보다 정밀하게 버팀보의 특성을 파악하여 파괴를 예측할 수 있도록 해주어 피해가 발생 할 경우 대응책을 세울 수 있다.

청라현장에 적용된 흙막이 구조물의 제원을 요약하면 표 4.5와 같다. 일반널말뚝을 적용한 구간과 보강널말뚝을 적용한 구간으로 구분하여 정리하였는데, 이 표에서 보는 바와 같이 강널말뚝은 U-Type(KWSP-V)(500×200×19.5)을 사용하였고 길이가 18~21m였다. 굴착깊이는 11~13.5m이며 근입장은 최종굴착깊이보다 대략 6~10m 길게 하였다. 강관버팀보는 ϕ406.4×12t(STKT590)인 강관을 사용하였으며 3~5m 간격으로 대략 4~6단 설치하였다. 띠장은 H-400×408×21×21 혹은 H-700×300×13×24인 H형강을 사용하였다. 중간말뚝은 4.5~5.0m 간격으로 3~4개 설치하였다.

표 4.5 청라현장에 적용된 흙막이구조물 제원

구분	일반널말뚝구간	보강널말뚝구간
널말뚝규격	U-Type(KWSP-V)(500×200×19.5)	U-Type(KWSP-V)(500×200×19.5)
말뚝길이(m)	18~21	21~24
굴착깊이(m)	11~13.5	12.3~19
근입장(m)	6~10	3~11
버팀보 규격	ϕ406.4×12t(STKT590)	ϕ406.4×12t(STKT590)
버팀보 간격(수평)(m)	3.5~5	3.5~5.0
버팀보 간격(수직)(m)	2.6	2.6
띠장 규격	H-400×408×21×21 H-700×300×13×24	H-700×300×13×24
중간말뚝 간격(m)	7~8	7~8
보강말뚝 규격	–	H-400×400×13×21 H-350×350×12×19
보강말뚝 길이(m)	–	7.2~18.5

한편 보강널말뚝을 적용한 구간에서는 일반널말뚝 구간에서 사용한 U-Type(KWSP-V)(500×200×19.5) 규격의 강널말뚝을 H-400×400×13×21 혹은 H-350×350×12×19의 H형강으로 보강하였으며 보강길이는 위치에 따라 7.2~18.5m로 하였다. 널말뚝의 길이는 21~24m로 일반널말뚝구간에서보다 길게 설치하였다. 이 구간의 굴착깊이 또한 일반널말뚝구간에서보다 약간 깊은 12.3~19m였다. 그 밖에 강관버팀보는 ϕ406.4×12t(STKT590)인

강관을 사용하였으며 3.5~5m 간격으로 대략 4단 설치하였다. 띠장은 H-700×300×13×24인 H형강을 사용하였으며 중간말뚝은 3.5~5.0m 간격으로 3~4개 설치하였다.

(2) 흙막이벽에 작용하는 측방토압

(가) 널말뚝 보강효과

버팀보지지 흙막이벽의 수평변위는 굴착배면의 지반조건, 굴착단계, 버팀보의 설치시기 등에 따라 크게 영향을 받는다. 특히 널말뚝의 강성은 널말뚝흙막이벽체의 수평변위 거동에 큰 영향을 미친다.

그림 4.28은 일반널말뚝구간과 H형강을 보강한 보강널말뚝구간의 평균적인 수평변위거동을 비교한 그림이다. 이 그림에서 보는 바와 같이 널말뚝의 최대수평변위량은 일반널말뚝구간과 보강널말뚝구간에서 그다지 큰 차이를 나타내지는 않았지만, 최종굴착바닥부에서는 보강널말뚝의 수평변위가 일반널말뚝의 수평변위보다 18~25mm 정도 적게 발생하였다.

일반적으로 연약지반에서는 굴착저면부에서의 수평변위가 크면 굴착바닥에서 히빙현상이 발생하기 쉽다. 따라서 널말뚝의 강성을 보강시킴으로써 흙막이벽체의 수평변위를 상당히 감소시킬 뿐만 아니라 굴착바닥의 히빙 방지효과도 있었음을 확인할 수 있다.

앞에서 현장계측에 의하여 파악된 연약지반 속 측방토압은 기존 제안식들에 비하여 상당히 크게 발생하였다. 만약 기존의 측방토압식을 적용하여 널말뚝흙막이벽을 설계·시공하였다면 흙막이벽체의 변위가 심하게 발생할 수 있음을 영종도 연약지반에서 이미 관찰된 바 있었다. 따라서 널말뚝흙막이벽이 새롭게 파악·제안된 측방토압을 받을 수 있게 하려면 널말뚝의 강성을 크게 설계해야 됨을 의미한다. 그림 4.28에서 굴착바닥부 흙막이벽 배면에 도시한 검은 굵은 연직선으로 널말뚝을 보강한 부분을 도시하였다. 결국 여기서 널말뚝을 H형강으로 보강한 것은 새롭게 파악·제안된 측방토압 $p = 0.6\gamma H$에 적절히 저항할 수 있었음을 보여주는 결과이다. 특히 최종굴착바닥에서의 수평변위거동은 이 사실을 잘 설명해주고 있는 것이라 생각된다. 즉, 연약지반 속 널말뚝흙막이벽체의 하부를 보강함으로써 이 부분에서의 수평변위와 히빙을 억지시킬 수 있었다.

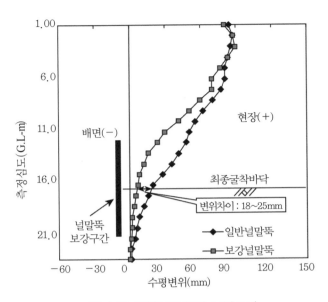

그림 4.28 일반널말뚝의 보강효과

(나) 측방토압에 대한 고찰

청라지역 연약지반에 설치한 강널말뚝흙막이벽에서 측정된 버팀보축력을 중점분할법으로 환산한 측방토압을 도시하면 그림 4.29(a)와 같다. 즉, 그림 4.29(a)는 버팀보지지 흙막이벽에 작용하는 측방토압의 분포와 최대측방토압의 크기를 구하기 위하여 각 굴착단계별 최대측방토압을 최종굴착깊이에서의 연직상재압 σ_v와의 비(p/σ_v)로 무차원화시키고 굴착깊이 z도 최종굴착깊이 H로 무차원화시켜 각 해당 굴착심도에 측방토압비를 도시함으로써 각 굴착단계별 흙막이벽체에 작용하는 최대측방토압의 변화를 종합적으로 도시한 그림이다.

이와 같은 청라지역 연약지반에서의 현장계측 자료를 영종도지역 연약지반과 송도지역 연약지반에서의 자료와 비교 검토하기 위해 그림 4.29(b) 및 그림 4.29(c)를 참고로 같이 도시하였다. 이들 그림 속에 점선으로 도시한 사각형 측방토압분포는 그림 4.29(b)의 영종도 연약지반에서 파악하여 제안한 측방토압분포이다.

우선 그림 4.29(a)에서 보는 바와 같이 청라지역 연약지반 흙막이벽에 작용하는 측방토압 현장계측치는 모두 그림 4.29(b)의 영종도 연약지반에서 제안한 사각형측방토압분포 내에 분포하였다. 이는 송도지역 연약지반에서도 동일한 결과를 볼 수 있었다. 결국 그림 4.29로부터 우리나라 서해안 지역 연약지반굴착현장에 설치된 버팀보지지 강널말뚝에 작용하는 측방토압분포는 사각형분포로 규정할 수 있다.

특히 그림 4.29(b)의 영종도 연약지반 자료에서는 흙막이벽 하부의 측방토압자료가 충분하지 못하였으나 청라지역과 송도지역에서 현장계측치는 이 부분의 측방토압이 흙막이벽의 중앙부와 거의 동일한 크기로 발생하였음을 보여주고 있다.

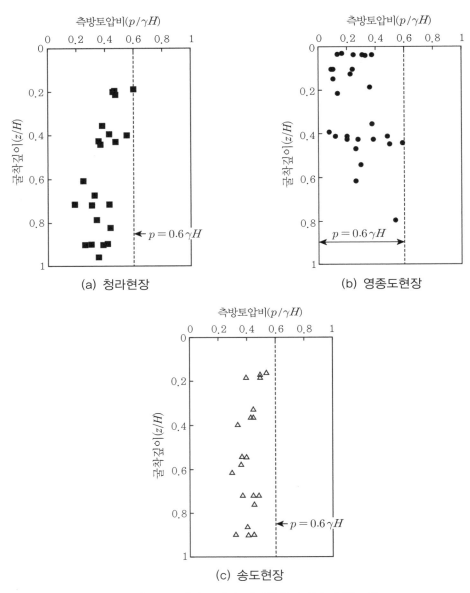

그림 4.29 버팀보지지 널말뚝흙막이벽 측방토압

한편 그림 4.29(b)에서 영종도지역 연약지반에서 제시된 최대측방토압의 크기 $p = 0.6\sigma_v$ 는 청라지역과 송도지역에서도 동일하게 적용할 수 있음을 그림 4.29(a)와 그림 4.29(c)에서 볼 수 있다. 이 최대측방토압의 크기는 사질토지반에서의 최대측방토압 $p = 0.25\gamma H$ 보다는 상당히 큰 토압에 해당한다. 이 최대측방토압의 크기는 Tschebotarioff(1973)가 연약점토지 반 속 버팀보지지 흙막이벽에 작용하는 최대측방토압으로 제안한 $p = 0.5\gamma H$(그림 3.12(a) 참조)보다 약간 큰 값에 해당한다.

이러한 연약지반에서의 측방토압 분포형태는 이미 영종도지역, 송도지역, 청라지역 연약 지반에서 고찰한 바와 같이 다층사질토지반을 대상으로 그림 4.1과 같이 제안한 사다리꼴 형태의 측방토압분포와 두 가지 큰 차이점이 있다. 첫 번째 차이점은 그림 4.29(b)에서 보 는 바와 같이 상당히 큰 측방토압이 연약지반 굴착 초기부터 흙막이벽체 상부에 발생하였다 는 점이다. 따라서 사질토지반에 제안된 그림 4.1의 흙막이벽체 상부 $H_1 = 0.1H$ 구간에서 의 측방토압의 선형증가구간을 연약점토지반에서는 고려할 수가 없다.

두 번째 차이점은 그림 4.29(a) 및 그림 4.29(c)에서 보는 바와 같이 여전히 상당한 측방 토압이 흙막이벽체의 하부에 작용하였다는 점이다. 흙막이벽체 하부에 대한 측방토압분포 는 그림 4.29(b)에서 보는 바와 같이 영종도지역 연약지반에서의 측정치가 충분하지 못하여 결정하기가 용이하지 않았다. 그러나 청라지역과 송도지역 연약지반에서는 흙막이벽체 하 부에 상당히 큰 측방토압의 측정치가 존재하였기 때문에 이 부분의 측방토압 크기를 규정할 수가 있다. 따라서 그림 4.1에 제안한 흙막이벽체 하부 $H_2 = 0.2H$ 구역에서 측방토압이 선 형적으로 감소하는 구간도 연약점토지반에서는 고려할 수가 없다.

기존에 제안된 측방토압분포를 살펴보면 Terzaghi & Peck(1967)[35]이 연약~중간점토지 반에서의 측방토압분포로 제안한 그림 3.10(b)의 측방토압분포에서도 흙막이벽체 하부의 측방토압은 감소시키지 않았다. 또한 Tschebotarioff(1973)[36]와 NAVFAC[31]이 제안한 연 약점토지반에서의 측방토압분포로 제안한 그림 3.12(a) 및 그림 3.13(b)에서도 흙막이벽체 하부의 측방토압은 역시 감소시키지 않았다.

이미 송도지역 연약지반에 설치된 버팀보지지 강널말뚝흙막이벽 설계에 적용할 수 있는 측방토압분포로 영종도 연약지반에서 파악 제안한 측방토압분포(최대측방토압의 크기가 $p = 0.6\gamma H$인 사각형측방토압분포)를 적용할 수 있음을 확인한 바 있다. 동일하게 청라지역 연약지반에 설치될 강널말뚝흙막이벽 설계에도 영종도 연약지반에서 파악 제안한 측방토압 분포(최대측방토압의 크기가 $p = 0.6\gamma H$인 사각형 측방토압분포)를 적용할 수 있음을 알 수 있다.

결국 우리나라 서해안의 연약지반에 강널말뚝흙막이벽 설계에 적용할 수 있는 최적의 측방토압분포는 최대측방토압의 크기가 $p = 0.6\gamma H$인 사각형측방토압분포가 적합하다고 할 수 있다.

4.2.4 연약점성토지반에서의 측방토압분포 제안

그림 4.30은 우리나라 서해안의 영종도지역, 송도지역, 청라지역의 세 지역에 분포되어 있는 연약지반에 설치된 버팀보지지 널말뚝흙막이벽에 작용하는 측방토압의 모든 자료를 함께 도시한 그림이다. 즉, 그림 4.29의 (a), (b) 및 (c)를 함께 도시한 그림에 해당한다. 이 그림에서도 알 수 있는 바와 같이 우리나라 서해안 지역의 모든 연약지반 속에 설치된 버팀보지지 널말뚝흙막이벽 설계에 적용할 수 있는 측방토압분포는 최대측방토압 크기가 $p = 0.6\sigma_v$인 사각형분포로 규정할 수 있다.

한편 그림 4.31은 영종도지역 연약지반에서 다양한 지지 시스템을 도입한 흙막이벽을 설치하고 실시한 연약지반의 지하굴착 현장에서 측정한 모든 측방토압을 함께 도시한 결과이다. 즉, 버팀보지지 흙막이벽, 앵커지지 흙막이벽 및 복합지지 흙막이벽에 작용하는 모든

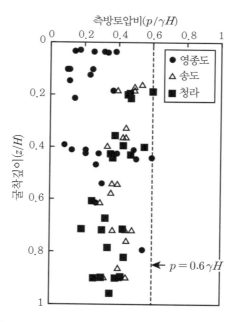

그림 4.30 연약지반에 설치된 버팀보지지 강널말뚝흙막이벽 측방토압

환산측방토압을 함께 도시한 결과이다. 다시 말하면 그림 4.20에서 그림 4.22까지의 측방
토압 측정치를 모두 합쳐 그림 4.31과 같이 함께 정리하여보았다.

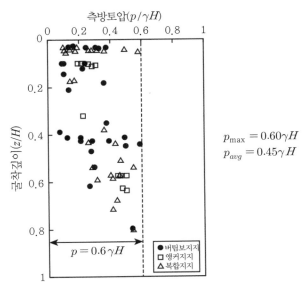

그림 4.31 연약점성토지반 속 흙막이벽에 작용하는 측방토압분포

   그림 4.31에서 보는 바와 같이 연약점성토지반에 설치된 흙막이벽에 작용하는 환산측방
토압은 지지방식에 무관하게 사각형 형태의 분포를 보이며 최대측방토압으로는 최종굴착깊
이에서의 연직응력($\sigma_v = \gamma H$)의 0.6배인 $p = 0.6\gamma H$의 측방토압이 작용한다고 생각하는 것
이 합리적일 것이다. 한편 이들 모든 측정치의 평균치는 최종굴착깊이에서의 연직응력의
0.45배 정도인 $p = 0.45\gamma H$가 된다.[15-18]

   즉, 흙막이벽체의 전체 길이에 걸쳐 동일한 크기의 측방토압이 작용하는 사각형 형태의
측방토압이 연약지반 속에 설치된 강널말뚝흙막이벽에 작용하는 측방토압이라 할 수 있을
것이다. 이는 제3장의 그림 3.10(b) 및 그림 3.12(a)에서 연약지반 속 흙막이벽 측방토압으
로 설명한 기존의 Terzaghi & Peck(1967)[35]이나 Tschebotarioff(1973)[36]의 제안 측방토압
의 분포나 크기와 상당히 다름을 알 수 있다. 또한 NAVFAC[31]에 연약~중간점토지반을 대
상으로 규정된 측방토압분포와도 약간 차이가 있음을 알 수 있다.

   특히 최대측방토압의 크기가 기존의 제안 값들보다 훨씬 크게 측정되었음을 알 수 있다.
따라서 만약 기존의 Terzaghi & Peck(1967)이나 Tschebotarioff(1981)가 제안한 측방토압

을 적용하여 강널말뚝을 설계한다면 상당히 과소설계(위험한 설계)의 결과를 초래하게 될 것이다. 기존 제안 식들 중에는 NAVFAC(1982)에서 제안 값이 가장 일치하는 결과를 보이고 있다. 다만 NAVFAC(1982)에서도 흙막이벽 상부에 측방토압이 많이 작용하지 않는 것으로 제안하였으나 실제는 상당한 측방토압이 굴착초기부터 흙막이벽 상부에 발생하였다.

결론적으로 그림 4.30 및 그림 4.31로부터 우리나라 서해안지역 연약점성토지반에 설치될 강널말뚝흙막이벽의 설계에 적용할 수 있는 측방토압은 지지 시스템에 관계없이 흙막이벽체 전체에 걸쳐 동일한 크기의 측방토압의 사각형 형태의 분포가 가장 적합하다고 할 수 있다. 이때 최대측방토압은 최종굴착깊이에서의 연직응력의 60%($p = 0.6\gamma H$)이고 평균측방토압은 45%($p = 0.45\gamma H$)로 정하여 설계함이 좋을 것이다.

4.3 흙막이벽 설계측방토압

앞에서 고찰한 내용을 종합하여 우리나라 지반의 특성에 맞는 흙막이벽 설계용 측방토압을 정리하면 표 4.6과 같다. 이 표에서는 우리나라의 지반특성을 내륙지역지반과 해안지역지반으로 크게 둘로 구분하였다.

우선 우리나라 내륙지역지반은 지질특성상 장·노년기지층에 속하므로 암반이 지표면에서 비교적 얕게 존재한다. 암반지역에서는 측방토압이 일반적으로 토사지반보다 작게 발생하는 특성이 있다. 물론 절리방향에 따라 다르긴 하여도 절리방향이 굴착에 불리하지 않은 경우는 측방토압이 일반 토사지반에서보다 작게 발생한다. 따라서 이 특성을 고려하기 위해 내륙지역지반을 토사지반과 암반지반으로 구분한다. 여기서 암반지반의 구분방법으로는 굴착깊이 대비 암반층의 두께로 결정한다. 풍화암층을 포함한 하부 암반층의 두께가 전체 굴착깊이의 50% 이상이거나 풍화암층을 제외시키고 연암층 이하의 암반층이 전체 굴착깊이의 30% 이상이 되는 지역지반을 암반지반으로 구분한다.

일반적으로 내륙지역지반은 대부분 지표로부터 표토층, 풍화토층, 풍화암층, 연암층, 경암층 순으로 존재하는 다층지반이다. 이러한 다층지반에서는 엄지말뚝흙막이벽이 주로 적용되었으며 지지구조로는 버팀보와 앵커가 주로 적용되었다. 최근에는 쏘일네일링도 적극적으로 적용하는 추세이다. 표 4.6에 정리된 흙막이벽 측방토압은 지지구조의 종류에 무관하게 모두 적용할 수 있다.

내륙지역 지반 속 흙막이벽 설계용 측방토압분포는 표 4.6에 정리되어 있는 바와 같이 사다리꼴 형태의 측방토압분포가 적합하다. 즉, 지표로부터 흙막이벽체 상부 10% 깊이구간에서는 측방토압이 선형적으로 증가하여 일정토압구간에 도달하며 이 일정측방토압구간을 지나 흙막이벽체 하부 20% 깊이 구간에서는 측방토압이 선형적으로 감소하는 사다리꼴 형태로 결정할 수 있다.

여기서 일정측방토압구간에 작용하는 측방토압은 평균치와 최대치의 두 가지로 적용할 수 있다. 먼저 평균치의 측방토압은 경제적인 설계를 실시할 경우 적용할 수 있다. 이때는 현장계측 모니터링시스템을 반드시 병행해야 한다. 반면에 특별히 안전한 설계가 요구될 때는 보다 큰 최대치의 측방토압을 적용한다.

표 4.6 우리나라 지반종류별 측방토압 분포 및 크기

내륙지역지반(다층사질토지반)				해안지역지반(연약점성토지반)	

토사지반		암반지반☆		연약지반	
평균치	최대치	평균치	최대치	평균치	최대치
$p = 0.65 K_a \gamma H$ $p = 0.20 \gamma H$ $p = 0.40 K_0 \gamma H$	$p = 0.85 K_a \gamma H$ $p = 0.25 \gamma H$ $p = 0.55 K_0 \gamma H$	$p = 0.55 K_a \gamma H$ $p = 0.15 \gamma H$ $p = 0.35 K_0 \gamma H$	$p = 0.75 K_a \gamma H$ $p = 0.20 \gamma H$ $p = 0.50 K_0 \gamma H$	$p = 0.45 \gamma H$	$p = 0.60 \gamma H$
버팀보지지, 앵커지지, 쏘일네일링지지				버팀보지지, 앵커지지, (버팀보 & 앵커) 복합지지	
엄지말뚝흙막이벽				강널말뚝흙막이벽	

☆ : 풍화암층 이하의 암반층의 두께가 전체 굴착깊이의 50% 이상이거나 연암층 이하의 암반층이 전체 굴착깊이의 30% 이상인 지역지반

사질토지반의 측방토압의 크기는 세 가지 방법으로 정의하는데 최종굴착깊이에서의 주동토압($p_a = K_a \gamma H$), 연직상재압($\sigma_v = \gamma H$) 및 정지토압($p_0 = K_0 \gamma H$)과 연계하여 결정한다. 토사지반과 암반지반에 대한 측방토압의 평균치와 최대치는 표4.6에 정리된 바와 같다. 암반지반에서의 측방토압은 토사지반에서의 측방토압의 75~85%의 값에 해당된다.

한편 해안지역지반은 일반적으로 연약점성토지반을 의미한다. 우리나라는 삼면이 바다에 접하여 있다. 특히 서해안과 남해안에는 연약지반이 많이 존재한다. 해안매립을 실시하여 조성한 지역에서 지하굴착을 실시하기 위해 필요한 흙막이벽 설계용 측방토압을 결정해야 한다. 이러한 연약지반에서는 흙막이벽으로 강널말뚝이 주로 사용된다. 따라서 표 4.6에 연약점성토지반에 설치된 강널말뚝흙막이벽 설계에 적용될 수 있는 측방토압을 정리하였다. 이 측방토압도 사질토지반에서와 같이 지지구조에 무관하게 적용할 수 있다. 즉, 버팀보지지, 앵커지지 및 버팀보와 앵커의 복합지지 흙막이벽 설계에 모두 적용할 수 있다.

연약점성토지반 속 흙막이벽에 작용하는 측방토압의 분포는 굴착 초기, 즉 지표면부터 측방토압이 크게 발생하므로 사각형 형태로 적용한다. 연약점성토지반에서는 측방토압의 크기를 연직상재압과 대비시켜 적용하는 것이 좋다. 왜냐하면 연약지반에 주동토압이나 정지토압과 대비시키려면 지반의 내부마찰각을 정하여야 하는데 연약지반의 내부마찰각을 결정하는 작업에 어려움이 있기 때문이다. 사각형 측방토압분포의 측방토압의 크기는 최종굴착깊이에서의 연직상재압($\sigma_v = \gamma H$)대비 크기로 표시하였을 때 평균치로 45%, 최대치로 60%를 적용한다.

참고문헌

1) 김주범·이종규·김학문·이영남(1990), 서우빌딩 안전진단 연구검토보고서, 대한토질공학회.

2) 문태섭·홍원표·최완철·이광준(1994), 두원 PLAZA 신축공사로 인한 인접 자생위원 및 독서실의 안전진단 보고서, 대한건축학회.

3) 백영식·홍원표·채영수(1990), "한국노인복지 보건의료센타 신축공사장 배면도로 및 매설물 파손에 대한 연구보고서", 대한토질공학회.

4) 서용주(2010), 강관 버팀보로 지지된 보강널말뚝의 거동분석, 중앙대학교 건설대학원 석사학위논문.

5) 양구승·김명모(1997), "도심지 깊은 굴착으로 발생되는 인접지반 지표침하분석", 한국지반공학회지, 제13권, 제2호, pp.101~124.

6) 윤중만(1997), 흙막이 굴착지반의 측방토압과 변형거동, 중앙대학교 대학원 박사학위논문.

7) 이동현(2009), 연약지반굴착 시 강널말뚝흙막이벽체의 변위특성 사례연구, 중앙대학교대학원 석사학위논문.

8) 이종규·전성곤(1993), "다층지반 굴착 시 토류벽에 작용하는 토압분포", 한국지반공학회지, 제9권, 제1호, pp.59~68.

9) 장효석(2006), 붕적층에 설치된 흙막이 구조물의 거동 특성, 중앙대학교 건설대학원 석사학위논문.

10) 채영수·문일(1994), "국내 지반조건을 고려한 흙막이벽체에 작용하는 토압", 한국지반공학회, '94 가을학술발표회논문집, pp.129~138.

11) 홍원표·윤중만·여규권·조용상(1997), "버팀보로 지지된 흙막이벽의 거동에 관한 연구", 중앙대학교 기술과학연구소 논문집, 제28집, pp.49~61.

12) 홍원표·이기준(1992), "앵커지지 굴착흙막이벽에 작용하는 측방토압", 한국지반공학회지, 제8권, 제4호, pp.87~95.

13) 홍원표·윤중만(1995), "지하굴착 시 앵커지지 흙막이벽에 작용하는 측방토압", 한국지반공학회지, 제11권, 제1회, pp.63~77.

14) 홍원표·윤중만·송영석(2004), "절개사면에 설치된 앵커지지 흙막이벽에 작용하는 측방토압 산정", 대한토목학회논문집, 제24권, 제2C호, pp.125~133.

15) 홍원표·송영석·김동욱(2004a), "연약지반에 설치된 버팀보지지 강널말뚝흙막이벽의 거동", 대한토목학회논문집, 제24권, 제3C호, pp.183~191.

16) 홍원표·송영석·김동욱(2004b), "연약지반에 설치된 앵커지지 강널말뚝흙막이벽의 거동", 한국지반공학회논문집, 제20권, 제4호, pp.65~74.

17) 홍원표·김동욱·송영석(2004), "연약지반에 설치된 복합지지 강널말뚝흙막이벽의 거동", 대한토목학회논문집, 제24권, 제6C호, pp.317~325.

18) 홍원표·김동욱·송영석(2005), "강널말뚝흙막이벽으로 시공된 굴착연약지반의 안정성", 한국 지반공학회논문집, 제21권, 제1호, pp.5~14.

19) Bjerrum, L. and Eide, O.(1956), Stability of strutted excavations in clay, Geotechnique, Vol.6, No.1, pp.32~47.

20) Bowles, J.E.(1988), Foundation Analysis and Design, Ch. 11 Lateral Earth Pressure, 4th Ed, McGraw—Hill International Ed, pp.483~489.

21) Broms, B.B. and Stille, H.(1975), "Failure of anchored sheet pile walls", Journal of Geotechnical Engineering, ASCE, Vol.102, No.3, pp.235~251.

22) Clough, G.W. and Reed, M.W.(1984), "Measured behavior of braced wall in very soft clay", Journal of Geotechnical Engineering Div. ASCE, Vol.110, No.1, pp.1~19.

23) Clough, G.W. and O'Rourke, T.D.(1990), "Construction induced Movements of insitu Walls", Design and Performance of Earth Retaining Structures, Geotechnical Special Publication, No. 25, ASCE, pp.439~470.

24) Flaate, K.S.(1966), Stresses and Movements in Connection with Braced Cuts in Sand and Clay, PhD thesis, Univ. of Illinois.

25) Goh, A.T.C.(1994), "Estimating basal—heave stability for beaced excavations in soft clay", Journal of Geotechnical Engineering, ASCE, Vol.120, No.8, pp.1430~1436.

26) Hong, W.P. and Song, Y.—S.(2008), "Earth pressure diagram and field measurement of an anchored retention wall on a cut slope", Landslides, 5, pp.203~211.

27) Hong, W.P., Jang, H.S. and Yea, G.G.(2006), "The behavior characteristics of earth retaining structure to support colluvium soils", Proceeding of the 5th Japan/Korea joint semniar on geotechnical engineering, Sep. 29—30, 2006, Osaka University, Osaka, Japan, pp.117~123.

28) Hunt, R.E.(1986), Geotechnical Engineering Techniques and Practices, McGraw—Hill, pp.598~612.

29) Juran, I. and Elias, V.(1991), "Ground anchors and soil nails in retaining structures", Foundation Engineering Handbook, 2nd Ed., Fang, H. Y., pp.892~896.

30) Mana, A.I. and Clough, G.W.(1981), "Prediction of movements for beaced cuts in clay", Journal of Geotechnical Engineering Div. ASCE, Vol.107, No.6, pp.759~777.

31) NAVFAC DESIGN MANUAL(1982), pp.7.2—85~7.2—116.

32) Peck, R.B.(1969), "Deep Excavations and Tunnelling in Soft Ground", 7th ICSMFE, State—of—Art Volume, pp.225~290.

33) Rodriguez, J.M. and Flamand, C.L.(1969), "Strut loads recoreded in a deep excavation in clay", Proc. 9th Int. Conf. Soil Mech. Found. Engrg., Vol.2, pp.450~467.

34) Song, Y.S. & Hong, W.P.(2008), "Earth pressure diagram and field measurement of an anchored retention eall on acut slope", Landslides, Vol.5, pp.203~211.

35) Terzaghi, K. and Peck, R.B.(1967), Soil Mechanics in Engineering Practice, 2nd Ed., John Wiley and Sons, New York, pp.394~413.

36) Tschebotarioff, G.P.(1973), Foundations, Retaining and Earth Structure, McGraw-Hill, New York, pp.415~457.

37) Ulrich, E.J., Jr.(1989), "Internally braced cuts in overconsolidated soils", Journal of Geotechnical Engineering, ASCE, Vol.115, No.4, pp.504~520.

38) Xanthakos, P.P.(1991), Ground Anchors and Anchored Structures, John Wiley and Sons. Inc., pp.552~553.

39) Yoo, C.S.(2001), "Behavior of braced and anchored walls in soils overlying rock", Journal of Geotechnical and Geoenvironmental Engineering, ASCE, Vol.127, No.3, pp.225~233.

40) Shen, C., Bang, S. and Hermann, L.(1981), "Ground movement by an earth support system", Journal of The Geotechnical Engineering, ASCE, Vol.107, No.GT12.

41) 두산엔지니어링(1993), "마산항 공유수면 매립공사 실태조사 및 대책 검토서".

굴착에 따른 흙막이벽의
변형거동 및 안정성

굴착에 따른 흙막이벽의 변형거동 및 안정성

Milligan(1974)$^{(32)}$은 그림 5.1에 도시된 바와 같이 흙막이벽의 변형형상을 캔틸레버(cantilever) 형상과 벌징(bulging) 형상의 두 가지로 설명하였다.$^{(7)}$ 이와 같이 다른 형태의 벽체변형 형상이 발생하는 이유는 흙막이벽구조 및 지지구조의 특성 때문이다. 일반적으로 캔틸레버 형상의 벽체변형이 벌징형상의 벽체변형보다 지반침하에 대한 최대수평변위의 비가 더 크다. 현장관찰에 따르면 최대지반수평변위/지반침하의 비는 캔틸레버형 변형형상에서 약 1.0~1.5이고 벌징형 변형형상에서 약 0.5~1.0인 것으로 나타났다.

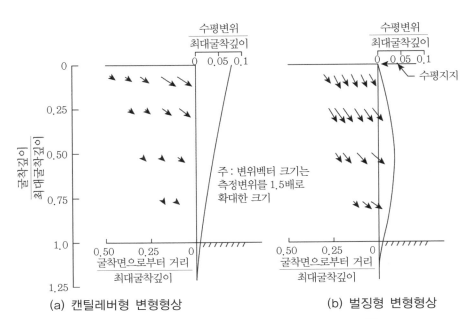

(a) 캔틸레버형 변형형상　　(b) 벌징형 변형형상

그림 5.1 굴착에 따른 흙막이벽체의 변형형상$^{(32)}$

흙막이벽을 설치하고 굴착공사를 실시하는 경우에는 흙막이벽의 응력과 반력에 대해서만 검토하는 것이 아니고 흙막이벽의 변형, 주변지반의 변형과 영향범위 등에 대해서도 검토할 필요가 있다.[15] 지하굴착이 주변구조물과 지하매설물에 근접해서 실시될 경우에는 흙막이벽 및 굴착배면지반의 변형이 중요한 검토 항목이 된다. 이러한 변형이 환경조건으로부터 제약을 받지 않을 경우에도 흙막이벽의 변형이 크게 되면 본체구조물의 시공에 지장이 발생하기도 하고 지반의 현저한 강도저하에도 관련되어 굴착지반의 안정성에 문제가 발생할 수도 있다.

굴착에 따른 흙막이벽 및 배면지반의 거동에 대하여 大志万(1987)은 2차원 토조실험을 실시하여 사질토지반에서의 흙막이벽의 변형형태와 배면지반의 변형관계를 그림 5.2와 같이 정리하였다.[40] 그림 5.2(a)와 (b)는 보통 흙막이벽의 휨변형 형태이고 그림 5.2(c)와 (d)는 각각 강성벽체의 회전변형 및 평행이동인 경우이며, 그림 5.2(e)는 강성벽체의 하단부 변위가 크게 되는 경우의 변형형상이다.

그림 5.2와 같이 흙막이벽의 변형에 따른 배면지반의 변형발생 영역은 흙막이벽 부근에서 벽체의 변위가 크게 되면 영향을 받는 영역과 영향을 받지 않는 영역 사이에 파괴선이

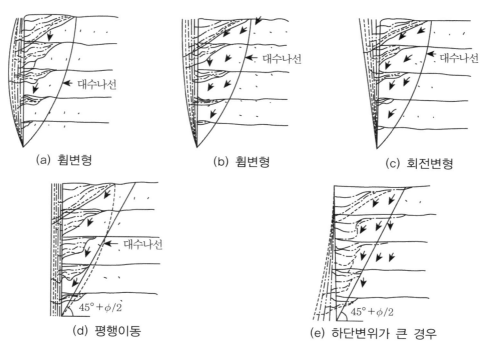

그림 5.2 흙막이벽의 변형형태와 주변지반의 변형[40]

발생한다. 사질토지반에서 이 파괴선은 그림 5.2(a)~(c)의 경우에는 대수나선으로, 그림 5.2(d), (e)의 경우에는 $(45°+\phi/2)$의 직선으로 근사시킬 수 있다. 그러나 점성토지반의 경우에는 일반적으로 파괴선은 명확하게 발생하지 않고 소성유동이 발생하여 주변지반의 변형영역은 사질토지반에 비해 넓게 된다.

5.1 굴착에 따른 흙막이벽의 거동

5.1.1 흙막이벽의 변형거동

흙막이벽을 설치하여 지반을 굴착할 때 흙막이벽의 변형에 영향을 미치는 원인은 흙막이벽의 강성, 버팀보의 압축(탄소성)변형, 지보재의 설치시기, 흙막이벽의 근입장, 굴착방법, 지반조건, 지하수위, 굴착규모(굴착깊이, 굴착폭), 지보공의 종류 및 강성 등을 들 수 있다.[35-37] 이와 같이 흙막이벽의 변형은 여러 가지 복합적인 요인에 의해 발생한다.

그림 5.3은 굴착공사 진행에 따른 흙막이벽 변위의 일반적인 거동을 도시한 그림이다.[3] 흙막이벽의 변위는 버팀보가 설치된 부분에서는 변화가 작으며 각 굴착단계 시의 최하단버팀보 이하 깊이에서 발생하는 변위량이 지배적이다. 또한 흙막이벽의 휨응력은 최하단버팀

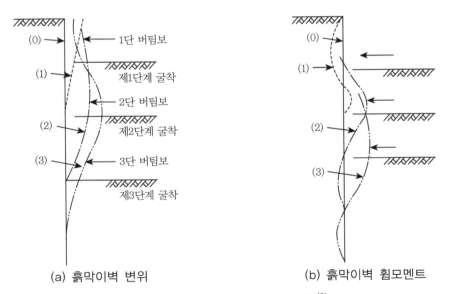

(a) 흙막이벽 변위   (b) 흙막이벽 휨모멘트

그림 5.3 흙막이벽의 일반적 거동[3]

보가 설치되기까지의 변위에 대응해서 발생한 응력에 최하단버팀보 위치에서 굴착저면 아래의 가상지지점까지의 변위에 대응한 응력이 합해서 발생하게 된다. 따라서 흙막이벽의 응력, 변형에 영향을 가장 크게 미치는 요인은 흙막이벽의 강성뿐만 아니라 최하단버팀보 위치에서 굴착저면 아래의 가상지지점까지의 거리이다.

Bierrum et al.(1972)은 연약층두께와 굴착깊이의 관계로부터 흙막이벽의 변형형태를 그림 5.4와 같이 나타내었다.[16] 그림 5.4에서 D_0는 흙막이벽의 가상지지점까지의 거리이다. 우선 그림 5.4(a)는 굴착깊이에 비해서 굴착저면의 연약층의 두께가 매우 두꺼운 경우의 변형형태이고 연약층의 하단까지는 변형이 생기지 않는 경우이다. 다음으로 그림 5.4(b)의 변형형태는 굴착저면의 연약층 하단까지 굴착의 영향을 받고 있는 경우이며 그림 5.4(c)의 변형형태는 굴착이 계속 진행되어 굴착저면이 견고한 지반에 근접하거나 그 이상 굴착된 경우의 변형형태이다. 일반적으로 변형초기에는 그림 5.4(a)와 같은 변형형태이고 굴착이 더욱 진행되면 그림 5.4(b)와 같은 변형형태에서 그림 5.4(c)와 같은 변형형태로 진행한다.

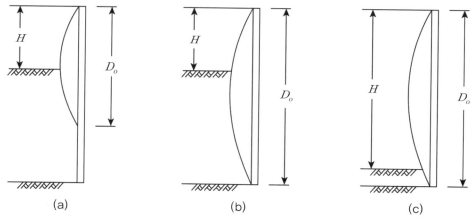

(a)   (b)   (c)

그림 5.4 근입부의 가상지지점 위치와 흙막이벽의 변형 형상[16]

그림 5.5는 지반조건에 따른 흙막이벽의 대표적인 변형형태를 나타낸 것이다.[3] 즉, 그림 5.5(a)는 견고한 지반에 설치된 흙막이벽의 변형에 대한 거동을 나타낸 그림이며 그림 5.5(b)는 연약지반에 설치된 흙막이벽의 변형에 대한 거동을 나타낸 그림이다.

견고한 지반의 경우 흙막이벽의 최대변위는 대체적으로 굴착바닥보다 얕은 위치에서 발생하고 흙막이벽 근입부의 변형량은 그다지 크지 않다. 그러나 연약지반의 경우는 흙막이벽의 최대변위가 굴착면 부근 또는 굴착면 저부에서 발생하며 굴착면 저부의 연약층이 깊을수록 흙막이벽 근입부의 변형량이 커지기 쉽다. 한편 그림 5.5(c)와 같이 흙막이벽 근입부가 견고한 지반층에 도달돼 있지 않고 연약지반 속에 있는 경우 흙막이벽의 선단변위가 커지며 근입장이 충분치 않으면 선단변위가 최대가 되는 경우도 있다.

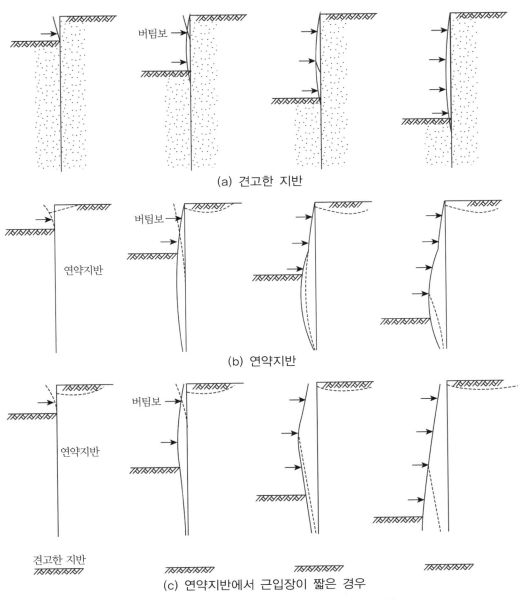

(a) 견고한 지반

(b) 연약지반

(c) 연약지반에서 근입장이 짧은 경우

그림 5.5 지반조건에 따른 흙막이벽의 변형형태[3]

한편 버팀보가 설치되기 전 상태, 즉 1단계굴착에서 과다굴착이 발생하면 흙막이벽의 두부변위가 커지게 되고 지반조건과 시공조건에 따라서는 이 두부변위가 최대변위로 되는 경우가 있다.

5.1.2 흙막이벽의 최대수평변위량

Goldberg et al.(1976)에 의하면 모래나 자갈 지반 및 매우 단단한 점토지반에서 조사된 굴착현장의 약 75%에서 흙막이벽의 수평변위량이 굴착깊이의 0.35%보다 작았고 벽체변위는 지보재나 벽체형식에는 큰 영향을 받지 않은 것으로 나타났다.[26]

그러나 연약점토지반 내지 약간 단단한 점토지반에서의 벽체변위는 흙막이벽체의 종류에 따라 차이가 뚜렷하였다. 즉, 프리스트레스지지 지중연속벽에서 발생한 벽체변위는 굴착깊이의 약 0.25% 정도였고 널말뚝이나 흙막이벽체에서는 1%를 초과하였다. 최대벽체변위에 대한 최대지표면 침하의 비는 연약 내지 보통 점토지반에서 평균 1.4로 관찰되었으며, 매우 단단한 점토지반에서는 0.7로 조사되었다.

Goldberg et al.(1976)의 연구[26]에서 흙막이벽체의 최대수평변위는 굴착깊이의 0.5%보다 작게 발생하였으며 흙막이벽의 수평변위는 평균적으로 굴착깊이의 0.2%보다 작게 발생하였다. 이러한 결과는 굴착깊이와 흙막이벽의 최대수평변위에 대한 Clough and O'Rourke(1990)의 연구에서도 비슷한 경향을 보이고 있다.[23,31]

즉, Clough and O'Rourke(1990)이 조사한 결과에 따르면, 그림 5.6에서 보는 바와 같이 단단한 점토지반 및 모래지반에서 흙막이벽의 최대수평변위는 굴착깊이의 평균 0.2%, 최대 0.5%까지 발생하였고 최대지표침하량은 굴착깊이의 평균 0.15%, 최대 0.5%까지 발생하였다.[23] 다시 말하면 그림 5.6에서 보는 바와 같이 Clough & O'Rourke(1990)은 흙막이벽의 최대수평변위량은 벽체의 종류에 관계없이 대부분 굴착깊이의 0.5% 이내로 발생하였으며 평균적으로 0.2%가 됨을 제시하였다. 여기서 조사된 흙막이벽에는 쏘일네일링 및 소일시멘트벽(soil cement wall)까지 포함된다고 하였다.

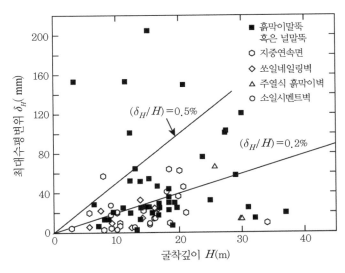

그림 5.6 견고한 점토, 잔류토 및 모래지반에서 흙막이벽 최대변위량[23]

한편 Clough & O'Rourke(1990)은 흙막이벽의 최대수평변위와 굴착깊이와의 관계를 흙의 강성, 측방토압계수, 벽체의 강성, 버팀보의 지지간격 등을 고려하여 그림 5.7과 같이 도시하였다.[23] 이 그림에 의하면 벽체의 수평변위는 굴착깊이에 비례하여 선형적으로 증가하고 있으며 굴착깊이의 0.2% 주변에 집중되어 있다. 흙막이벽의 수평변위는 지반계수와 정지토

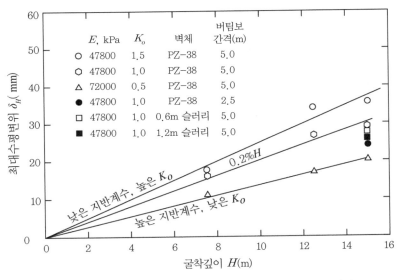

그림 5.7 굴착깊이와 흙막벽의 최대변위량과의 관계[23]

압계수의 영향이 큰 것으로 나타났다. 즉, 지반계수가 크고 정지토압계수가 작은 양질의 지반에서는 흙막이벽체의 수평변위가 작게 발생하였고 반대로 지반계수가 작고 정지토압계수가 큰 지반에서는 벽체의 수평변위가 크게 발생하였다.

표 5.1은 버팀보나 앵커로 지지된 흙막이 굴착현장에서 흙막이벽의 수평변위량을 지반조건에 따라 구분하여 나타낸 표이다.[36] 이 표에 인용된 자료는 굴착깊이가 8~23m 정도이며

표 5.1 깊은굴착에서 흙막이벽의 최대수평변위량[36]

위치	흙막이공	굴착깊이 (m)	최대수평변위 (cm)	변위발생깊이 ×100	지반조건	참고문헌
Chicago	널말뚝, 버팀보	11.4	58	0.51	연약점토	Peck(1943)[33]
Vaterland Subway(Oslo)		9	23	0.25		NGI(1962~66)[30]
San Francisco		15	21	014	연약점토 위 9m 매립	Clough & Davidsson (1977)[20]
South Africa	지중연속벽, 앵커	14.7	76	0.52	단단한 균열 점토	ICE(1974)[28]
		14.7	38	0.26		
		22.9	38	0.16		
		14.7	19	0.13		
		18.3	25	0.14	연약한 절리 암반	
Buffalo (New York)	목재널말뚝, 타이백	6.4	10	0.16	조밀한 모래와 자갈 위 5.4m 두께 느슨한 모래	Tomlinson, (1986)[36]
		11.2	53	0.47		
Bloomsbury (London)	지중연속벽, 버팀보	16	12	0.07	자갈 위 런던점토	ICE(1974)[28]
Westinster Place Yard		12	20	0.17		Burland & Hancock (1977)[17]
Zurich		20	36	0.18	호수퇴적토와 빙적토	Huder(1969)[27]
World Trade Center (New York)	지중연속벽 앵커	17.7	66	0.37	모래	ICE(1974)[28]
Guidhall Bloomsbury Victoria St. Vauxhall (London)		9.7	10	0.10	자갈 위 단단한 점토	
		10	4	0.04		
		8	3	0.04		
		14.5	22	0.15		
Neasden (London)		8	50	0.62	단단한 런던점토	Sills et al. (1977)[34]

흙막이벽으로는 널말뚝과 지중연속벽이 많이 적용되었다. 이들 흙막이벽은 버팀보나 앵커로 지지되는 공법이 많이 적용되었음을 알 수 있다. 또한 이 표에서 보는 바와 같이 흙막이벽의 수평변위는 점토지반에서 가장 크게 발생하였으며 자갈층 위에 놓여 있는 단단한 점토층에서 가장 작게 발생하고 있다.

5.2 사질토지반 속 버팀보지지 흙막이벽의 변형거동 및 안정성

지난 반세기 동안 우리나라 건설현장에서 수많은 지하굴착공사를 진행하여왔다. 특히 1960년대부터 시작된 지하철 건설에서부터 지하공간의 활용을 위한 흙막이지하굴착 시공이 실시되었다. 이때부터 도심지 흙막이지하굴착 기술은 설계와 시공 분야에서 비약적인 발전을 이뤄왔으며 아직도 기술발전은 진행 중이다.[2,5,8]

그 결과 이제는 도심지에서 30m 이상의 대심도 굴착에도 흙막이벽을 설치하고 과감히 굴착시공을 할 수 있게 되었다. 표 5.1의 기존 자료에 의하면 외국에서 1980년대 이전에는 흙막이 굴착깊이가 대략 20m 이내였던 것에 비하면 비약적인 발전을 해왔음을 알 수 있다. 물론 이 성장과정에서 뼈아픈 붕괴사고의 대가를 많이 치루기도 하였다.[1,7]

지금은 상당히 고도의 기술이 개발되어 다양한 흙막이벽 설치기술이 활용되고 있으나 초창기는 엄지말뚝흙막이벽이 대부분 적용되었다. 따라서 엄지말뚝흙막이벽의 설계·시공 기술은 상당히 많이 축적되어 있다. 그러나 체계적인 기술의 정리가 부족하여 밝혀지고 기록된 기술이 그다지 많지 못하다. 이에 제5.2절에서는 버팀보지지 흙막이벽의 사례 조사를 통하여 금후 활용 가능한 시공관리기준을 정리하여 설명한다.

5.2.1 버팀보지지 흙막이벽의 변형거동

홍원표 연구팀은 1997년 버팀보지지 흙막이 굴착현장에서의 현장계측으로부터 엄지말뚝흙막이벽의 변형거동을 관찰할 수 있었다.[10]

(1) 사례현장

홍원표 외 3인(1997)은 도심지에서 시공된 대규모, 대심도 굴착공사가 실시된 여섯 개의 굴착현장에서 흙막이벽의 변형거동을 조사하였다.[10] 개착식 터널공법이 적용된 이들 굴착현장은 지하철건설 현장과 고층빌딩을 축조하기 위한 굴착공사 현장이었다. 이들 현장은 지하굴착에 따른 주변지반의 침하, 측방이동, 지지력 손실로 인하여 인접건물이나 지하구조물에 피해를 줄 수 있어 근접시공의 문제점이 대두될 수 있는 현장들이었다. 이들 굴착현장 주변에는 대규모 아파트단지, 고층빌딩, 인접공사현장, 상가 및 주택이 밀집되어 있으며 인접도로 지하에는 각종 지하매설물들이 묻혀 있다.

각 현장의 대표적 지층구성은 표토층, 풍화대층, 기반암층의 순으로 구성되어 있다. 표토층은 상부 매립층과 하부 퇴적층으로 구분된다. 매립층은 실트질 모래, 모래질 실트, 자갈, 전석 등이 혼재되어 있으며 퇴적층은 모래, 실트질 점토, 모래자갈로 이루어져 있다. 풍화대층은 모든 현장에 분포되어 있으며 풍화도가 매우 심한 풍화잔류토층과 모암조직이 존재하며 비교적 단단한 풍화암층으로 구분되어 있다. 표토층과 풍화대층은 사질토의 성분이 많은 관계로 단순화시키기 위해 내부마찰각만 가지는 사질토층으로 취급하기로 한다. 풍화대 하부에는 기반암인 연암 및 경암으로 구분되는 암층이 분포하고 있으며 대부분 현장의 연암층과 경암층은 균열과 절리가 발달되어 있다.

사례현장의 흙막이벽은 엄지말뚝(H말뚝)과 흙막이판으로 구성되어 있으며 버팀보지지방식으로 되어 있다. H-250×250×9×14 및 H-300×300×10×15 강재를 엄지말뚝으로 주로 사용하였다. 대략적으로 1.6~2.0m 간격으로 설치하였으며 최종굴착깊이보다 1.0~2.5m 정도 더 깊이 근입시켰다. 그리고 굴착이 진행됨에 따라 80~100mm 두께의 나무널판을 H말뚝의 프랜지 전면에 걸치게 설치하여 흙막이벽을 조성하였다. 버팀보의 설치간격은 연직으로 1.0~3.1m, 수평으로 2.0~5.6m 정도이며, 버팀보 및 띠장은 주로 H-300×300×10×15인 H형강을 사용하였다. 대부분의 흙막이벽 배면에는 지하수의 차수공으로 LW그라우팅, SCW공, JSP공 등을 시공하였다.

(2) 벽체의 수평변위와 지하수위

그림 5.8은 굴착단계별 발생한 흙막이벽 수평변위의 거동을 보이고 있다. 흙막이벽의 수평변위는 굴착이 진행되는 동안 굴착깊이에 비례하여 점진적으로 증가하고 있으며 굴착저부에서도 수평변위는 어느 정도 발생하고 있다. 그러나 굴착저면 지반이 견고한 암반층으로 이루어져 있는 제4현장과 제5현장의 경우는 경암층에서의 수평변위가 거의 발생하지 않고 있는 것으로 나타났다. 또한 제5현장과 제6현장의 경우는 다른 현장에 비해 벽체의 수평변

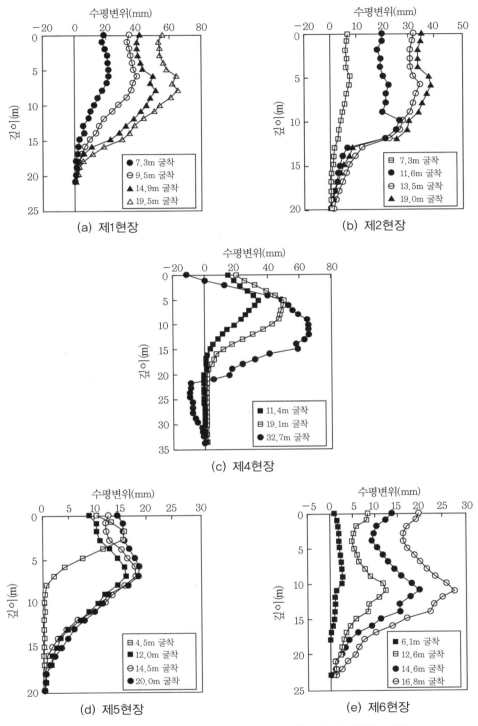

그림 5.8 굴착에 따른 버팀보지지 흙막이벽의 수평변위 거동

위가 작게 나타나고 있다. 이것은 버팀보에 선행하중을 도입하였기 때문이다.

한편 지하수위는 현장에 따라 다소 차이는 있으나 굴착깊이가 깊어짐에 따라 굴착현장내로의 누수에 의해 완만한 지하수위하강곡선을 그리며 점진적으로 낮아지는 것으로 나타나고 있으나 굴착 완료 시점에 이르러서 일정한 수위를 유지하고 있다. 결국 차수공을 실시하여 굴착을 실시한 현장에서 지하수위를 차단시켜 지하수위의 하강을 방지시키려는 효과는 거두지 못한 것으로 생각된다. 따라서 지하수에 의한 수압의 영향은 비교적 적어 흙막이벽 배면에 수압은 거의 작용하지 않았을 것으로 생각된다. 그러나 차수공이 배면지반의 전단강도보강에 효과가 상당히 발휘되어 흙막이벽의 수평변위를 감소시킬 수는 있었다고 생각된다.

5.2.2 버팀보지지 흙막이벽의 안정성

굴착에 따른 흙막이벽 및 주변지반의 안정성은 벽체의 강성, 버팀기구, 선행하중, 과다굴착, 시공과정 등에 크게 영향을 받고 있다. 굴착공사의 안전을 위한 계측관리용으로 경사계와 하중계가 주로 이용되고 있다. 이들 계측 결과를 토대로 하여 굴착공사의 안정성에 관련된 흙막이벽의 변형에 대한 정보를 얻을 수 있다.

그림 5.9는 측방토압비와 상대적인 수평변위량과의 관계를 도시한 그림이다. 측방토압비는 각 굴착현장에서 버팀보의 축력에 의해 산정된 환산측방토압(p)를 연직상재압($\sigma_v = \gamma H$)으로 나눠 무차원화시킨 것이며, 상대적인 수평변위량은 벽체의 수평변위량(δ)을 최종굴착깊이(H)로 나눠 무차원화시켜 나타낸 것이다.

그림 5.9에 정리된 버팀보지지 방식으로 실시된 굴착공사현장으로부터 얻은 계측자료는 굴착이 진행되는 동안 시공 상황에 따라 양호한 현장과 불량한 현장이 확실하게 구분되고 있음을 볼 수 있다. 여기서 양호한 현장과 불량한 현장의 구분은 공사 진행 중 주변지반 및 인접구조물에 영향을 미친 정도, 버팀보의 설치시기, 띠장의 설치상태 등을 토대로 판단하였다. 즉, 띠장의 시공상태 불량이나 버팀보 설치시기지연에 따라 벽체의 수평변위가 크게 발생하여 인접건물이나 공공시설물에 인장균열이나 손상을 끼친 굴착현장은 굴착시공상태가 불량한 현장으로 분류하였다.

굴착시공상태가 양호한 대부분의 현장에서는 그림 5.9에서 보는 바와 같이 흙막이벽의 수평변위는 측방토압의 크기에 상관없이 굴착깊이의 0.25% 이내로 발생하는 것으로 나타났다. 반면에 굴착시공상태가 불량한 대부분의 현장에서는 흙막이벽의 수평변위가 크게 발생하였으며 흙막이벽에 작용하는 측방토압이 최종굴착깊이에서의 연직상재압의 15% 이내에 분포하는 것으로 나타났다. 따라서 흙막이벽에 작용하는 측방토압은 흙막이벽의 변형과 밀접한 관계가 있음을 알 수 있다.

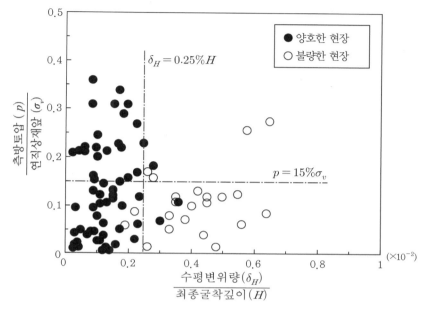

그림 5.9 측방토압과 버팀보지지벽의 수평변위의 관계

그림 5.10은 굴착깊이와 흙막이벽체의 수평변위와의 관계를 나타낸 그림이다. 이 그림에서 종축의 벽체수평변위는 그림 5.9의 횡축에 도시된 상대변위량과 동일한 값이다. 굴착깊이(z)는 각 굴착현장의 최종굴착깊이(H)로 무차원화시켜 나타냈다.

그림 5.10은 굴착시공상태가 양호한 현장에서 측정된 흙막이벽체의 수평변위는 불량한 현장에서 측정된 수평변위와 확실하게 구분되는 것을 보여주고 있다. 즉, 굴착상태가 불량한 현장에서 측정된 벽체의 수평변위는 대부분 굴착깊이의 0.25%보다 크게 발생하였으며 굴착상태가 양호한 현장에서 측정된 벽체의 수평변위는 굴착깊이의 0.25%보다 작게 발생하였다. 굴착깊이의 0.25%에 해당하는 수평변위는 외국의 이전 연구인 Goldberg et al.(1976)[26]나 Clough and O'Rourke(1990)[23]이 측정한 수평변위의 평균치에 해당한다.

따라서 $\delta_H = 0.25\% \, z$는 버팀보로 지지된 흙막이 굴착공사의 안정성을 판단할 수 있는 기준으로서 제시할 수 있다. 즉, 경사계로부터 측정된 흙막이벽의 수평변위량이 굴착깊이의 0.25%보다 크게 발생하면 굴착공사를 주의 깊게 관찰해야 하며, 필요하다면 흙막이구조물을 보강해야 한다. 이 결과를 식으로 표현하면 식 (5.1)과 같다.

$$\delta_H \leq 2.5 \times 10^{-3} z \qquad\qquad : \text{양호한 현장}$$

$$2.5 \times 10^{-3} z \leq \delta_H \leq 0.6 \times 10^{-3} z : \text{요주의 현장} \qquad\qquad (5.1)$$

여기서 δ_H : 흙막이벽체의 수평변위

z : 굴착깊이

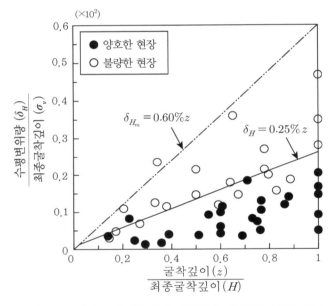

그림 5.10 버팀보지지벽의 수평변위와 굴착깊이와의 관계

한편 그림 5.10에는 버팀보지지 흙막이벽에서 발생되는 최대수평변위량이 굴착깊이의 0.6%로 조사되었다. 이는 Clough & O'Rourke(1990)가 제안한 굴착깊이의 0.5%와 거의 동일하게 발생하는 것으로 나타났다.

따라서 흙막이벽의 설계단계에서는 그림 5.10에 도시된 양호한 현장에서의 최대수평변위에 맞게 설계하여야 하며 흙막이벽의 시공단계에서는 불량한 현장에서 측정된 측방변위의 최대치를 시공 시의 안전관리 기준으로 정하는 것이 좋을 것이다. 이를 식으로 정리하면 식 (5.2)와 같다. 즉, 흙막이벽의 단면을 설계할 때는 제4장에서 규정한 측방토압을 흙막이벽에 가한 상태로 해석을 실시하여 예상수평변위가 굴착깊이의 0.25% 이내가 되는지를 검토하여야 한다.

반면에 시공단계에서는 현장의 여건상 설계단계에서의 예상수평변위를 초과할 수 있다. 그 이유는 시공 시 버팀보 설치시기가 지연되었다거나 일시적인 장비하중 및 자재야적 등에 의하여 수평변위가 크게 발생할 수 있기 때문이다. 따라서 시공과정에서는 현장계측으로 항상 흙막이벽체의 거동을 모니터링해야 한다. 그러나 아무리 수평변위가 크게 발생하여도 굴착깊이의 0.6%를 넘어서는 안 된다. 따라서 이를 흙막이벽의 시공관리기준으로 정하는 것이 바람직하다.

$$\delta_H \leq 2.5 \times 10^{-3} z : 설계기준$$
$$\delta_H \leq 6.0 \times 10^{-3} z : 시공관리기준 \tag{5.2}$$

이상과 같이 분석한 결과 버팀보지지 흙막이벽체 배면에 설치된 경사계로부터 측정된 벽체의 수평변위를 토대로 흙막이구조물의 안정성을 판단할 수 있는 기준을 정할 수 있다. 또한 흙막이벽체의 안정성은 굴착심도 및 토압의 크기보다는 지보재의 설치상태 및 설치시기와 같은 시공상황에 큰 영향을 받는다.

다만 여기서 경사계로 측정된 수평변위는 흙막이벽체의 수평변위나 지반의 실제 수평변위와는 반드시 일치할 수는 없다. 왜냐하면 경사계 설치위치는 천공 후 관측용 파이프를 삽입하고 파이프 주변을 그라우팅재로 채우기 때문에 원지반보다 강성이 어느 정도 클 것이 예상되어 실제 지반변형보다는 다소 작게 나타날 가능성이 있다. 그러나 굴착시공 시 안전시공을 목적으로 할 경우는 이 경사계에 의한 측정치만으로 안정성 판단을 실시하여도 무방할 것으로 생각된다.

5.3 사질토지반 속 앵커지지 흙막이벽의 변형거동 및 안정성

종래 지하굴착현장에서는 버팀보에 의해 지지되는 흙막이벽이 많이 사용되었으나 최근에는 흙막이벽 지지구조로 앵커지지방식도 많이 채택되고 있다.[39] 이러한 앵커지지 흙막이벽의 현장계측자료인 앵커축력과 벽체의 수평변위를 토대로 우리나라의 지반특성에 적합한 앵커지지 흙막이벽에 측방토압분포는 이미 제4장에서 설명되었다.

여기서는 지하굴착 시공 중 앵커지지 흙막이구조물의 안정성을 판단할 수 있는 정량적인 기준을 조사하여 위험 가능성이 있는 경우에는 신속히 대처하게 함으로써 지하굴착공사의 안전관리를 도모하고자 한다. 즉, 현장에서 측정된 계측자료를 토대로 앵커지지 흙막이벽체의 거동상태를 분석하고, 흙막이구조물의 안정성에 직접적인 영향을 미치는 측방토압, 벽체의 수평변위 및 굴착깊이와의 관계로부터 벽체수평변위의 허용범위를 제시하여 벽체의 설계 및 시공 시 안정성을 판단하는 기준을 결정한다.

5.3.1 앵커지지 흙막이벽의 변형거동

홍원표·윤중만(1995)은 앵커지지 방식에 의해서 굴착작업이 실시된 국내 21개 현장에서 앵커두부에 설치된 하중계와 흙막이벽체 배면지반 속에 설치된 경사계의 현장계측 결과로부터 앵커지지 흙막이벽의 변형거동을 관찰하였다.[9]

(1) 사례현장

21개 사례현장[9]은 도심지에서 실시된 지하굴착공사로서 현장 주변에 대규모 아파트단지, 고층빌딩, 공사현장 등이 인접해 있다. 또한 인접도로 지하에는 지하철이 통과하고 있으며 각종 지하매설물이 묻혀 있어 근접시공의 문제점이 대두될 수 있는 굴착공사현장이다. 이들 21개 현장을 시공상태가 양호한 현장과 불량한 현장으로 구분한다.

지반조사 결과 사례현장의 지반조건은 표토층, 풍화대층, 기반암층 순으로 구성되어 있다. 표토층은 매립토 혹은 퇴적토로 구성되어 있다. 매립토층은 점토질 실트, 실트질 모래, 전석 혹은 잔자갈로 구성되어 있으며, 퇴적토는 점토, 실트, 모래 등으로 구성되어 있다. 이들 표토층은 대부분이 사질토로 구성되어 있다. 풍화대는 모든 현장에 분포되어 있으며 풍화도에 따라 풍화잔류토층과 풍화암층으로 구분하였다. 풍화암층 하부에는 기반암인 연암, 경암으로 구분되는 암층이 분포되어 있는 다층지반에서 실시된 굴착공사이다.

흙막이벽체는 엄지말뚝과 흙막이판을 사용한 연성벽체이며 흙막이벽의 지지구조는 앵커지지방식으로 되어 있다. 흙막이벽체의 차수목적으로 흙막이벽 배면지반에 L/W 그라우팅 및 SCW 벽체를 시공한 현장도 있으며 특히 벽체의 보강 및 지반보강 목적으로 CIP를 시공한 현장도 있다.

(2) 벽체의 수평변위와 지하수위

　그림 5.11과 그림 5.12는 굴착단계별 흙막이벽체에 발생한 수평변위거동을 도시한 결과다. 그림의 횡축에는 벽체의 수평변위를 종축에는 굴착깊이를 나타내었다. 굴착시공 시의 관리상태에 따라 그림 5.11은 현장상태가 안전하게 잘 관리된 사례이고 그림 5.12는 현장상태가 안전하게 관리되지 못한 사례이다. 이들 그림 속 우측하단의 표식과 숫자는 각 단계별 굴착깊이를 나타낸다.

　우선 그림 5.11에서 보는 바와 같이 현장상태가 안전하게 잘 관리된 사례에서는 현장의 수평변위가 굴착이 진행됨에 따라 점진적으로 증가하고 있으나 급격한 증가추세를 보이지 않고 있으며 최종굴착단계까지 안정된 상태를 보이고 있다. W1 현장은 굴착초기에 앵커의 긴장 작업이 늦어져 G.L.-6.0m까지 굴착이 진행되는 동안 벽체의 수평변위가 다소 크게 발생하였으나 앵커긴장 후 굴착이 완료될 때까지 벽체의 수평변위는 안정된 상태를 유지하고 있다. 암반층이 두껍게 분포되어 있는 W2 현장은 굴착이 진행됨에 따라 상부 풍화대에서는 수평변위가 증가하는 반면 연암 및 경암층에서는 수평변위가 거의 발생하지 않고 있다. 대부분 현장의 수평변위량은 20~30mm 범위에 발생하고 있다.

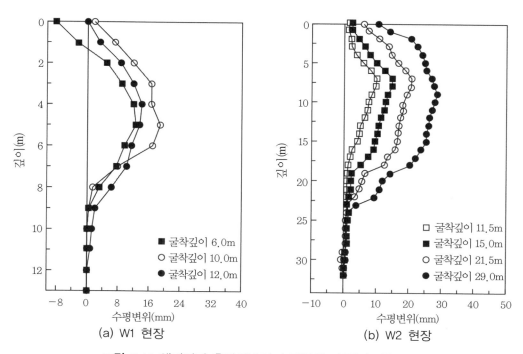

(a) W1 현장　　　　　　　　(b) W2 현장

그림 5.11 앵커지지 흙막이벽의 수평변위 거동(양호한 현장)

한편, 현장상태가 불량한 사례현장에서는 그림 5.12에서 보는 바와 같이 흙막이벽의 수평변위기 40~60mm 범위에 분포하고 있어 그림 5.11의 양호한 현장보다 크게 발생하고 있다.

이는 앵커 시공상태의 불량이나 과다한 상재하중으로 인해 어느 굴착단계에 이르러서 벽체의 수평변위가 급격하게 크게 발생하게 되었고 벽체가 불안정한 상태를 보였음을 의미한다. 이와 같은 과다한 수평변위의 발생 원인으로는 P1 현장에서는 앵커의 시공상태 불량으로 인한 것이며, P2 현장에서는 굴착도중 앵커의 일부 PC 스트랜드의 파손으로 인한 것으로 판단되었다.

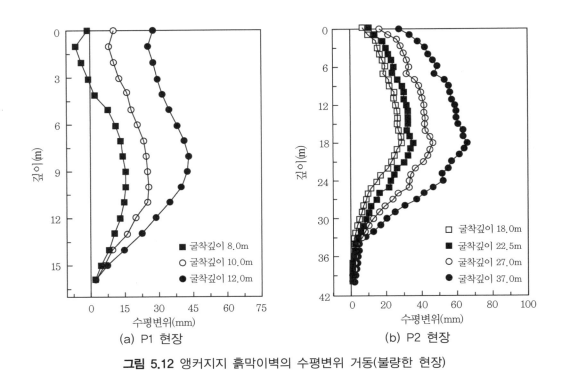

그림 5.12 앵커지지 흙막이벽의 수평변위 거동(불량한 현장)

한편 흙막이벽 배면에 설치한 지하수위계로 지하수위를 측정한 결과 지하수위는 굴착이 진행되는 동안 대부분 낮아져 풍화암 이하 암반층에 형성되는 것으로 나타났다. 즉, 흙막이벽 배면에 시공한 차수공법이 완벽한 차수효과를 얻지 못하여 굴착깊이가 깊어짐에 따라 굴착현장 내로의 누수에 의해 지하수위는 완만한 하강곡선을 그리며 점진적으로 낮아져 굴착 완료 시점에 이르러서 일정한 수위를 유지하는 것으로 나타났다. 따라서 흙막이벽에는 수압이 작용하지 않은 것으로 생각된다. 다만 이 경우도 여름철에 강우강도가 대단히 커서 지중의 지하수가 신속히 배제되지 못한 경우는 수압이 흙막이벽에 작용될 수 있었을 것이다. 저자의 경험에 의거하면 여러 가지 차수공법을 실시하였을 경우 완전배수효과는 얻을 수 없었으나 배수속도는 상당히 지연시킬 수 있었다. 따라서 지하수위 강하속도는 매우 지연시킬 수 있었다고 생각된다. 그 밖에 이러한 차수공법은 지반보강효과도 상당히 발휘하여 흙막이벽의 수평변형을 감소시킬 수 있다.

(3) 앵커축력과 수평변위와의 관계

앵커두부에 설치된 하중계로부터 측정된 앵커축력과 흙막이벽체 배면에 설치된 경사계로부터 측정된 수평변위와의 관계를 도시하면 그림 5.13~그림 5.14와 같다. 그림 5.13은 현장상태가 안전하게 잘 관리된 사례이고 그림 5.14는 현장상태가 잘 관리되지 못한 사례이다.

우선 그림 5.13에서 보는 바와 같이 시공상태가 양호한 현장에서는 앵커의 축력에 비해 벽체의 수평변위가 비교적 작게 발생하고 있다. 이는 앵커축력이 대부분 20~45t으로 벽체의 변형을 억제하는 효과가 양호하기 때문이라 판단된다.

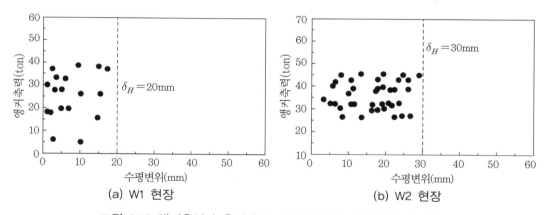

그림 5.13 앵커축력과 흙막이벽 수평변위와의 관계(양호한 현장)

굴착깊이가 12.2m인 W1 현장에서는 최대수평변위가 16.0mm 정도이며, 굴착깊이가 30m인 W2 현장에서도 30mm 이내의 수평변위가 발생하여 굴착깊이에 비해 벽체의 수평변위가 비교적 작게 발생하였다.

시공상태가 불량한 P1 현장에서는 그림 5.14(a)에서 보는 바와 같이 앵커의 선행인장력이 매우 작아 어느 굴착단계에 이르러서 벽체의 수평변위가 급격히 증가하여 앵커의 최대축력에 비해 벽체의 수평변위는 상당히 크게 발생하였다. 이는 앵커축력이 20t 이하로 매우 작아 벽체의 변형을 억제하는 효과가 불량하기 때문이라 판단된다. 한편 P2 현장에서 앵커축력은 20~60t 정도를 유지하고는 있으나 일부 앵커의 파손 및 시공관리의 미숙으로 인해 벽체의 수평변위가 크게 발생하였다. 굴착깊이가 11.6m인 P1 현장의 최대수평변위는 43mm 정도이며 굴착깊이가 37m인 P2 현장의 최대수평변위는 65mm로 나타났다.

따라서 시공상태가 양호한 현장에 비해 시공상태가 불량한 현장의 벽체 수평변위는 2~3배 정도가 크게 발생하고 있음을 알 수 있다. 즉, 벽체 수평변위는 앵커의 시공상태에 큰 영향을 받고 있으므로 앵커지지 방식의 흙막이벽을 채택하여 지하굴착을 실시할 경우는 앵커축력에 대한 철저한 계측관리가 이뤄져야 한다.

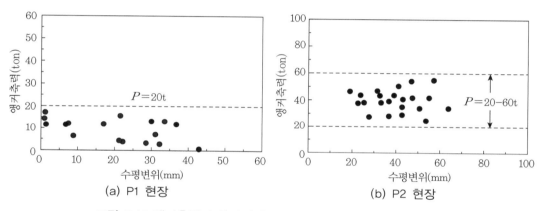

(a) P1 현장 (b) P2 현장

그림 5.14 앵커축력과 흙막이벽 수평변위와의 관계(불량한 현장)

5.3.2 앵커지지 흙막이벽의 안정성

굴착공사현장에서 단계별 굴착에 따른 벽체의 수평변위 발생에 영향을 주는 요소로 지반상태와 지하수위, 굴착심도와 굴착형태, 흙막이 벽체와 지보재의 종류 및 강성, 시공방법, 앵커의 정착상태, 등을 들 수 있다. 이와 같이 벽체의 수평변위는 여러 가지 복합적인 요인에 의해 발생되지만 이 가운데 가장 크게 영향을 미치는 요소는 벽체 및 지보재의 강성, 지지기구(버팀보, 앵커)의 설치상태, 지지기구의 설치시기를 들 수 있다.

그림 5.15는 굴착단계별로 측정된 앵커축력에 의해 산정된 측방토압과 벽체의 수평변위량의 관계를 도시한 그림이다. 즉, 횡축에는 흙막이벽의 수평변위량(δ)을 최종굴착깊이(H)로 나눠 무차원화시켜 나타내고 종축에는 앵커축력에 의해 산정된 측방토압을 최종굴착바

닥에서의 연직상재압(γH)으로 나눠 무차원화시켜 측방토압비로 나타냈다. 이 그림에서 굴착이 진행되는 동안 시공상태가 양호한 현장과 불량한 현장이 확실하게 구분되고 있음을 알수 있다.

굴착시공 상태가 양호한 대부분의 현장에서는 그림 5.15에서 볼 수 있는 바와 같이 흙막이벽의 수평변위는 측방토압의 크기에 관계없이 굴착깊이의 0.15% 이내에서 발생하는 것으로 나타났다. 반면 굴착시공상태가 불량한 현장에서는 수평변위의 크기에 관계없이 대부분의 측방토압이 최종굴착깊이에서의 연직상재압의 20% 이내에 분포하는 것으로 나타났다.

이 결과를 그림 5.9의 버팀보지지벽의 경우와 비교하면 앵커지지벽의 경우 수평변위는 더 적게 발생하고 측방토압도 약간 크게 발생하였음을 알 수 있다.

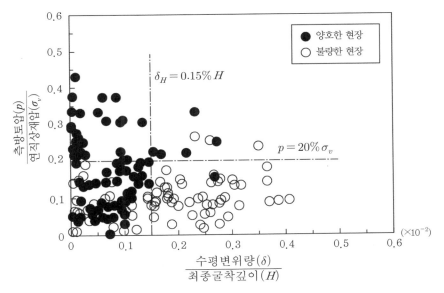

그림 5.15 측방토압과 앵커지지흙막이벽의 수평변위의 관계

한편 경사계로부터 측정된 흙막이벽의 수평변위와 굴착깊이와의 관계를 도시하면 그림 5.16과 같다. 이 그림에서 횡축은 최종굴착깊이에 대한 단계별 굴착깊이(z/H)로 나타내고, 종축은 최종굴착깊이(H)로 무차원화시킨 수평변위(δ_H/H)로 나타냈다.

이 그림에서 수평변위는 시공상태가 양호한 현장과 불량한 현장이 분명히 구분되어 있음을 알 수 있다. 불량한 현장의 계측 결과는 상부에 도시되고 양호한 현장의 결과는 하부에 도시되어 있다. 이 결과를 활용하면 수평변위에 의한 흙막이구조물의 안정성을 판단할 수 있는 기준을 식 (5.3)과 같이 나타낼 수 있다. 즉, 각 굴착단계별 굴착깊이(z)에 대한 흙막이벽체의 수평변위(δ)가 굴착깊이의 0.25% 이하이면 흙막이벽체의 안정성이 양호한 현장이며, 0.25% 이상이면 흙막이벽체의 안정성이 불량한 현장으로 판단할 수 있다.

$$\delta_H \leq 2.5 \times 10^{-3} z \qquad\qquad : 양호한 현장$$

$$2.5 \times 10^{-3} z \leq \delta_H \leq 5 \times 10^{-3} z : 요주의 현장 \qquad\qquad (5.3)$$

즉, 굴착상태가 불량한 현장에서 측정된 벽체의 수평변위는 대부분 굴착깊이의 0.25%보다 크게 발생하고 있으며 굴착상태가 양호한 현장에서 측정된 벽체의 수평변위량은 굴착깊이의 0.25%보다 작게 발생하고 있다. 따라서 $\delta_H = 2.5 \times 10^{-3} z$는 앵커로 지지된 흙막이벽 굴착공사의 안정성을 판단할 수 있는 기준으로서 제시할 수 있다. 즉, 경사계로부터 측정된 수평변위량이 굴착깊이의 0.25%보다 크게 발생하면 굴착공사를 주의 깊게 관찰해야만 하며, 필요하다면 흙막이구조물을 보강해야만 한다.

그림 5.16에서 흙막이벽의 최대수평변위는 굴착깊이의 0.5%로 측정되었다. 이는 그림 5.10에서 검토된 버팀보지지 흙막이벽에서 조사된 굴착깊이의 0.6%와 거의 동일한 수평변

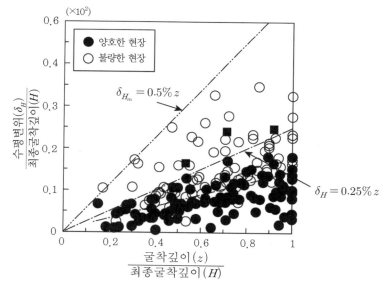

그림 5.16 굴착깊이와 앵커지지 흙막이벽의 수평변위와의 관계

위이다. 또한 이 수평변위의 최대값은 Clough & O'Rourke(1990)[23]가 제안한 굴착깊이의 0.5%와 동일하다.

이 결과에 근거하여 앵커지지 흙막이벽을 설계할 때는 양호한 현장에서의 최대수평변위에 맞게 설계하여야 하며 현장에서 측정된 측방변위의 최대치는 시공 시의 안전관리기준으로 정하는 것이 좋을 것이다. 이를 식으로 정리하면 식 (5.4)와 같다.

$$\delta_H \leq 2.5 \times 10^{-3} z : 설계기준$$
$$\delta_H \leq 5.0 \times 10^{-3} z : 시공관리기준 \tag{5.4}$$

흙막이벽의 설계단계에서는 그림 5.16에 도시된 양호한 현장에서의 최대수평변위에 맞게 설계하여야 하며 흙막이벽의 시공단계에서는 현장에서 측정된 측방변위의 최대치를 시공 시의 안전관리기준으로 정하는 것이 좋을 것이다. 즉, 흙막이벽의 단면을 설계할 때는 앞 장에서 규정한 측방토압을 흙막이벽에 가한 상태로 해석을 실시하여 예상수평변위가 굴착깊이의 0.25% 이내가 되는지를 검토하여야 한다. 반면에 시공단계에서는 현장의 여건상 예상수평변위를 초과할 수 있다. 그러나 아무리 수평변위가 크게 발생해도 굴착깊이의 0.5%를 넘어서는 안 된다. 따라서 이를 우리나라 내륙지역 사질토다층지반 속 앵커지지 흙막이벽의 시공관리기준으로 정하는 것이 바람직하다.

5.4 연약지반 속 강널말뚝의 변형거동 및 안정성

연약지반에 강널말뚝을 설치하고 지하굴착을 실시하게 되면 강널말뚝 및 굴착주변지반에 변형이 발생한다. 연약지반에서 굴착으로 인하여 발생되는 현상으로는 흙막이벽 배면지반의 침하와 굴착바닥지반의 융기를 들 수 있다.

먼저 강널말뚝흙막이벽 배면지반의 침하는 연직방향의 상재하중이 변화되지 않은 상태에서 수평방향 지중응력이 감소하여 발생되는 현상이다. 즉, 흙막이벽 배면지반이 수평방향 응력해방으로 수평방향으로는 신장(extention)상태가 되며 연직방향으로는 압축(compression)상태가 되기 때문에 발생되는 현상이다.

한편 굴착바닥지반에서의 융기는 지반굴착으로 인하여 굴착지역바닥 지반에서 굴착과 동시에 연직방향 하중이 순차적으로 감소하여 발생하는 현상이다. 즉, 굴착바닥 지반이 연직방향 응력해방에 의한 연직방향 신장(extention)상태가 되며 수평방향으로는 압축(compression) 상태가 되기 때문에 발생되는 현상이다. 이때 강널말뚝의 근입부는 지반의 유동과 함께 굴착 지역 측으로 움직이게 된다.

이러한 연약지반 속 흙막이벽의 변위와 굴착주변지반의 변형에 영향을 미치는 요인으로 는 흙막이벽의 종류, 흙막이벽의 지지형식, 시공조건, 지하수위 등이 있다.

연약지반 속 흙막이벽의 거동 및 인접지반의 변형에 관한 연구로는 Clough et al. (1979),[21] Clough and Hansen(1981),[22] Finno et al.(1989),[24,25] Finno and Nerby (1989),[25] Wong and Broms(1989),[38] 조기영외 4인(1998)[6] 등이 있다. 특히, 굴착배면지반 의 침하에 관한 연구로는 Caspe(1966),[19] Peck(1969),[33] Clough and O'Rourke (1990),[23] 홍원표 외 2인(2005)[14] 등이 있다.

연약지반에서 강널말뚝의 수평변위에 대한 형상과 크기는 강널말뚝흙막이벽의 지지형식 에 따라 다르게 나타날 것이다. 연약지반에서 굴착공사를 안전하고 합리적으로 시행하기 위 해서는 강널말뚝의 수평변위에 대한 안정성을 반드시 검토해야 할 것이다. 따라서 제5.4절 에서는 연약지반 굴착 시 지지형식에 따른 강널말뚝의 거동을 설명한다. 연약지반 속 강널 말뚝을 사용한 현장으로는 앞장 제4.2절에서 설명한 우리나라 서해안지역 연약지반 건설현 장에서 계측한 사례를 활용한다.

5.4.1 강널말뚝의 변형거동

홍원표외 2인(2005)은 강널말뚝의 수평변위는 굴착배면의 지반조건, 굴착단계, 지지방식 등에 따라 크게 영향을 받음을 밝힌 바 있다.[14] 그림 5.17~그림 5.19에 여러 가지 지지방식 에 따른 굴착단계별 강널말뚝의 수평변위거동을 도시하였다.

그림 5.17은 버팀보지지 강널말뚝의 수평변위를 나타낸 것으로 최대수평변위는 최종굴착바 닥에 인접한 흙막이벽 저부에서 발생되는 것으로 나타났으며, 그 크기는 약 60~400mm 정도 로 크게 나타났다. 그림을 살펴보면 굴착을 실시한 초기에는 흙막이벽의 수평변위가 캔틸레 버보 형상으로 지표면부근에서 최대수평변위가 발생되었으나 굴착깊이가 깊어짐에 따라 최 대수평변위는 굴착바닥 부근에서 발생되는 것으로 나타났다.[12]

그림 5.18은 앵커지지 강널말뚝의 수평변위를 나타낸 것으로,[13] 최대수평변위는 버팀보 지지 흙막이벽과는 달리 최종굴착바닥으로부터 3~5m 상부에 발생하고 있는 것으로 나타났

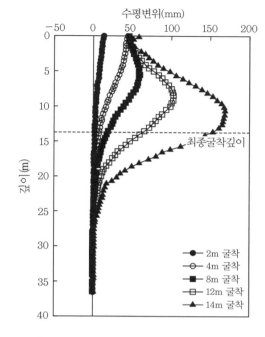

그림 5.17 버팀보지지 강널말뚝의 수평변위

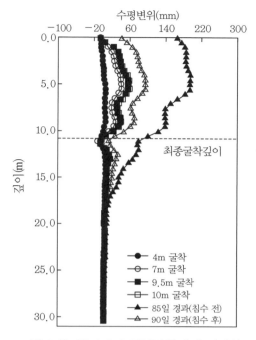

그림 5.18 앵커지지 강널말뚝의 수평변위

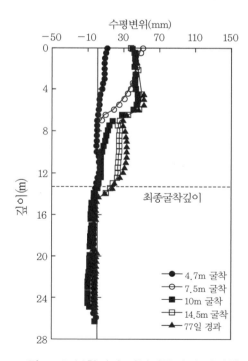

그림 5.19 복합지지 강널말뚝의 수평변위

으며, 그 크기는 약 30~150mm정도로 나타났다. 굴착이 진행되는 도중에는 흙막이벽의 수평변위가 비교적 작게 발생하였으나, 굴착이 완료된 이후에 큰 크리프성 수평변위가 발생되었다. 그러나 이 구간에서는 여름철 장마기간 집중강우로 인하여 굴착전면이 모두 물에 잠기는 경우가 발생했었다. 이로 인하여 굴착지역내부에서 수압이 흙막이 벽체에 작용하게 되어 흙막이벽의 수평변위가 다소 회복되는 거동을 볼 수 있었다.

그림 5.19는 강널말뚝의 상부는 버팀보로 하부는 앵커로 지지된 복합지지 강널말뚝의 수평변위를 나타낸 것으로,[11] 최대수평변위는 버팀보로 지지된 부분과 앵커로 지지된 부분의 경계면에서 발생되었으며, 그 크기는 약 30~180mm 정도로 나타났다. 지표면으로부터 약 6m 깊이를 경계로 하여 상부의 수평변위와 하부의 수평변위가 서로 다른 형태로 발생하였다. 이러한 원인은 지표면으로부터 약 6m 깊이를 경계로 상부는 버팀보지지 구조이고, 하부는 앵커지지 구조로 설치되어 있기 때문이다. 따라서 지표면으로부터 약 6m를 경계로 상부에는 버팀보지지 흙막이벽에서 발생되는 수평변위형태가 나타나고, 하부에는 앵커지지 흙막이벽에서 발생되는 수평변위형태가 나타나는 것을 알 수 있다.[11]

이상의 결과를 살펴보면 강널말뚝흙막이벽의 최대수평변위는 버팀보지지의 경우 가장 크고, 그 다음은 복합지지의 경우가 크며, 앵커지지 흙막이벽의 경우가 가장 작은 것으로 나타났다. 이러한 원인은 지지방식에 따른 시공과정 및 시공조건, 굴착 완료 후 점성토지반의 크리프성 변형 등에 의한 것으로 판단된다.

그리고 흙막이벽의 변형형상은 버팀보지지 흙막이벽의 경우 굴착바닥에서 최대수평변위가 발생되고, 앵커지지 흙막이벽의 경우 최대수평변위는 최대굴착깊이의 1/2지점에서 발생되며, 복합지지 흙막이벽의 경우 최대수평변위는 최대굴착깊이의 2/3지점에서 발생함을 알 수 있다. 한편, 최종굴착바닥 부근에서 강널말뚝흙막이벽의 수평변위가 크게 발생되고 있는데 이로 인하여 굴착바닥에서는 히빙(heaving)이 발생하였다.

5.4.2 강널말뚝흙막이벽의 안정성

(1) 버팀보지지 강널말뚝의 안정성

일반적으로 연약지반에서 굴착깊이가 증가함에 따라 흙막이벽의 수평변위가 증가할 뿐만 아니라 굴착바닥에서는 히빙이 발생하게 된다. 이미 제4장에서 설명한 바와 같이 연약지반 속 흙막이벽에는 측방토압이 상당히 크게 발달함을 현장계측자료의 분석 결과 파악한 바 있다. 이로 인하여 흙막이벽의 수평변위는 상당히 크게 발생하게 되므로 흙막이벽은 변형 특성이 큰 강재널말뚝을 주로 사용한다. 그러나 강널말뚝흙막이벽의 경우도 흙막이벽의 수평변위에 대한 관리기준을 마련하여야 연약지반 속 널말뚝흙막이벽의 설계·시공지침으로 활용할 수 있다.

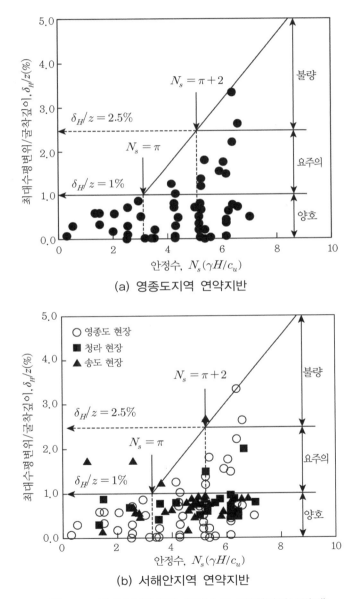

(a) 영종도지역 연약지반

(b) 서해안지역 연약지반

그림 5.20 최대수평변위와 안정수의 관계(버팀보지지)

그림 5.20은 연약지반 속에 버팀보지지 강널말뚝으로 흙막이벽을 설치하고 굴착을 실시하면서 측정한 계측기록이다. 그림 5.20(a)는 영종도지역[12]만의 계측기록이고 그림 5.20(b)는 청라지역,[2] 송도지역,[4] 영종도지역[12] 모두의 계측기록이다. 이 그림에서는 무차원화시킨 흙막이벽의 최대수평변위와 연약지반의 안정수(N_s)와의 상관관계를 보여주고 있다.

그림을 살펴보면 안정수가 3.14 이하로 안정적인 경우는 최대수평변위가 굴착깊이의 1.0% 이하로 발생되었고, 안정수가 3.14 이상인 경우 최대수평변위는 굴착깊이의 1.0% 이상으로 크게 발생한 것으로 나타났다. Goldberg et al.(1976)도 연약점토지반 내지 약간 단단한 점토지반에서의 널말뚝흙막이벽체의 수평변위는 굴착깊이의 1%를 초과하기도 한다고 하였다.[26]

한편 안정수가 5.14인 한계안정수의 경우 최대수평변위는 굴착깊이의 2.5% 이상으로 발생되었음을 알 수 있다. 결국 연약지반에 설치된 흙막이벽의 수평변위는 연약지반의 안정수와 밀접한 상관성이 있음을 파악할 수 있다. 따라서 지반굴착을 실시하기 전에 지반의 안정수로 흙막이벽의 안정성을 미리 예측할 수 있을 것이다.

이러한 결과를 토대로 연약지반 속 버팀보지지 강널말뚝흙막이구조물의 안정성을 판단할 수 있는 최대수평변위의 범위는 식 (5.5)와 같이 나타낼 수 있다.

$$\delta_H/z \leq 1\% \qquad : \text{양호한 현장}$$
$$1\% < \delta_H/z \leq 2.5\% : \text{요주의 현장}$$
$$\delta_H/z > 2.5\% \qquad : \text{불량한 현장} \tag{5.5}$$

즉, 각 굴착단계별 흙막이벽의 수평변위(δ_h)가 굴착깊이(z)의 1% 이하이면 흙막이벽의 안정성이 양호한 현장이고, 1~2.5% 사이이면 주의시공을 요하는 현장이며, 2.5% 이상이면 흙막이벽의 안정성이 불량한 현장으로 판단할 수 있다. 이 수평변위는 엄지말뚝흙막이벽의 수평변위와 비교해보면 상당히 크게 발생한 결과이다.

(2) 앵커지지 강널말뚝의 안정성

일반적으로 연약지반에서 흙막이벽의 수평변위는 굴착깊이가 증가함에 따라 증가한다. 그러나 앵커지지 흙막이벽의 수평변위는 굴착이 진행되지 않을 경우에도 계속적으로 증가하는 경향을 나타냈다. 이는 굴착으로 인한 연약점성토지반의 크리프 변형, 앵커이완 등에 의한 것으로 예상할 수 있다. 그러므로 앵커지지 강널말뚝흙막이벽의 경우는 흙막이벽의 수평변위속도도 측정하여 흙막이벽의 안정성을 판단하는 것이 중요하다.

그림 5.21은 앵커지지 강널말뚝흙막이벽의 최대수평변위속도와 굴착지반의 안정수(N_s)의 상관관계를 도시한 그림이다. 이 그림의 종축에는 단계별 굴착이 완료되고 일정기간 경과 후 발생된 흙막이벽의 최대수평변위를 경과일수로 나누어 흙막이벽의 최대수평변위속도 $\delta_H{}'$로 나타내고, 횡축에는 굴착저면지반의 안정수 N_s로 나타내었다.

이 그림을 살펴보면 안정수가 3.14 이하인 경우 최대수평변위속도는 1mm/day 이하로 발생되었고, 안정수가 3.14 이상인 경우 최대수평변위속도는 계속적으로 증가하는 것으로 나타났다. 특히 안정수가 5.14인 한계안정수의 경우 최대수평변위속도는 2mm/day로 발생되었다.

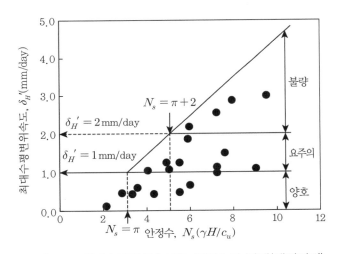

그림 5.21 최대수평변위속도와 안정수의 관계(앵커지지)

이러한 결과를 토대로 연약지반 속 앵커지지 강널말뚝흙막이 구조물의 안정성을 판단할 수 있는 흙막이벽의 최대수평변위속도 범위는 식 (5.6)과 같이 나타낼 수 있다.

$$\delta_H{}' \leq 1\text{mm/day} \qquad\qquad\qquad : \text{양호한 현장}$$

$$1\text{mm/day} < \delta_H{}' \leq 2\text{mm/day} : \text{요주의 현장}$$

$$\delta_H{}' > 2\text{mm/day} \qquad\qquad\qquad : \text{불량한 현장} \qquad\qquad (5.6)$$

즉, 각 굴착단계별 흙막이벽의 최대수평변위속도($\delta_h{}'$)가 1mm/day 이하이면 흙막이벽의 안정성이 양호한 현장이고, 1~2mm/day 사이이면 주의시공을 요하는 현장이며, 2mm/day 이상이면 흙막이벽의 안정성이 불량한 현장으로 판단할 수 있다.

(3) 복합지지 강널말뚝의 안정성

그림 5.20에서 연약지반 속 버팀보지지 강널말뚝흙막이벽을 대상으로 흙막이벽의 수평변위가 굴착깊이의 1% 이하이면 흙막이벽의 안정성이 양호한 현장이고, 1~2.5% 사이이면 주의시공이 필요한 현장이며, 2.5% 이상이면 흙막이벽의 안정성이 불량한 현장이라고 판단하였다.

그리고 그림 5.21에서는 연약지반 속 앵커지지 흙막이벽을 대상으로 단계별 굴착깊이에서의 흙막이벽의 최대수평변위속도와 굴착지반의 안정수를 이용하여 앵커지지 흙막이벽의 안정성을 판단하였다. 즉, 연약지반 속 앵커지지 흙막이벽의 안정성에 대한 기준은 최대수평변위속도가 1mm/day 이하이면 흙막이벽의 안정성이 양호한 현장이고, 1~2mm/day 사이이면 주의시공이 필요한 현장이며, 2mm/day 이상이면 흙막이벽의 안정성이 불량한 현장이라고 판단하였다.

복합지지 흙막이벽의 경우는 흙막이벽이 앵커와 버팀보로 함께 지지되어 있으므로 버팀보지지 흙막이벽의 최대수평변위에 의한 기준과 앵커지지 흙막이벽의 최대수평변위속도에 의한 기준을 모두 적용하여 복합지지 흙막이벽의 안정성을 검토할 수 있을 것이다.

그림 5.22와 그림 5.23은 무차원화시킨 흙막이벽의 최대수평변위 및 최대수평변위속도와 안정수와의 상관관계를 도시한 것이다. 그림 5.22와 그림 5.23에 도시된 흰 원은 불량하다고 판정된 경우의 계측치를 도시한 것이다. 그림 5.22 속에는 그림 5.20에서 설명한 버팀보지지의 안정성 판단선을 그림 5.23 속에는 그림 5.21에서 설명한 앵커지지의 안정성 판단선을 함께 도시하였다. 이 그림을 살펴보면 안정수(N_s)가 3.14 이하인 경우 복합지지 흙막이벽의 최대수평변위는 버팀보지지 흙막이벽의 안정성을 판단기준인 굴착깊이의 1% 이하로 발생되고 있음을 알 수 있다. 반면에 안정수(N_s)가 3.14 이상인 경우에도 최대수평변위가 굴착깊이의 1% 이상으로 나타난 경우도 존재하였지만 수평변위가 그다지 크게 발생하지는 않았다. 특히 불량하다고 관측된 현장에서도 수평변위는 굴착깊이의 1% 이하로 발생하였다.

한편, 그림 5.23은 흙막이벽의 최대수평변위속도와 안정수와의 상관관계를 도시한 것이다. 이 그림을 살펴보면 복합지지 흙막이벽의 최대수평변위속도는 안정수가 3.14 이하인 경우 앵커지지 흙막이벽의 안정성 기준인 1mm/day 이하로 발생되었고, 안정수가 3.14 이상인 경우는 앵커지지 흙막이벽에서 불량현장으로 분류되는 기준인 2mm/day 이상으로 발생되는 위치에 흰 원으로 표시된 불량한 위치의 자료가 도시되고 있는 것으로 나타났다.

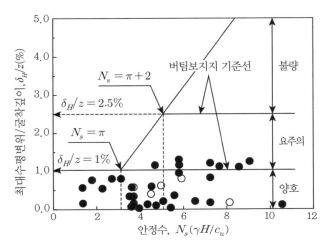

그림 5.22 최대수평변위와 안정수의 관계(복합지지)

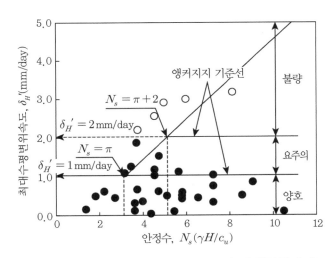

그림 5.23 최대수평변속도와 안정수의 관계(복합지지)

이들 두 그림 속에 흰 원으로 도시한 불량현장으로 관측된 자료를 비교 검토해보면 그림 5.22에서 보는 바와 같이 흰 원으로 측정된 자료의 최대수평변위가 불량한 상태에 존재하지 않아도 그림 5.23에서는 흰 원으로 도시된 자료의 수평변위속도가 불량한 상태로 존재하였음을 볼 수 있다. 따라서 복합지지 흙막이벽의 경우는 두 가지 지지형태에 대한 기준을 모두 충족시켜야 비로서 흙막이벽이 안전하다고 판단할 수 있다.

따라서 이러한 결과를 토대로 연약지반에 설치된 강널말뚝흙막이벽의 최대수평변위 및 최대수평변위속도에 의한 흙막이구조물의 안정성을 판단할 수 있는 기준은 식 (5.7)과 같이 규정할 수 있다.

$$\delta_H/z \leq 1\% \text{ 및 } \delta_H' \leq 1\text{mm/day} \quad : \text{양호한 현장}$$
$$\delta_H/z > 2.5\% \text{ 및 } \delta_H' > 2\text{mm/day} : \text{불량한 현장} \qquad (5.7)$$

즉, 각 굴착단계별 흙막이벽의 최대수평변위가 굴착깊이의 1%이하이고, 최대수평변위속도가 1mm/day 이하이면 흙막이벽의 안정성이 양호한 현장이다. 그러나 최대수평변위나 최대수평변위속도 중 한 가지가 이 조건을 만족하지 못하면 주의시공을 요한다. 또한 최대수평변위가 굴착깊이의 1~2.5%이고 최대수평변위속도가 1~2mm/day 사이인 경우도 주의시공을 요하는 현장으로 판단한다. 특히 최대수평변위가 굴착깊이의 2.5% 이상이고, 최대수평변위속도가 2mm/day 이상이면 흙막이벽의 안정성이 극히 불량한 현장으로 판단하여 즉각 굴착공사를 중지하고 보강작업을 실시하여야 한다.

5.4.3 연약지반 속 강널말뚝흙막이벽의 안정성 기준

일반적으로 연약지반 굴착지반에서는 굴착깊이가 증가함에 따라 흙막이벽의 수평변위가 상당히 크게 발생한다. 특히 흙막이벽의 수평변위는 흙막이벽의 지지방식과 배면지반의 토질특성, 그리고 배면지반의 하중조건 등에 영향을 받는다.

연약지반 속에 설치된 강널말뚝의 경우 전체굴착깊이의 약 0.3~1.5%까지 최대수평변위가 발생하고 있는 것으로 조사되었다. 일본의 實用軟弱地盤對策技術總覽編集委員會(1993)에서는 굴착저면지반의 N치가 10 이하인 지반에서 벽체의 종류에 관계없이 흙막이벽의 최대수평변위가 크게 발생한다고 하였다.[41] 그리고 Canadian Geotechnical Society(1978)에서는 연약점성토지반의 경우 전체 굴착깊이의 2%까지 최대수평변위가 발생한다고 하였다.[18]

한편, Peck(1969)은 안정수(N_s)를 이용하여 굴착저면지반의 안정을 검토한 바 있다.[33]

즉, 안정수가 3.14(π) 이하이면 굴착저면에서는 탄성적인 변형을 보이고, 안정수가 3.14(π)~5.14(= π + 2)이면 굴착저면에서 소성역이 확대되기 시작하여 지반융기가 현저하게 된다. 그리고 안정수가 5.14(= π + 2) 이상이면 굴착저면에서는 저면파괴로 계속적인 히빙이 발생한다고 하였다.

그림 5.24는 흙막이벽 지지기구별로 앞에서 설명한 모든 경우를 함께 도시하여 연약지반 속 강널말뚝흙막이벽의 최대수평변위와 굴착지반의 안정수의 상관관계를 도시한 그림이다. 이 그림을 살펴보면 안정수가 3.14 이하인 경우 최대수평변위는 굴착깊이의 1.0% 이하로 발생하고, 안정수가 3.14~5.14 사이인 경우 최대수평변위는 굴착깊이의 2.5% 이하로 발생되는 것으로 나타났다. 그리고 한계안정수인 5.14 이상에서 최대수평변위는 급격하게 증가하는 경향을 보이는 것으로 나타났다.

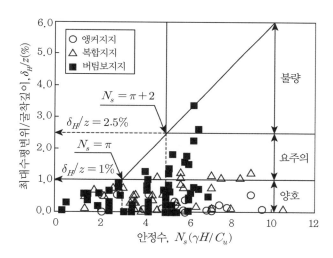

그림 5.24 최대수평변위와 안정수의 기준도

한편, 그림 5.25는 흙막이벽 지지기구별로 앞에서 설명한 모든 경우를 함께 도시하여 연약지반 속 강널말뚝흙막이벽의 최대수평변위속도와 굴착지반의 안정수의 상관관계를 도시한 것이다. 최대수평변위속도는 단계별 굴착이 완료되고 일주일 경과 후 발생된 최대수평변위를 경과일수로 나누어 산정하였다. 그림을 살펴보면 안정수가 3.14 이하인 경우 최대수평변위속도는 1mm/day 이하로 발생되었다. 그러나 안정수가 3.14 이상인 경우는 최대수평변위속도가 2mm/day 이상으로 발생하는 현장도 몇몇 발생하였다. 한계안정수인 5.14 이상인 경우는 최대수평변위속도가 급격하게 증가하는 경향을 보이는 것으로 나타났다. 이 결과는

Peck(1969)에 의해 제안된 굴착저면지반의 안정수에 대한 기준과 잘 일치하며,[33] 홍원표 외 2인(2004b)[13]에 의해 제안된 안정성 판단기준을 동일하게 적용할 수 있음을 알 수 있다. 결론적으로 식 (5.7)로 정리된 기준은 벽체의 지지형태에 무관하게 강널말뚝흙막이벽의 안정성 기준으로 적용할 수 있을 것이다.

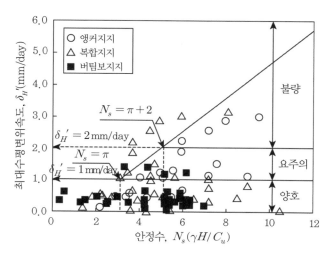

그림 5.25 최대수평변속도와 안정수의 기준도

이상에서의 검토 결과 연약점성토지반 속 강널말뚝흙막이벽의 안전성은 설계단계와 시공 단계의 두 단계로 구분하여 정할 경우, 설계단계에서는 수평변위속도를 예측할 수 없으므로 수평변위에 대한 규정을 정하고 시공 중에는 현장계측으로 수평변위속도를 검토하는 것이 합리적이다. 이 두 단계에 대한 기준을 정리하면 식 (5.8)과 같다. 우선 설계 시에는 벽체의 수평변위를 굴착깊이의 1%로 한정시키는 것이 바람직하다. 그러나 시공단계에서는 연약점 성토지반 속 강널말뚝흙막이벽의 시공관리기준으로는 안전한 수평변위발생속도를 규정할 필요가 있다. 이 수평변위속도는 1일 2mm 이내로 한정시켜야 한다.

$$\delta_H = 1.0 \times 10^{-2} z : 설계기준$$

$$\delta_H' = 2\text{mm/day} : 시공관리기준 \tag{5.8}$$

5.5 흙막이벽 안정성 관리기준

5.5.1 설계기준과 시공관리기준

흙막이벽체의 수평변위의 설계치는 굴착현장에서의 실제 수평변위와 여러 가지 원인으로 일치하지 않는다. 일반적으로 현장에서 실제 발생하는 수평변위가 설계 시의 예상수평변위를 초과하는 경우가 많다.

그림 5.26은 19개 엄지말뚝흙막이벽체의 설계수평변위(δ_{Hd})와 굴착현장에서 계측으로 확인된 실제 수평변위(δ_{Hm})와의 관계를 나타내고 있다.[1] 이 그림에 의하면 수평변위의 현장계측치는 설계수평변위보다 60~350%나 더 크게 발생하였다. 그 이유는 시공과정에서 과굴착 및 각종 지보재(앵커, 버팀보, 레이커, 슬래브)의 설치지연이 가장 큰 원인이었다. 즉, 실제 시공 시의 현장상황은 설계 시에 가정한 조건과 일치하지 않는 경우가 많기 때문이다. 설계 시의 조건은 설계 대상물의 종류에 따라 크게 차이가 난다. 예를 들면 건축물의 설계 시의 순서는 ① 전체 건축물의 형식·형상·치수·설비 및 사용재료를 결정하고, ② 전체 건축물의 안정과 각부에 걸리는 힘을 역학적으로 계산하고, ③ 세부구조·설비·유지·내구성(耐久性) 등과 같은 실제면에서 각 부분의 세목(細目)을 결정한다. 그런 다음에 이들을 종합해서 설계도를 만든다.

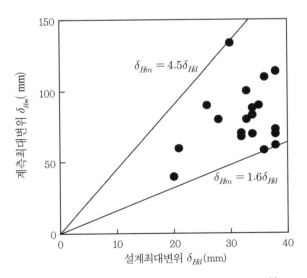

그림 5.26 수평변위의 설계치와 현장계측치[1]

이러한 흙막이벽체 설계에서는 우선 지반과 지하수 및 각종 상재하중에 의하여 벽체 및 지지구조물에 가해지는 하중을 산정해야 한다. 그러나 이러한 하중의 분포는 흙막이 벽체 및 지지구조물의 강성, 흙막이구조물의 설치시공과정 등에 따라서 다르다. 흙막이구조물의 설계에 앞서 흙막이구조물의 해석에서는 지반과 구조물의 상호작용 문제를 고려하여 한다. 그러나 이러한 지반구조물의 상호작용 문제는 실제 거동에 영향을 미칠 수 있는 요소들이 매우 많으므로 이들 요소들을 모두 고려하여 설계에 반영하는 것은 어려울 뿐만 아니라 비경제적인 설계를 초래할 수 있다.

따라서 흙막이구조물의 해석을 간편하게 하기 위해서는 모든 조건을 단순화하는 작업을 거치게 된다. 이로 인하여 흙막이 굴착현장에서의 흙막이벽체의 실제 수평변위는 그림 5.26에서 보는 바와 같이 설계에서 단순화시켜 산정한 수평변위와 차이가 나게 된다. 그러므로 안전한 굴착시공을 실시하기 위해서는 현장에서 수평변위를 모니터링하여 붕괴사고를 미리 감지하여 관리해야 한다. 그러기 위해서는 현장계측을 실시하여 흙막이벽체의 수평변위에 대하여 설계수평변위와 현장수평변위를 비교함으로써 현장에서의 수평변위 관리의 중요성이 강조된다.

Greenwood(1970)는 계측이란 "작업 대상이 되는 지반이 시공과정에서 어떻게 다루어지느냐에 따라 여러 가지 다른 거동이 나타나기 때문에 지반의 특성을 미리 완벽하게 결정하거나 정의할 수는 없다고 하였다. 따라서 계측은 이러한 지반의 예측 불가능한 변화를 현장에서 직접 관찰·관리(real-time)하며 더 나아가서는 다음 단계를 보다 나은 방향으로 진행시키기 위한 기초자료를 제공하는 데 있다."라고 하였다.[29]

이와 같이 계측의 목적을 계획단계에서 지반조건에 관한 정보 부족에 기인한 설계상의 결점을 시공기간 중에 발견하여 제거하기 위한 수단이며 굴착공사가 지반에 미치는 영향과 그에 따른 지반의 변화가 구조물에 미치는 영향에 대해서 시공 중 및 시공 후에 정보를 주기 위한 수단이다.

이와 같이 현장계측은 흙막이굴착 시공 및 안전관리, 설계법의 확인, 사전조사, 유지관리 등의 목적으로 행해지고 있으며, 매 순간마다 안전성을 평가하여 관리치를 상회할 경우 이에 대한 대책의 결정과 필요에 따라서는 시공법의 변경 및 현재의 계측자료를 이용한 다음 단계의 설계(feed-back)를 하기 위한 자료제공에 계측의 의의가 있다고 할 수 있다.

따라서 흙막이 굴착 시의 흙막이벽체의 안전성 확보를 위한 시공관리기준은 설계 시의 기준과 차이가 있을 수 있다. 일반적으로 굴착시공 시의 수평변위 관리기준은 설계 시의 수평변위 기준보다는 보수적으로 크게 정한다.

현재 흙막이 굴착현장에서의 시공관리기준은 설계기준보다 크게 규정하고 있다. 이에 바람직한 것은 흙막이 굴착현장에서의 관리기준을 1차 관리기준과 2차 관리기준의 두 단계로 정하여 실시함이 바람직하다. 여기서 1차 관리기준으로는 설계 시 목표로 정한 수평변위의 설계기준을 활용하고 2차 관리기준으로는 안전하게 시공을 완료한 현장에서의 계측 결과에 의해 최대수평변위로 시공관리기준을 활용할 수 있다.

흙막이벽의 안전성은 설계단계와 시공단계의 두 단계에서 검토해야 된다. 즉, 흙막이벽을 설계할 때 예상수평변위를 해석에 의하여 안전 여부를 확인할 필요가 있다. 이때 흙막이벽의 안정성을 확보하기 위해 기준을 정해야 한다. 이는 흙막이벽에 적용하는 측방토압과 흙막이공의 부재설계와 관련이 있다.

우선 제4장에서 정한 측방토압을 적용하여 이 토압에 견딜 수 있도록 흙막이공의 부재단면을 설계한다. 그런 후 설계된 부재단면에 제4장에서 규정한 측방토압을 가한 조건에서 흙막이벽의 거동해석을 실시한다. 이 해석 결과 예상되는 흙막이벽의 수평변위를 해석하여 구한 후 안전여부를 판단하기 위해 기준수평변위를 정해야 한다. 이 기준수평변위는 앞의 여러 절에서 검토한 바와 같이 현장계측으로부터 파악된 결과에 근거하여 규정하였다. 이 기준수평변위를 설계기준으로 설정한다.

이와 같은 과정에서 안정성이 확보되었다고 판단되면 실제 현장에서 시공을 실시하면서 설계에서 예상되었던 수평변위를 계측 결과와 비교하여 안정성을 확인할 필요가 있다. 설계 예상결과와 실제 현장에서의 거동은 다소 차이가 있을 수 있다. 그러나 흙막이벽의 거동이 너무 과도하게 되면 흙막이벽의 안정성이 확보되지 못하여 붕괴사고가 발생할 수 있다. 따라서 이 경우에도 흙막이벽의 현장안정성을 관리해야 한다. 그러기 위해서는 흙막이벽의 수평변위에 대한 안전규정을 마련할 필요가 있다. 이 안전규정은 설계단계에서의 안전규정보다는 다소 크게 되는 경향이 있다. 이 안전규정도 앞의 여러 절에서 검토한 바와 같이 현장계측으로부터 파악된 결과에 근거하여 규정하였다. 이 안전규정을 흙막이벽의 시공관리기준으로 설정한다.

제5.5.2절과 제5.5.3절에서는 이들 설계기준과 시공관리기준을 정리·요약한다. 이들 기준은 흙막이벽의 종류와 지반특성에 따라 차이가 있다. 제4장에서도 설명한 바와 같이 우리나라의 지반을 크게 둘로 나누면 내륙지역과 해안지역으로 구분하였다. 따라서 제5장에서도 지반특성에 따라 우리나라의 지반특성을 내륙지역의 다층사질토지반과 해안지역의 연약점성토지반으로 대별하여 정리하도록 한다.

5.5.2 내륙 다층지반 속 흙막이벽

표 5.2는 우리나라 내륙지역에 설치하는 흙막이벽의 수평변위의 기준을 정리한 표이다. 우선 표 5.2에는 엄지말뚝흙막이벽의 설계기준과 시공관리기준이 제시되어 있다. 엄지말뚝 흙막이벽은 지지구조에 따라 버팀보지지와 앵커지지로 구분하였다. 엄지말뚝흙막이벽의 수평변위 설계기준은 흙막이벽 지지방법에 무관하게 $\delta = 2.5 \times 10^{-3}z$을 적용함이 바람직하다. 여기서 z는 굴착깊이다. 즉, 흙막이벽을 버팀보로 지지하든 앵커로 지지하든 흙막이벽의 예상수평변위를 굴착깊이의 0.25%로 한정함이 안전하다.

그러나 일반적으로 흙막이벽의 실제 시공 시에는 설계 시의 예상수평변위보다는 흙막이벽의 수평변위가 크게 발생한다. 엄지말뚝흙막이벽의 수평변위는 굴착깊이의 0.5~0.6%(앵커지지의 경우 0.5%, 버팀보지지의 경우 0.6%)로 한정지어야 한다. 이는 설계기준보다 훨씬 큰 값이다. 따라서 시공 시에는 현장계측으로 흙막이벽의 수평변위를 주의 깊게 모니터링 하여 시공관리기준을 초과할 시에는 즉시 공사를 중지하고 대책을 마련해야 한다.

표 5.2 사질토지반 속 흙막이벽의 수평변위(δ_H) 기준

기준	엄지말뚝흙막이벽	
	버팀보지지	앵커지지
설계기준	$2.5 \times 10^{-3}z*$	
시공관리기준	$6.0 \times 10^{-3}z$	$5.0 \times 10^{-3}z$

$z*$: 굴착깊이

5.5.3 해안 연약점성토지반 속 흙막이벽

해안지역은 대부분 연약점성토지반으로 조성되어 있으므로 제5.4절에서 설명한 바와 같이 지반굴착공사를 실시할 때 강널말뚝으로 흙막이벽을 조성한다. 일반적으로 연약지반 속 강널말뚝은 굴착이 진행됨에 따라 흙막이벽의 수평변위가 많이 발생한다. 따라서 대변형을 감당할 수 있는 재료로 강널말뚝을 활용한다.

표 5.3은 연약점성토지반 속 강널말뚝흙막이벽의 안정을 위한 수평변위의 한계치이다. 우선 흙막이벽의 설계 시에는 벽체의 수평변위를 굴착깊이의 1%로 한정시키는 것이 바람직

하다.

그러나 점성토지반의 경우는 연약지반의 안정수(N_s)에 따라 흙막이벽의 수평거동이 크게 영향을 받는다. 특히 연약점성토지반에서는 흙막이벽의 수평변위뿐만 아니라 수평변위의 발생속도가 굴착공사의 성패를 좌우한다. 따라서 연약점성토지반 속 강널말뚝흙막이벽의 시공관리기준으로 안전한 수평변위 발생속도를 규정할 필요가 있다. 이 수평변위속도는 표 5.3에 정리된 바와 같이 1일 2mm 이내로 한정시켜야 한다. 이 기준은 굴착시공 시 수평변위를 현장계측에 의해 측정하고 그 값의 변화속도를 검토하여 연약점성토지반 속 강널말뚝흙막이벽의 안정성을 관리한다.

표 5.3 연약점성토지반 속 강널말뚝흙막이벽의 안정성

설계기준 수평변위(δ_H)	$1.0 \times 10^{-2} z*$
시공관리기준 수평변위속도(δ_H')	2mm/day

$z*$: 굴착깊이

참고문헌

1) 김승욱(2014), 안전한 도심지 깊은굴착을 위한 흙막이벽체 수평관리의 중요성, 중앙대학교 건설대학원 석사학위논문.

2) 서용주(2010), 강관 버팀보로 지지된 보강널말뚝의 거동분석, 중앙대학교대학원 석사학위논문.

3) 윤중만(1997), 흙막이 굴착지반의 측방토압과 변형거동, 중앙대학교대학원 박사학위논문.

4) 이동현(2009), 연약지반굴착 시 강널말뚝흙막이벽체의 변위특성 사례연구, 중앙대학교대학원 석사학위논문.

5) 이종규·전성곤(1993), "다층지반 굴착시 토류벽에 작용하는 토압분포", 한국지반공학회지, 제9권, 제1호, pp.59~68.

6) 조기영 외 4인(1998), "연약점토지반의 깊은 굴착에 의한 지반거동의 예측 및 현장계측", 98년도 대한토목학회 학술발표회 논문집, pp.245~248.

7) 주성호(2012), 버팀보지지 흙막이 굴착현장에서의 안정성에 관한 연구, 중앙대학교 건설대학원 석사학위논문.

8) 채영수·문일(1994), "국내 지반조건을 고려한 흙막이벽체에 작용하는 토압", 한국지반공학회, '94 가을학술발표회논문집, pp.129~138.

9) 홍원표·윤중만(1995), "지하굴착 시 앵커지지 흙막이벽 안정성에 관한 연구", 대한토목학회논문집, 제15권, 제4호, pp.991~1002.

10) 홍원표·윤중만·여규권·조용상(1997), "버팀보로 지지된 흙막이벽의 거동에 관한 연구", 중앙대학교 기술과학연구소 논문집, 제28집, pp.49~61.

11) 홍원표·김동욱·송영석(2004), "연약지반에 설치된 복합지지 강널말뚝흙막이벽의 거동", 대한토목학회 논문집, 제24권, 제6C호, pp.317~325.

12) 홍원표·송영석·김동욱(2004a), "연약지반에 설치된 버팀보지지 강널말뚝흙막이벽의 거동", 대한토목학회 논문집, 제24권, 제3C호, pp.183~191.

13) 홍원표·송영석·김동욱(2004b), "연약지반에 설치된 앵커지지 강널말뚝흙막이벽의 거동", 한국지반공학회 논문집, 제20권, 제4호, pp.65~74.

14) 홍원표·김동욱·송영석(2005), "강널말뚝흙막이벽으로 시공된 굴착연약지반의 안정성", 한국지반공학회회 논문집, 제21권, 제1호, pp.5~14.

15) Bjerrum, L.(1963), "Discussion to European Conference on Soil Mechanics and Foundation Engineering." Wiesbadan, Vol.II, p.135.

16) Bjerrum, L., Clausen, C.J.F. and Duncan, J.M.(1972), "Earth pressure on flexible structures", Proc, State-of-the-Art-Report, Proc., 5th ICSMFE, Vol.2, pp.169~225.

17) Burland, J.B. and Hancock, R.J.R.(1977), "Underground car park at House of Commons", London, The Structure Engineer, Vol.55, pp.87~100.

18) Canadian Geotechnical Society(1978), Excavations and Retaining Structures, Canadian Foundation Engineering Manual, Part 4.

19) Caspe, M.S.(1966), "Surface settlement adjacent to braced open cut." Journal of Soil Mechanics and Foundation Engineering Div., ASCE, Vol.92, No.SM4, pp.51~59.

20) Clough, G.W. and Davidson, R.R.(1977), "Effects of construction on geotechnical performance", Proc., 9th ICSMFE, Tokyo, Specialty Session, No.3.

21) Clough, G.W. Hansen, L.A. and Mana, A.I.(1979), "Prediction of supported excavation movements under marginal stability condition in clay", Proc. 3rd Int. Conf. on Numerical Methods in Geomechanics, Vol.4, pp.1485~1502.

22) Clough, G.W. and Hansen, L.A.(1981), "Clay anisotropy and braced wall behavior", Journal of Geotechnical Division, ASCE, Vol.107, No.GT7, pp.893~913.

23) Clough, G.W. and O'Rourke, T.D.(1990), "Construction induced movements of insitu walls", Design and Performance of Earth Retaining Structures, Geotechnical Special Publication, No.25, ASCE, pp.439~470.

24) Finno, R.J. Atmatzidis, D.K. and Perkins, S.B.(1989), "Observed performance of a deep excavation in clay", Journal of Geotechnical Engineering, ASCE, Vol.115, No.8, pp.1045~1064.

25) Finno, R.J. and Nerby, S.M.(1989), "Saturated clay response during braced cut construction", Journal of Geotechnical Engineering, ASCE, Vol.115, No.8, pp.1065~1084.

26) Goldberg, D.T.. Jaworski, W.E. and Gordon, M.D.(1976), "Lateral support systems and underpinning", Report FHWA-RD-75-128, Vol.1, Fedral Highway Administration, Washington D.C.

27) Huder, J.(1969), "Deep braced excavation with high groundwater level", Proc., 7th ICSMFE, Mexico, Vol.2, pp.443~448.

28) Institution of Civil Engineers(1974), Proceedings of the Conference on Diaphragm Walls and Anchorages, London.

29) Greenwood, D.A.(1970), "Mechanical improvement of soils below ground surface", Proc. Ground Engineering Conf. Institution of Civil Engineers, 11-12 June, pp.9~20.

30) NGI(1962-66), "Measurements at a strutted excavation", Norwegian Geotechnical Institute Technical Reprts, Nos. 1-9.

31) Mana, A.I. and Clough, G.W.(1981), "Prediction of movements for braced cuts in clay", Jour. of GE, ASCE, Vol.107, No.GT6, pp.759~777.

32) Milligan, G.W.E.(1974), The behaviour of rigid and flexible retaining walls in sand,

Docorial Thesis, University of Cambridge.

33) Peck, R.B.(1943), "Earth pressure measurements in open cuts", Trans., ASCE, Vol.108, pp.1008~1058.

34) Sills, G.C., Burland, J.B. and Czechowski, M.K.(1977), "Behavior of an anchored diaphragm wall in clay", Proc., 9th ICSMFE, Tokyo, Vol.2, pp.147~154.

35) Terzaghi, K. and Peck, R.B.(1967), Soil Mechanics in Engineering Practice, 2nd Ed., John Wiley and Sons, New York, pp.394~413.

36) Tomlinson, M.J.(1986), Foundation Design and Construction, 5th edition, Pitman Publishing Limited, London, p.604.

37) Tschebotarioff, G.P.(1973), Foundations, Retaining and Earth Structure, McGraw-Hill, New York, pp.415~457.

38) Wong, K.S. and Broms, B.B.(1989), "Lateral wall deflections of braced excavation in clay", Journal of Geotechnical Engineering, ASCE, Vol.115, No.6, pp.853~870.

39) Xanthakos, P.P.(1991), Ground Anchors and Anchored Structures, John Wiley and Sons. Inc., pp.552~553.

40) 大志万和也(1987), 土留め計測の現場活用法, 山海堂, pp.29~30.

41) 實用軟弱地盤對策技術總覽編集委員會(1993), 掘削と軟弱地盤對策；掘削に伴う壁体と地盤の擧動, 土木·建築技術者のための實用軟弱地盤對策技術總覽, pp.564~570.

주변지반의 변형거동 및 안전성

CHAPTER
06

흙막이말뚝

주변지반의 변형거동 및 안전성

6.1 굴착에 따른 주변지반의 거동

도심지에서 지하굴착공사를 실시하면 주변지반이 변형되고 이로 인하여 주변지반에 여러 가지 바람직하지 않은 영향을 미치게 되며 그 결과 주변에서는 심각한 피해가 발생하게 된다. 이와 같은 지하굴착에 따른 주변영향을 미리 예측하여 잘 대처하지 못하면 인접건물에는 균열이 발생하고 심한 경우는 인접건물의 붕괴사고까지도 발생한다.

지하굴착에 따른 붕괴사고는 공사현장의 피해뿐만 아니라 인접구조물이나 지하매설물들이 손상을 입게 된다. 도시생활이 발달하면서 점점 더 지하매설물이 다양하고 복잡해져서 지하매설물에 피해가 발생하면 도시기능이 마비된다. 더욱이 이런 사례가 최근 빈번히 발생하고 있다. 이와 같은 인접구조물의 손상은 많은 민원문제를 야기시키며, 공사 지연, 공사비 증가 등의 여러 문제를 연속적으로 불러일으킨다.

이와 같이 지하굴착으로 인한 주변지반의 변형은 지금까지 국내외 여러 학자들에 의해 연구되어 오고 있다. 지하굴착에 따른 주변지반의 거동에 관한 대표적 연구로는 Peck(1969)[23,24]과 Cording & O'Rourke(1977)[14]의 연구를 들 수 있다. 이들 연구에서는 Chicago 및 Washington D.C. 지역에서의 지반굴착 시 계측한 다양한 지표침하량을 조사 및 분석하였다. Goldberg et al.(1976)[17]과 Clough & O'Rourke(1990)[13]도 다양한 현장조건에서 발생한 지표침하 특성을 제시하였다.

그 밖에 Mueller(2000),[22] Laefer(2001)[20]는 엄지말뚝흙막이벽체 및 널말뚝흙막이벽체로 구성된 모형실험을 실시하였으며, Ghahreman(2004),[16] Jardine et al.(1986),[19] Clough et al.(1989)[12] 등은 다양한 수치해석을 실시하여 지반굴착에 따른 지반변형을 조사하였다.

그러나 이와 같은 수치해석에서 특히 고려되어야 할 사항은 지반매질의 구성 모델이다. 왜냐하면 흙막이벽체에서의 변위는 주로 토압이나 벽체의 강성에 관련되어 있어 어떤 종류의 구성 모델을 쓰던 벽체변위는 큰 차이를 나타내지 않으나, 지상구조물의 거동에 직접적인 영향을 미치는 지표변위는 지반매질의 구성 모델에 따라 매우 큰 차이를 나타내기 때문이다.

수치해석은 설계단계에서 지반거동을 미리 예측하거나 또는 다양한 변수들에 대해 민감도 해석을 위해 편리하게 사용될 수 있으나, 수치해석 그 자체가 많은 제약들을 가지고 있다. 가령 매우 복잡한 지질 및 경계조건이나 전반적인 시공순서, 작업자의 숙련도 등은 수치해석상 고려하기 어려우며, 또한 수치해석을 위해 사용되는 입력변수들은 대부분 소규모 실내실험 등에 의해서 결정되기 때문에 현장 물성치와는 다소 차이가 있다.

따라서 이와 같은 수치해석상의 제약조건에 의한 부족한 점을 보완하기 위해 현장관찰이나 대형 모형실험으로부터 얻어진 자료들로부터 현실적인 규정을 마련하고 이 규정을 안전하게 이용하고 있다.

6.1.1 주변지반의 변형거동

저자는 과거 30년 동안 우리나라 도심지에서 실시된 지하굴착공사가 주변에 미친 영향으로 신축 공사현장 측과 인접건물주 및 주민 사이에 마찰이 발생한 경우를 수없이 보았다.[4,6,7] 이들 사례 중에는 지하굴착공사 진행 중 붕괴사고가 발생한 경우도 수차례 있었으며[1,5] 흙막이벽배면 지역의 지하매설물이 파손되어 주민들에게 불편을 끼친 사례도 있었다.[2,5]

도심지 지하굴착 공사 시 항상 주의가 요구되고 있으나, 현재 지하굴착 공사 시 현장 안전관리 방안 및 인접시설물에 대한 피해 저감 방안으로는 계측을 통한 피해 여부 감시, 흙막이벽이나 앵커 등을 사용한 수평변위 방지 등의 대책 위주로 수행되고 있어, 근본적인 사고를 방지하기 위한 예방방재 개념의 지하지반굴착공사 안전관리가 필요한 것으로 판단된다.

주성호(2012)[3]는 우리나라에서 시공된 흙막이 굴착현장 중 시공불량으로 판단된 14개소 현장을 대상으로 흙막이벽 과다수평변위의 주된 원인을 분류한 결과, 흙막이벽 과다수평변위의 원인은 과잉굴착(36%), 흙막이벽 지지 시스템 불량(24%), 근입심도 부족(24%), 과다 배면침하(12%), 히빙 및 보일링(4%) 순으로 나타났다. 이 분석 결과에 의하면 흙막이벽의 과다수평변위의 원인으로는 과잉굴착과 흙막이벽 지지 시스템 부족이 전체 60%를 차지하고 있음을 알 수 있다. 전체 60%를 차지하는 과잉굴착과 흙막이벽 지지 시스템 불량은 시공

시 단계별로 과다굴착을 실시한 경우에 발생하였으며, 전체적으로 대심도 굴착의 경우보다는 버팀재를 늦게 설치하였거나 버팀재 없이 굴착을 하다가 가시설의 변위가 발생한 경우인 것으로 나타났다.

한편 Cording(1984)[15]은 버팀보지지 흙막이굴착 시 발생하는 지반변형의 주요원인으로 ① 지반과 흙막이벽 사이의 상호작용, ② 흙막이벽의 침하, ③ 흙막이벽을 통해서 유실되는 토사의 세 가지를 지적하였다.

굴착주변지반의 변형은 굴착에 따라 흙막이벽이 변형되는 것에 의해 발생되는 것만이 아니고 지하수위 저하에 따른 흙막이벽 배면지반의 압밀, 압축에 따라서도 발생한다. 또한 지반변형은 시공관리의 정도 여하에 따라서 현저히 변화하는 것이고 흙막이말뚝 타설 시 뒤채움상태, 지보공 및 흙막이말뚝의 철거방법, 시공속도, 굴착순서 등에 영향을 받는다. 따라서 주변지반의 변형이 문제가 되는 경우에는 흙막이공의 설계·계획 시에 현장의 시공조건을 충분히 파악하여 이것을 설계에 반영시키는 것이 필요하고 동시에 설계의 취지에 적합한 시공을 해야 한다.

그림 6.1은 굴착에 따른 주변지반의 변형상태를 개략적으로 도시한 그림이다. 먼저 흙막이벽이 굴착면 측으로 변형하므로 흙막이벽 배면지표면에 침하가 발생하고, 굴착이 진행될 때 흙막이벽 근입부가 굴착면 측으로 밀려 굴착저면에 융기가 발생하게 된다.

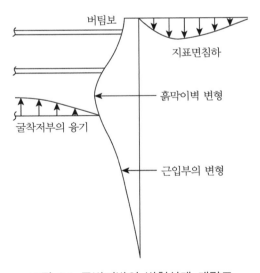

그림 6.1 주변지반의 변형상태 개략도

굴착에 따른 지반의 응력변화상태를 나타내면 그림 6.2와 같다. 먼저 흙막이벽 배면지반의 응력은 연직방향의 상재하중은 변화되지 않으므로 연직응력은 변하지않은채 수평방향으로는 굴착으로 인한 응력해방으로 수평응력은 감소한다. 따라서 지반은 수평방향으로 신장(extention)상태가 된다. 한편 굴착면 측 지반(굴착저면 이하의 지반)은 연직방향으로 상재하중이 순차적으로 굴착과 동시에 감소하여 연직응력은 감소하고, 흙막이벽의 근입부가 굴착면 측으로 변형되어 굴착저부가 융기되는 것에 의해 수평방향으로는 압축응력을 받는 상태가 된다. 따라서 지반은 연직방향으로 신장(extention)상태가 된다. 이 응력변화의 정도가 굴착에 따른 주변지반의 변형의 크기를 좌우한다.

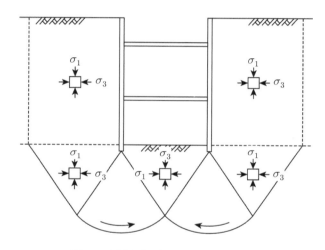

그림 6.2 굴착에 따른 지반의 응력변화

Tomlinson(1986)[27]은 연약지반에서의 지표면 침하량은 흙막이벽의 최대수평변위량과 대략 같거나 약간 크고, 단단한 점토지반에서의 최대침하량은 최대수평변위의 33~100% 정도로 발생한다고 하였다. 특히 앵커로 지지된 흙막이벽에서는 경사진 앵커의 인장력의 수직성분에 의하여 지표면 침하가 유발된다고 하였다. 이는 Cording(1984)이 버팀보지지 흙막이굴착 시 발생하는 지반변형의 세 가지 원인 중 두 번째 원인에 해당한다.[15]

Clough & O'Rourke(1990)[13]는 그림 6.3과 같이 최대침하량은 벽체의 종류에 관계 없이 대부분 굴착깊이의 0.5% 이내라고 하였으며 평균적으로 굴착깊이의 0.15%가 된다고 하였다. 또한 최대침하량이 굴착깊이의 0.5%보다 큰 경우도 있는데 이것은 가설 지지구조가 잘못 설치되었거나 지하수 등이 굴착부분 내측으로 유입된 경우 등이라고 하였다.

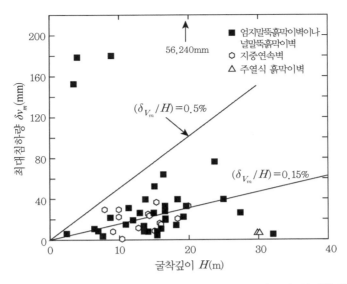

그림 6.3 견고한 점토, 잔류토 및 모래 지반에서의 지표면 최대침하량[13]

한편 Mana & Clough(1981)[21]는 흙막이벽의 최대수평변위량과 배면지반의 최대침하량의 관계를 그림 6.4와 같이 제시하였다. 이 그림에서 배면지반의 최대침하량은 흙막이벽의 최대

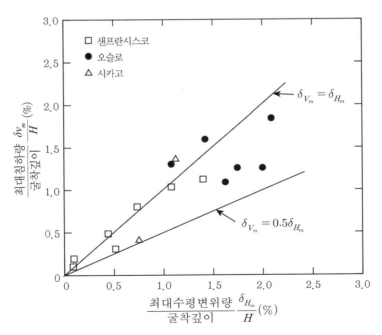

그림 6.4 흙막이벽의 최대수평변위량과 최대침하량의 관계[21]

수평변위량의 0.5~1.0배 사이에 분포하고 있다.

杉本(1986)[30]는 그림 6.5와 같이 굴착계수(α_c)를 이용하여 흙막이벽의 규모, 흙막이벽 종류 및 지보공의 선행하중 유무를 고려한 굴착배면지반의 최대침하량 예측방법을 제안하였다. 여기서 굴착계수 α_c는 식 (6.1)과 같다.

$$\alpha_c = \frac{B_E H}{\beta_D D} \tag{6.1}$$

여기서, B_E : 굴착폭(m)

        H : 최종굴착깊이(m)

        D : 근입장(m)

        I : 벽체의 단면2차모멘트(m^4)

        β_D : 근입계수($\sqrt[4]{E_s/EI}$) (m^{-1})

        $\overline{E_s}$: 근입부 지반탄성계수의 평균치(t/m^2)

        E : 벽체의 탄성계수(t/m^2)

        EI : 벽체의 강성($t \cdot m^2$)

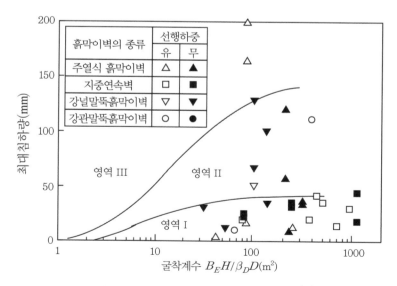

그림 6.5 최대침하량과 굴착계수의 관계[30]

杉本(1994)[31]는 굴착에 따른 흙막이벽 배면지반의 지표면최대침하량과 침하범위에 영향을 미치는 요인에 대하여 기여순서를 정량적으로 분류하였다. 이 분석 결과에 의하면 최대침하량과 침하영향범위에 영향을 미치는 주요인으로는 흙막이벽의 종류, 근입부지반의 강도, 굴착규모(굴착깊이, 굴착 폭), 배수의 유무에 있다고 하였다.

川村(1978)[29]는 그림 6.6과 같이 흙막이벽의 변형면적(S_T)과 지반의 침하면적(S_S)과의 관계를 실측치를 토대로 하여 나타내었다. 그림에서 주변지반의 침하특성은 $S_S \fallingdotseq S_T$가 되고, 히빙이 발생하지 않는 굴착현장에서는 흙막이벽이 변형된 만큼 주변지반이 침하하였다.

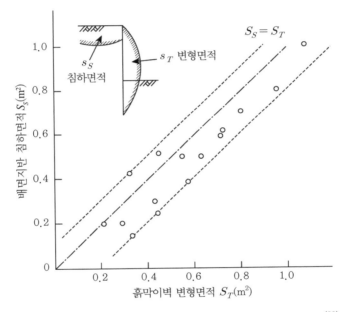

그림 6.6 흙막이벽 변형면적과 배면지반 침하면적의 관계[29]
(굴착저면에 히빙이 발생하지 않은 경우)

그러나 岡原, 平井(1995)[28]는 점토층에서 압밀침하나 흙막이벽 하단부의 회전변형으로 굴착저면에 히빙이 발생한 경우는 그림 6.7에서 보는 바와 같이 굴착배면지반의 침하량이 더 크게 발생하여 흙막이벽의 변형면적과 배면지반의 침하면적에는 $S_S \fallingdotseq S_T$의 관계가 성립하지 않게 된다. 또한 흙막이벽에 선행하중을 도입하지 않은 경우가 선행하중을 도입한 경우보다 $S_S \fallingdotseq S_T$ 관계에 더 근접하는 것으로 나타나고 있다.

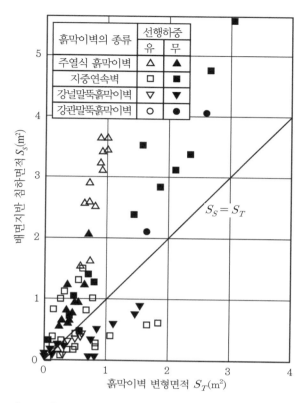

그림 6.7 흙막이벽 변형면적과 배면지반 침하면적의 관계[28]
(굴착저면에 히빙이 발생한 경우)

6.1.2 굴착안정성 판단

지반변형은 위에서 언급한 원인 이외에도 굴착바닥의 히빙, 굴착배면토사의 압축 등에 의해서도 발생할 수 있다. 굴착공사가 진행되면 주변지반에 침하현상이 나타나게 된다. 이로 인하여 노면의 균열 및 함몰, 공공매설물의 파손, 인접구조물의 침하 등이 나타나므로 충분히 주의하지 않으면 안 된다. 이와 같은 침하는 굴착에 따른 지반의 변형에 의한 것과 배수로 인한 지하수위저하에 따른 압밀 및 진동에 의한 압축현상에 기인하는 두 가지로 대별할 수 있다.

그 밖에도 지반의 변형에 의한 침하 요인으로는 일반적으로 다음과 같은 사항을 들 수 있다.

① 흙막이벽의 변형(버팀보이완이나 압축변형, 띠장의 변형 포함)
② 지반의 이완이나 토사의 유출

③ 굴착저면의 히빙

다음으로 배수나 지하수위의 저하에 따른 침하는 사질토지반이나 과압밀의 홍적점성토지반에서는 문제되는 경우가 적으나 주로 부식토가 두껍게 퇴적된 지반이나 압밀이 끝나지 않은 점토 혹은 정규압밀점토지반의 경우에 문제가 된다. 특히 부식토 등 유기질 지반에서 혹은 탈수에 의한 수축이 매우 큰 경우 공사장에서 150m 떨어진 건물까지도 영향이 미쳐 균열이 발생하거나 기둥이 경사지는 예도 있다.

Peck(1969)[24]은 계측 결과를 정리하여 굴착공사에 따른 주변지반의 침하량(혹은 벽체변형에 의한 침하＋배수에 의한 침하)과 굴착깊이의 관계를 나타내어 침하영향 범위를 조사하였다.

우선 굴착지반의 전단강도와 굴착깊이의 관계로부터 안정수(stability number) N_s를 식 (6.2)와 같이 정의한다.

$$N_s = \frac{\gamma H}{c} \tag{6.2}$$

이 안정수는 Taylor가 사면안정에 적용시킨 식과 같은 형태이나 흙막이 굴착지반에 적용시킨 점에서 Talor의 안정수와는 다른 의미를 가진다. 따라서 이 굴착지반의 안정수는 토압, 히빙, 주변지반침하와 관련시켜 사용할 수 있는 지수이다.

Peck(1969)[24]은 식 (6.2)의 점착력 c를 지반의 비배수전단강도 c_u로 바꾸어 식 (6.3)과 같이 N_s를 정의하였다.

$$N_s = \frac{\gamma H}{c_u} \tag{6.3}$$

여기서, N_s : 굴착지반 전체의 안정수

c_u : 지반의 비배수전단강도(굴착 배면지반 및 저면부지반에 파괴면이 미치는 범위까지의 흙에 대한 대표치로 결정한다.)

굴착에 따른 점토의 전단강도의 저하와 토압의 증대로 인한 굴착 전체의 안전성은 다음과 같이 판단할 수 있다.

① $N_s < 4$: Terzaghi & Peck(1967)[26]의 측압계수 $K\left(= 1 - m\dfrac{4c_u}{\gamma H}\right)$에 $m = 1$로 하면 $K < 0$ 이 되어 토압이 작용하지 않을 것으로 나타나나 실제는 토압이 $(0.2 \sim 0.4)\gamma H$의 크기로 작용한다.

② $N_s = 4{\sim}6$: 탄성적인 성질이 탁월한 지반이 소성역으로 이동하는 경우이다.

③ $N_s = 6{\sim}8$: 소성역이 굴착저면에 달하여 소성평형상태가 되어 버팀보의 축력을 정하기 위한 경험적 토압분포가 잘 맞는 듯하나 변위가 소성역으로 되어 지표면의 침하가 커진다. $N_s = 6{\sim}8$이고 굴착저면 이하에 연약지층이 계속되고 있으면 파괴면이 굴착저면 이하에서 발생하게 되어 토압이 매우 증대된다. 따라서 이 경우의 m은 1 이하의 값을 취함이 좋다. Mexico와 Oslo에서는 $m = 0.4$를 적용하여 현장 실측치와 잘 맞은 예도 있다.

굴착계획에서는 말뚝이나 버팀보의 계산에 앞서 현재의 지반강도로 굴착이 가능한가 여부를 위에서 설명한 판단기준으로 검토하여볼 필요가 있다. 만약 부족하다면 지반의 강도나 그 밖의 굴착방법을 검토할 필요가 있다.

6.1.3 배면지반침하량 산정법

흙막이벽 변형에 따른 굴착배면지반의 침하량을 산정하는 방법으로는 현장 계측치를 토대로 한 경험적 방법과 흙막이구조물와 주변지반을 일체로 하여 유한요소법으로 해석하는 수치해석 등이 있다. 그러나 굴착배면지반의 침하는 토질특성, 흙막이공의 강성, 굴착규모, 시공기술 등에 크게 의존하므로 정량적으로 규명하기가 매우 힘들다.

(1) Caspe(1966)의 방법

Caspe(1966)[10]는 점성토지반에 대하여 흙막이벽의 변위와 지반의 포아슨비를 사용하여 배면지반의 침하량을 추정하였으며 Bowles(1996)은 이 방법을 약간 수정하여 좀 더 간편한 방법을 제시하였다. 이 방법은 각종 해석법이나 현장에서 측정된 흙막이벽의 변위량만으로 굴착배면지반의 침하량을 쉽게 산정할 수 있다. 배면지반 침하면적이 흙막이벽의 변형면적과 같다고 가정하고 굴착깊이로부터 침하영향범위 및 배면지반의 거리별 침하량을 계산한다. 굴착배면지반의 침하영향범위, 최대침하량은 식 (6.4)~식 (6.6)으로 산정된다. 그리고 흙막이벽으로부터의 거리 x에서의 침하량 S_x는 침하곡선을 포물선으로 가정하고 식 (6.7)로 구한다.

$$D_s = (H + H_p)\tan\left(45° - \frac{\phi}{2}\right) \tag{6.4}$$

$$H_p = 0.5\,B_E\tan\left(45° - \frac{\phi}{2}\right) \tag{6.5}$$

$$S_w = \frac{4\delta_h}{D_s} \tag{6.6}$$

$$S_x = S_w\left(\frac{D_s - x}{D_s}\right)^2 \tag{6.7}$$

여기서, H : 최종굴착깊이(m)

$\quad\quad B_E$: 굴착폭(m)

$\quad\quad S_w$: 흙막이벽 위치에서의 침하량(배면지반의 최대침하량)

$\quad\quad \delta_h$: 흙막이벽체의 수평변위

$\quad\quad D_s$: 침하영향범위

$\quad\quad S_x$: 흙막이벽으로부터 배면지반의 거리별 침하량

$\quad\quad x$: 흙막이벽으로부터 수평거리

(2) Peck(1969)의 방법

Peck(1969)[23]은 엄지말뚝(H말뚝) 흙막이벽이나 널말뚝흙막이벽이 설치된 지반의 굴착으로 인하여 발생된 지반침하량에 대하여 많은 실측 결과를 토대로 배면지반의 침하특성을 그림 6.8과 같이 정리하였다. 굴착대상지반은 연약한 지반으로부터 사질토지반까지 굴차깊이가 6~23m인 것이 포함되어 있지만 이들을 지반특성이나 시공상태로 구분하여 세 영역으로 구분하였다.

그림에서 보면 굴착배면지반의 침하량과 침하영향범위는 지반특성과 흙막이벽의 강성에

크게 영향을 받고 있는 것을 알 수 있다. 특히 침하가 크게 발생하는 현장조건하에서는 침하의 영향범위가 굴착깊이의 4~5배의 거리까지 미치는 것과 최대침하가 발생하는 위치는 흙막이벽 배면으로부터 굴착깊이의 1/2 거리에 있고 그 크기는 2~3% 정도에 해당되는 것을 알 수 있다.

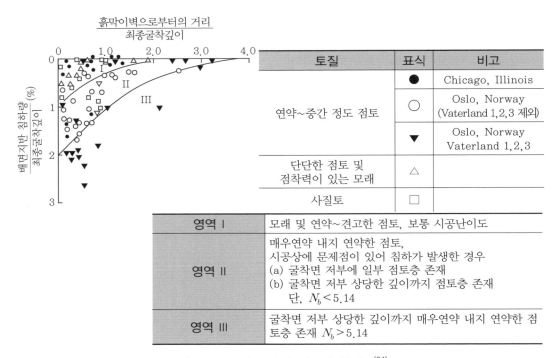

토질	표식	비고
	●	Chicago, Illinois
연약~중간 정도 점토	○	Oslo, Norway (Vaterland 1,2,3 제외)
	▼	Oslo, Norway Vaterland 1,2,3
단단한 점토 및 점착력이 있는 모래	△	
사질토	□	

영역 I	모래 및 연약~견고한 점토, 보통 시공난이도
영역 II	매우연약 내지 연약한 점토, 시공상에 문제점이 있어 침하가 발생한 경우 (a) 굴착면 저부에 일부 점토층 존재 (b) 굴착면 저부 상당한 깊이까지 점토층 존재 단, $N_b < 5.14$
영역 III	굴착면 저부 상당한 깊이까지 매우연약 내지 연약한 점토층 존재 $N_b > 5.14$

그림 6.8 Peck(1969)의 지표면 침하량[24]

(3) Clough & O'Rourke(1990)의 방법

Clough & O'Rourke(1990)[13]는 굴착에 따른 배면지반의 거리별 침하량을 현장계측 결과 및 유한요소법으로 구하여 모래지반, 견고한 점토지반 및 연약 내지 중간 정도의 점토지반의 침하량 추정방법을 그림 6.9와 같이 제안하였다. 먼저 모래지반에서는 흙막이벽 배변지반의 침하량이 선형적으로 감소하는 것으로 가정하고, 단단 내지 매우 견고한 점토지반에서도 배면지반의 침하량이 선형적으로 감소하는 것으로 가정한다. 그러나 (c) 연약 내지 중간 정도의 점토지반에서는 거리별 침하량이 사다리꼴로서 $0 \leq D_s/H \leq 0.75$의 범위 내에서 최대침하량이 발생하고 $0.75 \leq D_s/H \leq 2.0$의 범위에서는 선형적으로 감소하도록 제안한다.

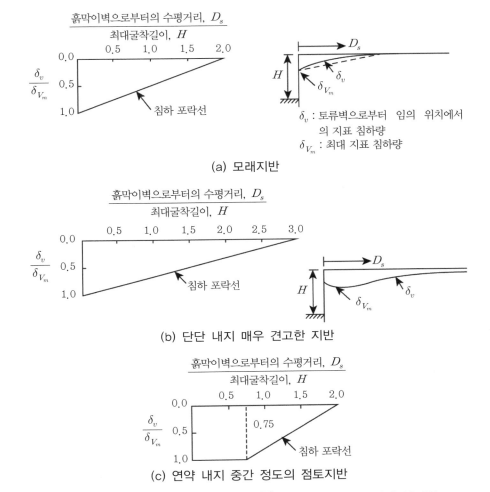

(a) 모래지반

(b) 단단 내지 매우 견고한 지반

(c) 연약 내지 중간 정도의 점토지반

그림 6.9 Clough & O'Rourke(1990)[13]에 의한 지표면 침하량 산정법

한편, 사질토지반($c=0$ 지반)에서의 굴착으로 인한 흙막이 배면지반의 최대침하량 및 침하영향범위는 Bauer의 산정법에 의해 그림 6.10과 같이 산정하도록 하였다. 여기서 r_0는 사질토지반의 침하비로 상대밀도 D_r과의 관계로 식 (6.8)로 구한다.

$$r_0 = \frac{2 - \sqrt{2D_r}}{100} \tag{6.8}$$

그 밖에 그림 6.10에서 표시된 문자를 다음과 같다.

D_r : 상대밀도

S_w : 배면지반의 최대침하량(흙막이벽위치에서의 침하량)

H : 굴착깊이(m)

D_s : 침하영향거리(m)

H' : 토사층깊이

f : 공사조건계수(통상 1을 사용)

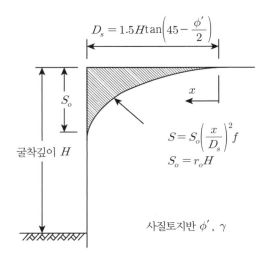

$$D_s = 1.5 H \tan\left(45 - \frac{\phi'}{2}\right)$$

$$S = S_o \left(\frac{x}{D_s}\right)^2 f$$
$$S_o = r_o H$$

굴착깊이 H

사질토지반 ϕ', γ

그림 6.10 사질토지반의 침하량 산정법

6.1.4 인접구조물 위치에서의 지반변형 예측법

굴착에 따른 지반변형이 인접건물에 미치는 영향을 조사하기 위해서는 구조물이 있는 위치에서의 지반변형량을 파악해야 한다. 이 지반변형량을 예측하기 위해서는 침하량 및 수평변위량 모두를 예측할 수 있어야 한다. 왜냐하면 지반굴착에 의한 지반변형은 구조물 자중에 의해 발생되는 침하현상과는 달리 상당한 크기의 수평변위를 발생시키며, 이러한 수평변위는 인접건물의 변형을 증가시키는 중요한 요소가 되기 때문이다.[9]

관련되는 현장에서 지반변형 예측에 대한 아무런 자료가 없을 때는 기존의 유사한 현장조건에서 관측된 계측 결과, 대형모형실험 결과 및 신뢰성 있는 수치해석 결과를 종합적으로 분석하여 지표변위가 예측되어야 한다.

지반굴착면으로부터의 거리에 따른 지표침하 및 수평지반변위 분포형상에 대한 연구는 아직 미흡하며, 좀 더 많은 연구와 현장계측이 필요한 실정이다. 그럼에도 불구하고 인접구조물에 가장 손상을 많이 키치는 아래로 불룩한 지반침하 형태에 대해서는 포물선변위곡선을 근사적으로 이용할 수 있다.

보통의 모래지반에서 지표면의 침하영향거리는 굴착깊이의 약 2배 정도이고, 지표면 침하부피량(V_S)은 굴착면의 지반손실량(V_L)보다 일반적으로 작으며, 그 비는 약 1/2~3/4의 범위에 있다.

이에 비해 점토지반에서의 지표면의 침하영향거리는 모래지반보다 크게 굴착깊이의 약 3배 정도이고, 지표면 침하부피량(V_S)은 지반손실량(V_L)과 유사한 값을 가진다. 만약 연약점토가 매우 깊이 분포되어 있다면 침하영향거리는 더 증가할 수 있다.

굴착면에서 발생하는 지반손실량(V_L)은 굴착깊이와 지반 및 벽체의 강성을 고려한 그림 6.11을 이용해서 구할 수 있고, 이를 이용하여 지표면 침하량의 부피가 상기 경험적인 방법에 의해서 결정될 수 있다. 지표면의 침하형상이 포물선이라고 가정하면 최대침하량(δ_{V_m})은 $V_S = 1/3\delta_{V_m} \times D_x$(여기서 D_x =침하발생거리)로부터 쉽게 구해질 수 있다.

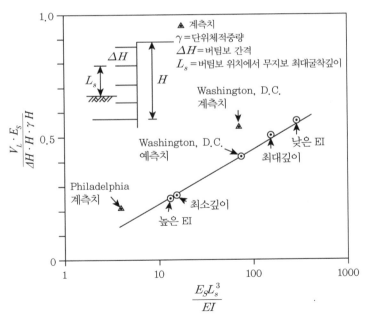

그림 6.11 흙막이벽체면에서의 지반손실량과 지반/벽체 상대강성비의 관계[15]

이와 같은 방법으로 최대침하량이 결정되고 나면 최대수평변위량은 앞 절에서 언급한 벽체변위 형상을 고려해 결정될 수 있다. 상기와 같은 방법으로 인접구조물이 위치하는 곳에서의 지반침하와 수평변위가 결정되면 인접구조물의 손상도는 상기 결정된 지반 변위값과 지반/구조물 상호작용을 고려하여 예측될 수 있다. 이에 대해서는 제10장에서 자세히 다루어 질 것이다.

지반굴착에 따른 인접지반의 침하 및 수평변위 패턴은 지반조건과 시공조건에 따라 다소 차이가 있으므로 지속적인 현장계측 및 관찰을 통한 체계적인 분석이 필요하며, 지반굴착으로 인해 발생된 지반변형이 인접구조물에 미치는 영향을 조사하기 위해서는 최종굴착 후 형성된 지반변위가 아닌 굴착단계에 따라 형성된 지반의 진행성 변위를 고려해야 한다.

6.2 굴착저면지반의 히빙에 대한 안정성

Peck(1969)[24]은 식 (6.3)과 같은 안정수 N_s와 별도로 굴착저면지반의 안정수 N_b를 식 (6.9)와 같이 정의하였다.

$$N_b = \frac{\gamma H}{c_{ub}} \tag{6.9}$$

여기서, N_b : 굴착지반저면의 안정수

c_{ub} : 흙의 비배수전단강도(주로 굴착지반저면 아래 파괴면에 미치는 범위의 흙에 대한 대표치로 결정한다.)

B_E : 굴착폭

L_E : 굴착길이(굴착단면 $B_E \times L_E$)

H : 최종굴착깊이

상재하중이 없고 굴착길이(L_E)가 무한장이라 할 수 있는 경우 N_b의 크기에 따라 다음과 같이 판단할 수 있다.

① $N_b < 3.14$: 굴착지반저면의 상방향 변위는 거의 탄성적이며 그 변위량은 적다.

② $N_b = 3.14$: 탄성역이 굴착지반저면으로부터 확대되기 시작한다.

③ $N_b = 3.14 \sim 5.14 (= \pi + 2)$: 굴착지반저면에 부풀어 오르는 량이 현저하게 된다.

④ $N_b = 5.14 (= \pi + 2)$: 한계안정수 N_{cb}가 되어 극한상태에 도달하며 굴착지반저면은 저면파괴 혹은 히빙에 의하여 계속적으로 부풀어 오른다. 굴착깊이에 비하여 굴착평면형상의 크기가 작으면(주로 건축현장, $H \gg B_E$ 혹은 L_E) N_{cb}는 5.14 대신 6.5~7.5를 적용함이 좋다.

6.2.1 히빙안전율

히빙이란 연약한 점성토 지반을 굴착할 때 굴착배면의 토괴중량이 굴착저면 이하의 지반 지지력보다 크게 되어 지반 내의 흙이 활동하여 굴착저면이 부풀어 오르는 현상을 말한다. 히빙파괴에 대한 안전성을 검토하는 방법은 일반적으로 흙막이벽 배면 측 지반과 굴착저면 하부 지반의 지지력과의 관계로부터 구하는 방법 및 임의의 활동면을 가정하여 활동면에 따른 전단저항모멘트와 활동모멘트와의 관계로부터 구하는 방법이 있다.

현제 지지력에 입각한 검토 방법으로는 Bjerrum & Eide(1956) 방법,[33] Terzaghi & Peck (1967) 방법,[26] Tchebotarioff(1973) 방법[32]이 있으며 모멘트평형에 의한 방법으로는 일본건축기초구조설계기준(1974)[35]과 일본도로협회방법(1977)[36]이 있다. 그 밖에도 Peck (1969)[24]의 안정수에 의한 판정법이 있다.

(1) Terzaghi & Peck(1967) 방법

Terzaghi & Peck 방법[26]에서는 그림 6.12에 도시된 바와 같이 굴착길이 L_E가 굴착폭 B_E에 비하여 상당히 큰 굴착현장을 대상으로 2차원 해석, 즉 평면변형률상태해석을 실시하였다. 이 방법에서는 활동면이 원형(굴착바닥 하부지반 속)과 평면(흙막이벽 배면부)으로 구성되어 있다고 가정하고 안전성을 검토한다. 점토지반 굴착저면에서의 히빙에 대한 안전율 F_h는 그림 6.12(a)에서와 같이 굴착저면 하부지반 속에 발생할 소성영역에 대하여 점토지반의 극한지지력 q_u와 전체 하중 P_v의 비로 산정한다.[25,26]

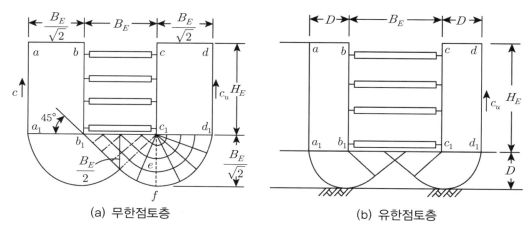

(a) 무한점토층   (b) 유한점토층

그림 6.12 Terzaghi & Peck의 히빙안전율 산정개념도[26]

여기서 점토지반의 극한지지력 q_u 는 식 (6.10)과 같다.

$$q_u = 5.7\,c_u \tag{6.10}$$

여기서, q_u : 점토지반의 극한지지력(t/m²)

        c_u : 점토지반의 비배수전단강도(t/m²)

한편 전체하중 P_v 는 그림 6.12(a)에서 보는 바와 같이 흙막이벽 배면지반의 abb_1a_1 부분 혹은 cdd_1c_1 부분의 자중, aa_1 면 혹은 dd_1 면에 작용하는 저항력 c_uH_E, 상재하중 $qB_E/\sqrt{2}$ 을 고려하면 식 (6.11)과 같이 구해진다.

$$P_v = \frac{\gamma H_E B_E}{\sqrt{2}} - c_u H_E + q\frac{B_E}{\sqrt{2}} \tag{6.11}$$

여기서, P_v : 배면지반의 a_1b_1 면 혹은 c_1d_1 면상에 작용하는 하중(t)

        γ : 점토지반의 단위체적중량(t/m³)

        H_E : 굴착깊이(m)

        B_E : 굴착폭(m)

$$q : 상재하중(\text{t/m}^2)$$

히빙에 대한 안전율은 굴착저면에서의 저항력과 활동력의 비로 구하므로 식 (6.10)과 식 (6.11)로부터 두 힘의 단위를 통일시켜 구하면 식 (6.12)와 같이 구해진다.

$$F_h = \frac{q_u}{P_v} = \frac{5.7\,c_u}{(\gamma H_E + q) - \sqrt{2}\,c_u H_E / B_E} \tag{6.12}$$

식 (6.12)에 대한 소요안전율은 1.5로 제안한다.

만약 굴착저면 점토층의 깊이가 유한하면, 즉 그림 6.12(b)와 깊이 얕은 곳에 견고한 지층이나 모래층이 있는 경우는 식 (6.12)의 $B_E / \sqrt{2}$ 대신 D를 대입한 식 (6.13)을 적용하여야 한다.

$$F_h = \frac{q_u}{P_v} = \frac{5.7c_u}{(\gamma H_E + q) - c_u H_E / D} \tag{6.13}$$

여기서, D : 굴착저면에서 견고한 지층까지의 깊이(m)

(2) Tchebotarioff(1973) 방법[32]

Terzaghi & Peck(1967) 방법과 같이 원형활동면을 가정하고 굴착배면의 토괴중량과 지반의 지지력을 비교한다. 굴착면적이 비교적 작은 현장에서의 히빙안전율을 구할 때 적용할 수 있는 방법이다. 이 방법에서는 굴착규모를 고려하여 히빙안전율을 구하는 특징이 있다. 즉, 그림 6.13에서 보는 바와 같이 우선 굴착저면 지반에 견고한 지층의 깊이 D를 굴착폭 B_E에 대비하여 두 가지로 구분한다. 즉, 견고한 지층의 깊이 D가 굴착폭 B_E보다 작은 경우와 큰 경우를 각각 그림 6.13(a)와 그림 6.13(b)와 같이 구분한다.

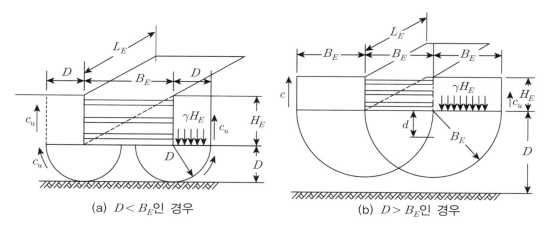

| (a) $D < B_E$인 경우 | (b) $D > B_E$인 경우 |

그림 6.13 Tchebotarioff의 히빙안전율 산정개념도

(가) $D < B_E$인 경우(그림 6.13(a) 참조)

우선 견고한 지층의 깊이 D가 굴착폭 B_E보다 작은 경우는 굴착길이 L_E의 크기에 따라 점토지반 굴착저면에서의 히빙에 대한 안전율 F_h는 식 (6.14)~식 (6.16)으로 산정한다.

① $L_E \leq D$인 경우 히빙안전율 F_h는 식 (6.14)와 같다.

$$F_h = \frac{5.14c_u\left(1 + 0.44\dfrac{D}{L_E}\right)}{H_E\left[\gamma - 2c_u\left(\dfrac{1}{2D} + \dfrac{1}{L_E}\right)\right]} \tag{6.14}$$

② $D < L_E < 2D$인 경우 히빙안전율 F_h는 식 (6.15)와 같다.

$$F_h = \frac{5.14c_u\left(1 + 0.44\dfrac{2D - L_E}{L_E}\right)}{H_E\left[\gamma - 2c_u\left(\dfrac{1}{2D} + \dfrac{2D - L_E}{DL_E}\right)\right]} \tag{6.15}$$

③ $2D \leq L_E$인 경우 히빙안전율 F_h는 식 (6.16)과 같다.

$$F_h = \frac{5.14c_u}{H_E\left[\gamma - \dfrac{c_u}{B_E}\right]} \tag{6.16}$$

(나) $D > B_E$인 경우(그림 6.13(b) 참조)

① $L_E > 2B_E$인 경우 히빙안전율 F_h는 식 (6.17)과 같다.

$$F_h = \frac{5.14c_u\left(1 + 0.44\dfrac{2B_E - L_E}{L_E}\right)}{H_E\left[\gamma - 2c_u\left(\dfrac{1}{2B_E} + \dfrac{2B_E - L_E}{B_E L_E}\right)\right]} \tag{6.17}$$

② $L_E \leq 2B_E$인 경우 히빙안전율 F_h는 식 (6.18)과 같다.

$$F_h = \frac{5.14c_u}{H_E\left[\gamma - \dfrac{c_u}{B_E}\right]} \tag{6.18}$$

(3) Bjerrum & Eide(1956) 방법[33]

점토지반 굴착저면에서의 히빙에 대한 안전율 F_h는 식 (6.19)로 산정한다.

$$F_h = N_c \frac{c_u}{\gamma H + q} \tag{6.19}$$

여기서, N_c : Skempton의 지지력계수이며 그림 6.14를 사용한다.

이 방법에 의한 소요안전율은 1.3이다.

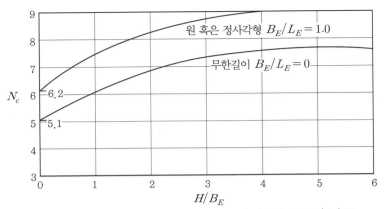

단, 직사각형의 경우는 다음 식에 의함. $N_{c,\text{직사각형}} = (0.81 + 0.16 B_E/L_E) N_{c,\text{정사각형}}$

그림 6.14 Skempton의 지지력계수[34]

(4) Peck의 방법[24]

점토지반 굴착저면에서의 히빙에 대한 안전율 F_h는 식 (6.20)으로 산정한다.

$$F_h = \frac{N_{cb}}{N_b} \tag{6.20}$$

여기서, N_b : 굴착지반저면의 안정수이고 $N_b = \dfrac{\gamma H + q}{c_u}$

N_{cb} : 한계안전수로 굴착깊이에 비하여 굴착평면형상의 크기가 작으면(주로 건축 현장, $H_E \gg B_E$ 혹은 L_E) N_{cb}는 5.14 대신 6.5~7.5를 적용함이 좋다.

(5) 모멘트평형에 의한 방법[35]

그림 6.15와 같이 최하단버팀보 위치를 활동면의 중심점으로 하여 토괴의 중량에 의한 활동모멘트와 활동면을 따라 발생하는 지반전단강도에 의한 저항모멘트의 비교로부터 히빙에 관한 안정을 검토한다.

$$F_h = \frac{M_r}{M_d} = \frac{x' \displaystyle\int_0^{x/2+\alpha} c_u (x' \, d\theta)}{W \dfrac{x'}{2}} \qquad \left(\alpha < \frac{\pi}{2} \right) \tag{6.21}$$

여기서, M_r : 저항모멘트(tm)

M_d : 활동모멘트(tm)

W : 흙막이벽 배면 토괴중량(t)

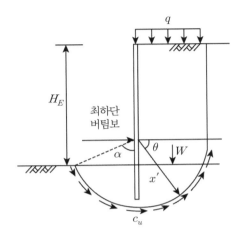

그림 6.15 일본건축기초설계기준[35]

굴착저면에서 상당한 깊이까지 지층이 일정한 경우에 안전율은 다음과 같다.

$$F_h = \frac{M_r}{M_d} = \frac{x'\left(\frac{\pi}{2}+\alpha\right)x'c_u}{(\gamma h + q)x'\frac{x'}{2}} = \frac{(\pi + 2\alpha)c_u}{\gamma h + q} \tag{6.22}$$

6.2.2 히빙안전율과 흙막이벽 수평변위의 관계

(1) 굴착저면의 강도

그림 6.16은 앵커지지와 버팀보지지의 복합지지 강널말뚝흙막이벽으로 시공된 현장에서 시추조사 시 표준관입시험 결과를 토대로 굴착저면에서의 N치와 최대수평변위와의 관계를 나타낸 그림이다.[8] 종축에는 흙막이벽의 최대수평변위를 최종굴착깊이로 나누어서 백분율로 나타내었으며, 횡축에는 굴착저면지반에서의 N치를 표시하였다.

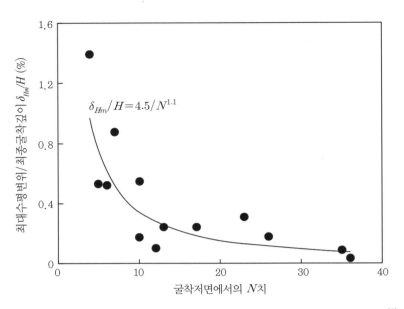

그림 6.16 굴착저면에서의 N치와 흙막이벽의 최대수평변위와의 관계[8]

그림에서 보는 바와 같이 굴착저면에서의 N치가 감소함에 따라 강널말뚝흙막이벽의 최대수평변위는 증가함을 알 수 있다. 특히 N치가 약 10 이하일 경우 흙막이벽의 최대수평변위는 급격하게 증가하는 경향을 보이고 있다. 이들 결과를 토대로 굴착저면에서의 N치와 굴착깊이에 따른 흙막이벽 최대수평변위의 상관관계를 회귀분석을 통하여 식 (6.23)과 같이 제안할 수 있다. 따라서 연약지반상 복합지지 강널말뚝흙막이벽의 굴착저면에 대한 N치를 이용하여 흙막이벽의 최대수평변위를 예측할 수 있을 것이다.

$$\frac{\delta_{Hm}}{H}(\%) = \frac{4.5}{N^{1.1}} \tag{6.23}$$

(2) 히빙안전율과 최대수평변위 관계

Terzaghi & Peck(1967)은 연약지반 흙막이 굴착 시 굴착저면에서의 히빙에 대한 안정성을 얕은기초의 지지력 이론을 적용하여 식 (6.12)와 같이 제안한 바 있다.[25,26] 상재하중 q가 없을 경우 Terzaghi(1943)에 의해 제안된 굴착저면에서의 히빙에 대한 안전율(F_s)의 식 (6.12)는 식 (6.24)와 같이 된다.

$$F_h = \frac{1}{H_E} \frac{5.7c}{\gamma - \dfrac{c}{B_E \sqrt{2}}}$$

(6.24)

여기서, H_E : 굴착깊이(m)

c : 흙의 점착력(kg/m^2)

γ : 흙의 습윤단위중량(kg/m^3)

B_E : 굴착폭(m)

그림 6.17은 강널말뚝흙막이벽을 대상으로 굴착저면에서의 히빙에 대한 안전율과 흙막이벽의 최대수평변위와의 관계를 나타낸 것이다. 그림의 종축에는 흙막이벽 최대수평변위를 굴착깊이로 나눈 백분율로 무차원화시켜 도시하였으며, 횡축에는 히빙에 대한 안전율을 도시하였다. 그림 중 굵은 실선은 흙막이벽의 최대수평변위와 히빙안전율과의 관계 중 상한포락선을 도시한 결과이다.

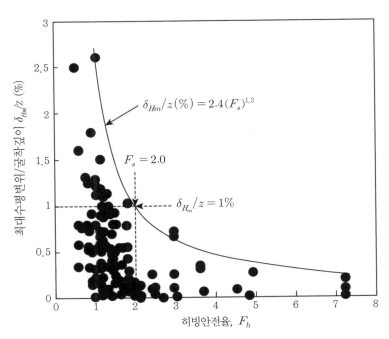

그림 6.17 히빙안전율과 흙막이벽의 최대수평변위와의 관계[8]

앞서 설명한 바와 같이 Peck(1969)은 굴착지반의 안정수가 3.14 이상이면 굴착저면에서 소성역이 확대되기 시작하여 지반융기가 현저하게 된다고 하였다. 그리고 대상현장의 경우 굴착지반의 안정수가 3.14 이상이 되면 흙막이벽의 최대수평변위는 굴착깊이의 1.0%가 되는 것으로 나타났다. 따라서 최대수평변위가 굴착깊이의 1.0%에 해당하는 히빙의 안전율을 그림 중 굵은 실선에서 산정하여 이를 히빙의 안정기준으로 제안하는 것이 바람직하다. 그림에서 보는 바와 같이 최대수평변위가 굴착깊이의 1.0%일 때 히빙의 안전율은 2.0이 되며, 히빙의 안전율이 2.0 이하일 경우 흙막이벽의 수평변위는 크게 증가하고 있는 것으로 나타났다. 따라서 국내 연약지반 강널말뚝흙막이벽의 경우 히빙에 대한 안전율은 2.0으로 제안할 수 있으며, 히빙에 대한 안전율이 2.0 이상 되어야 흙막이벽의 최대수평변위에 대한 안정성이 확보된다고 할 수 있다. 또한 히빙안전율과 흙막이벽의 최대수평변위와의 상관관계를 나타내면 식 (6.25)와 같이 나타낼 수 있다.

$$\frac{\delta_{Hm}}{z}(\%) = \frac{2.4}{(F_s)^{1.3}} \tag{6.25}$$

여기서, δ_{Hm} : 최대수평변위

　　　z : 굴착깊이

　　　F_h : 히빙안전율

한편, 그림 6.18은 본 연구 결과를 토대로 제안된 실험식과 Mana & Clough(1981)[21]에 의해 제안된 실측 결과 및 유한요소해석 결과를 비교 도시한 그림이다. 그림에서 점선은 Mana & Clough(1981)[21]의 유한요소해석의 결과를 표시한 것이며, 얇은 실선은 Mana & Clough(1981)의 실측 결과의 상한선과 하한선을 표시한 것이다. 그리고 굵은 실선은 본 연구결과에서의 제안식을 표시한 것이다. Mana & Clough(1981)는 예민비가 2~8 정도의 연약~중간 점토지반에서 최대수평변위가 굴착깊이의 0.5%일 때 히빙에 대한 안전율이 약 1.3이며, 히빙안전율이 1.3 이하일 경우에 흙막이벽의 최대수평변위가 급속하게 증가한다고 제안한 바 있다. 그러나 앞서 제안한 바와 같이 최대수평변위가 굴착깊이의 1.0%일 때 히빙의 안전율은 2.0이 되며, 히빙안전율이 2.0 이하일 경우 흙막이벽의 수평변위는 크게 증가함을 알 수 있다. 따라서 Mana & Clough(1981)의 히빙안전율 1.3을 국내에 적용하는 것은 적

합하지 않은 것으로 나타나므로 우리나라 연약지반의 경우는 히빙안전율을 2.0으로 정함이
바람직하다.

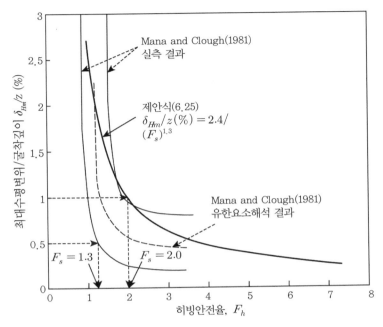

그림 6.18 Mana and Clough(1981)의 히빙안전율과 비교[8]

Clough et al.(1979)[11] 및 Mana & Clough(1981)[21] 등에 의해서 굴착저면의 히빙에 대한
안전율을 이용하여 흙막이벽의 변위를 예측하는 연구가 진행되었다. 특히 Mana & Clough
(1981)는 실측치와 해석치 모두 흙막이벽의 최대변위량과 히빙에 대한 안전율 사이에 그림
6.19와 같은 관계가 성립한다고 하였다. 더욱이 유한요소법에 의한 변수해석을 실시하여 벽
강성, 버팀보강성, 지표면으로부터 견고한 지층까지의 점토층의 두께, 굴착폭, 버팀보의 선
행하중 등 흙막이벽의 변형에 관계되는 보정계수를 산정하였다.

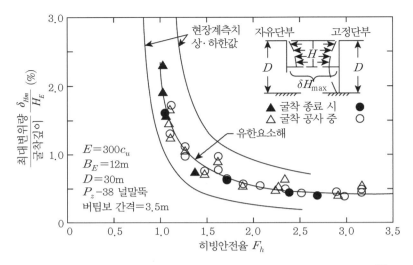

그림 6.19 히빙에 대한 안전율과 흙막이벽의 최대변위량의 관계[21]

6.2.3 굴착지반의 융기량 산정해석

히빙이란 연약한 점성토지반을 굴착하는 경우에 그림 6.20에서 보는 바와 같이 굴착바닥이 굴착면 위로 부풀어 오르는 현상을 말한다. 제4.2절과 제5.4절의 연약지반 속 흙막이벽 주변지반의 거동에서 파악한 바에 의하면 연약점토는 굴착이 진행될 때 흙막이벽체의 하부 굴착바닥인근에서 흙막이벽체의 수평변위가 가장 크게 발생하고 이어서 굴착바닥이 부풀어오르는 히빙이 발생함을 알 수 있었다. 이때 연약지반은 크리프 특성에 따라 양측의 널말뚝 사이를 유동하는 거동을 보인다.

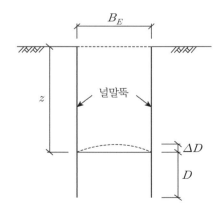

그림 6.20 점성토지반의 히빙현상 단면도

히빙에 대하여는 앞에서 설명한 바와 같이 히빙파괴가 일어나는 한계상태에 대한 안전율을 산정하는 방법이 주로 설명되고 있다. 그러나 굴착바닥에서 어느 정도로 부풀어 오를 것인가를 파악하는 것은 굴착의 안전 측면에서 아주 중요한 일이다. 굴착지반의 히빙량은 현장에서 계측으로 파악하기가 쉽지가 않다. 왜냐하면 공사 중에는 굴착바닥이 융기하여도 곧 굴착을 실시하기 때문에 굴착토사에서 융기량을 구분하기가 용이하지 않다. 따라서 사전에 굴착바닥의 히빙량을 산정할 필요가 있다.

굴착바닥의 히빙량은 지반의 전단응력이 항복응력 이내일 경우와 항복응력을 초과하였을 경우로 구분하여 생각할 수 있다. 전단응력이 항복응력 이내일 경우는 흙막이벽체의 근입부 벽면에서 미끄러짐이 발생하지 않으므로 그림 6.20에 도시된 바와 같이 벽면에서의 융기량은 0이 되고 굴착지반 내부에서만 융기가 발생하게 된다. 그러나 전단응력이 항복응력을 초과하게 되면 흙막이벽체의 근입부 벽면에서 미끄러짐이 발생하고 양쪽 흙막이벽 사이 점토지반은 두 널판 사이의 채널을 흐르듯 유동이 발생할 것이다.

따라서 굴착지반의 융기량은 전단응력의 크기에 따라 두 가지 방법으로 산정함이 옳다. 먼저 전단응력이 항복응력이내일 경우는 굴착지반을 비선형탄성체로 가정하여 쌍곡선 모델을 적용한다. 굴착할 점토지반의 삼축압축시험을 실시하여 응력−변형률 사이의 거동을 보면 점토는 선형거동과는 다른 비선형거동을 보인다. 이는 흙이 탄소성체인 관계로 탄성변형 이외에 소성변형이 발생하기 때문이다. 이러한 흙의 비선형거동을 취급하는 방법 중 하나인 Duncan & Chang(1970) 모델[38]을 적용하여 굴착지반의 융기량을 산정한다.[37]

다음으로 전단응력이 항복응력을 초과할 경우의 유동현상은 레오로지 이론 중 Bingham 모델[40]을 적용한다. 유동현상을 나타내는 모델로는 Newton 모델이 일반적으로 활용되나. 이는 항복응력을 고려하지 않고 전단응력이 발생하는 초기부터 유동이 발생될 경우에 적합하다. 그러나 Bingham 모델은 항복응력까지는 유동이 발생하지 않고 그 이후에 유동이 발생되는 경우에 적용할 수 있는 모델이다.[40]

(1) 비선형탄성해석(Hyperbolic 모델)

(가) 쌍곡선형태의 응력−변형률 곡선

흙의 비선형 탄성모델은 삼축시험 등의 역학시험으로 얻어진 응력−변형률 곡선을 쌍곡선형태로 가정하여 제안된 모델이다. Konder(1963)[39]는 점토 및 모래의 비선형 응력−변형률 거동을 그림 6.21과 같은 쌍곡선형태로 근사시킬 수 있음을 제시하였고 그림 6.22와 같이 좌표변환을 통해 직선식으로 표현하였다. 그림 6.21은 2차원 응력–변형률 공간상에서 좌표의 원점을 지나고 식 (6.26)으로 표현되는 두 개의 점근선을 가지는 정방형 쌍곡선이다.

$$\epsilon + \alpha = 0$$
$$\sigma - \beta = 0 \tag{6.26}$$

여기서, σ는 축차응력$(\sigma_1 - \sigma_3)$이고 ϵ은 축변형률이다.

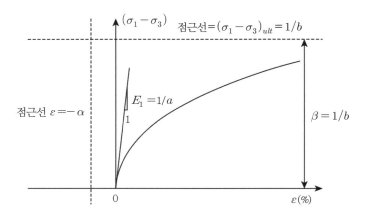

그림 6.21 쌍곡선형태의 응력–변형률 곡선

쌍곡선 식은 다음과 같이 쓸 수 있다.

$$\epsilon\sigma - \beta\epsilon + \alpha\sigma = 0 \tag{6.27}$$

여기서 K를 식 (6.28)과 같이 ϵ과 σ의 비로 놓고 식 (6.27)을 σ로 나누면 식 (6.29)가 구해진다.

$$K = \epsilon/\sigma \tag{6.28}$$
$$\epsilon - \beta K + \alpha = 0 \tag{6.29}$$

식 (6.29)에서 K가 ϵ의 함수로 표시된다면 직선식이 된다. 이 직선식은 그림 6.21의 쌍곡선의 수직 점근선($-\alpha$, 0)에서 변형률축과 교차하는 선이다. 이 식의 기울기의 역수 ($d\epsilon/dK$)는 수평점근선의 높이 β값이 된다. 식 (6.27)을 σ로 나누고 다시 정리하면 다음과 같다.

$$\epsilon/\sigma = a + b\epsilon \tag{6.30}$$

여기서, $a = \alpha/\beta, b = 1/\beta$이다.

그림 6.22는 식 (6.30)을 ϵ/σ와 ϵ의 선형식 형태로 나타낸 결과이다. 식 (6.30)을 응력의 항으로 정리하면 식 (6.31)과 같다.

$$\sigma = \epsilon/(a + b\epsilon) \tag{6.31}$$

식 (6.31)의 응력 σ를 축차주응력($\sigma_1 - \sigma_3$)으로 표현하면 식 (6.32)와 같은 형태로 다시 쓸 수 있다.

$$\frac{\epsilon}{(\sigma_1 - \sigma_3)} = a + b\epsilon \tag{6.32}$$

그림 6.22에 도시된 바와 같이 a와 b는 ϵ과 $\epsilon/(\sigma_1 - \sigma_3)$을 축으로 하는 직선의 절편과 기울기로 나타난다.

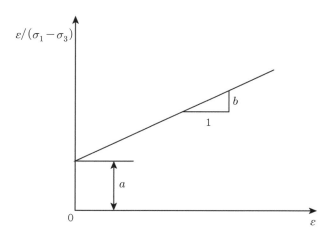

그림 6.22 좌표변환한 쌍곡선 형태의 응력-변형률 곡선

유한범위 내에서의 값들은 $(\sigma_1 - \sigma_3)$의 점근선 아래에 존재하고 계수 R_f를 사용하여 압축강도와 점근선의 관계를 다음과 같이 나타낼 수 있다.

$$(\sigma_1 - \sigma_3)_f = R_f(\sigma_1 - \sigma_3)_u \tag{6.33}$$

여기서, $(\sigma_1 - \sigma_3)_f$: 압축강도 또는 파괴 시의 주응력차

$\quad\quad\quad (\sigma_1 - \sigma_3)_u$: 주응력차의 점근선값

따라서 R_f는 식 (6.34)로 표현되는 파괴비율이 되며 일반적으로 0.75~1.0 사이의 값을 가진다.[39]

$$R_f = \frac{(\sigma_1 - \sigma_3)_f}{(\sigma_1 - \sigma_3)_u} \tag{6.34}$$

정수 a와 b를 초기탄성계수와 압축강도의 형태로 표현하여 식 (6.31)을 다시 쓰면 식 (6.35)가 된다.

$$(\sigma_1 - \sigma_3) = \frac{\epsilon}{\left[\dfrac{1}{E_i} + \dfrac{R_f\epsilon}{(\sigma_1 - \sigma_3)_f} \right]} \tag{6.35}$$

여기서, E_i : 초기탄성계수(그림 6.21 참조)

식 (6.35)에 의해 표현되는 응력-변형률 관계는 응력의 증분해석에 매우 편리하게 적용될 수 있는데 이는 응력-변형률 곡선상의 어떤 임의의 점에서 접선계수 값을 결정하는 것이 가능하기 때문이다. 만일 최소주응력이 일정하면 접선계수(탄젠트 계수) E_t는 다음과 같이 표현될 수 있다.

$$E_t = \frac{\partial(\sigma_1 - \sigma_3)}{\partial \epsilon} \tag{6.36}$$

따라서 식 (6.35)를 미분하면 접선계수에 대하여 다음과 같은 식을 얻을 수 있다.

$$E_t = \frac{\dfrac{1}{E_i}}{\left[\dfrac{1}{E_i} + \dfrac{R_f \epsilon}{(\sigma_1 - \sigma_3)_f} \right]} \qquad (6.37)$$

여기서 E_i는 초기탄성계수이다.

식 (6.37)에 식 (6.36)을 대입하여 정리하면 변형률 ϵ은 식 (6.38)과 같이 된다.

$$\epsilon = \frac{(\sigma_1 - \sigma_3)}{E_i \left[1 - \dfrac{R_f (\sigma_1 - \sigma_3)}{(\sigma_1 - \sigma_3)_f} \right]^2} \qquad (6.38)$$

$$E_t = (1 - R_f S)^2 E_i \qquad (6.39)$$

여기서 S는 식 (6.40)으로 표현되는 응력수준이다.

$$S = \frac{(\sigma_1 - \sigma_3)}{(\sigma_1 - \sigma_3)_f} \qquad (6.40)$$

(나) 지반융기량 산정식

Duncan & Chang(1970)[38]은 Konder(1963)[39]의 쌍곡선 모델을 흙의 역학적 거동에 적용하여 응력과 변형률 사이 곡선을 좌표변환을 통해 직선식으로 표현함으로써 유한요소해석법에 의한 지반변형해석 등에 활용하였다. Duncan & Chang(1970)[38] 이론을 굴착지반 융기현상해석에 도입함에 있어 다음 사항을 가정한다.

① 굴착 시 발생하는 지반융기현상은 굴착에 의한 토사중량의 해방에 기인한다.
② 연약점토는 항복응력 τ_y를 가진다.
③ 굴착면의 좌·우측 경계면에서 미끄러짐(sliding)이 발생하지 않는다.
④ 연약점토는 정규압밀점토인 경우로 한다.

⑤ 굴착은 널말뚝이나 지중연속벽과 같은 연속벽의 경우로 취급한다(그림 6.20 참조).

흙막이벽면에서의 전단응력이 항복응력을 초과하지 않은 경우 굴착지반의 융기현상 개략도는 그림 6.23과 같다. 여기서 $2B$는 굴착폭, z는 굴착깊이, D는 굴착바닥에서 흙막이벽의 근입길이이다. 그리고 ϵ_x는 굴착폭의 중심에서부터 x 거리의 위치에서의 지반융기변형률이며 $\Delta p'$은 지반굴착으로 인해 굴착바닥에서의 해방응력이다.

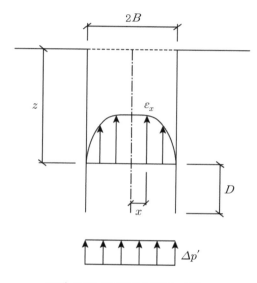

그림 6.23 굴착지반융기 개략도

전단응력 τ와 최대, 최소 주응력 σ_1, σ_3의 관계는 식 (6.41) 및 식 (6.42)와 같다. 즉, 식 (6.41)은 지반이 파괴상태에 도달하기 전의 전단응력을 나타낸 것으로 최대, 최소 주응력차를 반으로 나눈 값이다. 그리고 식 (6.42)는 파괴 시 지반의 전단응력을 나타낸 것으로 식 (6.41)과 같이 최대, 최소주응력차를 반으로 나눈 값으로 Tresca의 파괴규준을 적용하였다.

$$\tau = \frac{1}{2}(\sigma_1 - \sigma_3) \tag{6.41}$$

$$\tau_f = \frac{1}{2}(\sigma_1 - \sigma_3)_f \tag{6.42}$$

식 (6.41)을 미분하면 식 (6.43)이 된다.

$$d\tau = \frac{1}{2}d(\sigma_1 - \sigma_3) \tag{6.43}$$

접선계수 E_t는 식 (6.39), 식 (6.36) 및 식 (6.43)과 연립하면 다음과 같이 된다.

$$E_t = \left(1 - R_f S\right)^2 E_i = \frac{d(\sigma_1 - \sigma_3)}{d\epsilon} = \frac{2d\tau}{d\epsilon} \tag{6.44}$$

응력수준 S는 식 (6.41)과 식 (6.42)를 식 (6.40)에 대입하면 식 (6.45)가 구해진다.

$$\frac{(\sigma_1 - \sigma_3)}{(\sigma_1 - \sigma_3)_f} = \frac{\tau}{\tau_f} \tag{6.45}$$

식 (6.44)에 식 (6.45)를 대입하여 E_t로 정리하면 식 (6.46)이 구해진다.

$$\begin{aligned}
E_t &= \left(1 - R_f S\right)^2 E_i \\
&= \left(1 - R_f \frac{(\sigma_1 - \sigma_3)}{(\sigma_1 - \sigma_3)_f}\right)^2 E_i \\
&= \left(1 - R_f \frac{\tau}{\tau_f}\right)^2 E_i \tag{6.46}
\end{aligned}$$

굴착면 아래 지반에서의 전단응력분포를 그림 6.24와 같이 선형분포로 하면 양단의 흙막이벽에서 활동이 없는 경우 굴착부 중심축에서 임의거리 x에서의 전단응력은 식 (6.47)과 같이 표현할 수 있다.

$$\tau = \frac{x\,\Delta p'}{D} \tag{6.47}$$

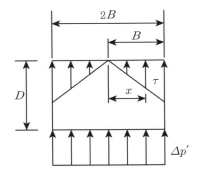

그림 6.24 전단응력분포

식 (6.47)을 x에 대하여 미분하고 정리하면 식 (6.48)이 된다.

$$dx = \frac{D}{\Delta p'}d\tau \tag{6.48}$$

식 (6.46)에 식 (6.47)을 대입하여 정리하면 식 (6.49)를 얻을 수 있다.

$$E_t = \left(1 - R_f\frac{x\Delta p'}{\tau_f D}\right)^2 E_i \tag{6.49}$$

식 (6.44)와 식 (6.49)를 연립하면 식 (6.50)이 얻어진다.

$$\frac{2d\tau}{d\epsilon} = \left(1 - R_f\frac{x\Delta p'}{\tau_f D}\right)^2 E_i \tag{6.50}$$

식 (6.50)을 $d\tau$항으로 정리하면 식 (6.51)이 된다.

$$d\tau = \frac{1}{2}\left(1 - \frac{R_f\Delta p'}{\tau_f D}x\right)^2 E_i dx \tag{6.51}$$

식 (6.48)을 식 (6.51)에 대입하여 식 (6.52)를 구한다.

$$dx = \frac{DE_i}{2\,\Delta p'}\left(1 - \frac{R_f \Delta p'}{\tau_f D}x\right)^2 d\epsilon \tag{6.52}$$

이 식을 $d\epsilon$항으로 정리하면 식 (6.53)과 같다.

$$d\epsilon = \frac{\alpha}{D\left(1 - \dfrac{\beta}{D}x\right)}dx \tag{6.53}$$

여기서 α와 β는 식 (6.54)와 같이 정한다.

$$\alpha = \frac{2\Delta p'}{E_i} \tag{6.54a}$$

$$\beta = \frac{R_f \Delta p'}{\tau_f} \tag{6.54b}$$

식 (6.53)을 적분하여 식 (6.55)를 구할 수 있다.

$$\epsilon_x = \frac{\alpha}{\beta} - \frac{\alpha}{\beta\left(1 - \dfrac{\beta}{D}x\right)} + C_1 \tag{6.55}$$

여기서 C_1은 적분상수이며 x가 B일 때 흙막이벽면에서의 ϵ_x가 0인 경계조건을 적용하여 구하고 이를 다시 식 (6.55)에 대입하면 식 (6.56)이 구해진다.

$$\epsilon_x = \frac{\alpha}{\beta\left(1 - \dfrac{\beta}{D}B\right)} - \frac{\alpha}{\beta\left(1 - \dfrac{\beta}{D}x\right)} \tag{6.56}$$

이 식을 적용하면 굴착바닥 중심축에서 임의거리 x되는 위치에서의 지반변형률을 산정할 수 있다. 지반융기량 u_x는 식 (6.56)의 지반변형률 ϵ_x로부터 식 (6.57)과 같이 구한다.

$$u_x = \epsilon_x D \qquad (6.57)$$

굴착작업 중 지반융기현상을 방지하기 위해 흙막이벽을 굴착바닥보다 깊게 근입시킨다. 이때 필요한 최소한의 근입깊이는 식 (6.56)으로부터 구할 수 있다. 이 최소근입깊이는 식 (6.56)의 분모가 0이 되어서는 안 되므로 다음 조건에 해당하면 안 된다.

$$1 - \frac{\beta}{D}B = 0 \qquad (6.58)$$

이 식으로부터 근입깊이 D를 구하면 다음과 같다.

$$D = \beta B = \frac{R_f \Delta p'}{\tau_f}B \qquad (6.59)$$

만약 R_f가 1이면 흙막이벽의 근입깊이 D는 다음과 같이 구해진다.

$$D = \frac{\Delta p'}{\tau_f}B \qquad (6.60)$$

따라서 근입깊이가 식 (6.60)로 구한 값보다 긴 경우만 식 (6.56)을 적용할 수 있다.

(다) 지반융기량 산정 예

그림 6.25와 같은 단면에 대하여 Hyperbolic 모델을 적용하여 굴착지반의 융기량을 산정하여 본다. 우선 이 현장은 해안 연약지반에 조성된 해안매립지이다. 이 해성점토의 물성은 표 6.1에 정리된 바와 같다. 채취한 시료의 액성한계는 33.3%이고 소성지수는 15.9인 중간 정도의 소성상태와 압축성을 가지는 점토이다. 통일분류법(USCS)으로 분류해보면 CL로 분류되었다. 이 해성점토의 단위중량은 표 6.2에 정리된 바와 같이 1.56~1.88g/cm^3 범위에 있으며 평균 1.76g/cm^{3}로 나타났다. 간극비는 0.805~1.335 범위에 있으며 평균 0.973으로 나타났다. 또한 선행압밀응력은 0.14~1.7kg/m^2 범위에 있으며 평균 0.95kg/m^{2}이고 압축지수는 0.15~0.97(평균 0.32) 범위에 있다.

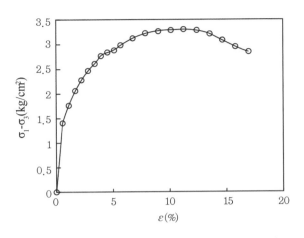

그림 6.25 삼축압축시험 결과(응력-변형률 거동)

표 6.1 대상 해성점토의 물성

자연함수비 $w(\%)$	비중 G_s	Atterberg		채분석			흙분류 (통일분류법)
		$LL(\%)$	$PI(\%)$	0.005mm채(%)	#200(%)	#4(%)	
30.2	2.67	33.3	15.9	17	97.2	99.6	CL

표 6.2 대상 해성점토의 압밀특성

	단위중량(g/cm³)	간극비	선행압밀하중(kg/m²)	압축지수
범위	1.56~1.88	0.805~1.335	0.14~1.7	0.15~0.97
평균	1.76	0.973	0.95	0.32

그림 6.25는 구속압을 $1.5kg/m^2$으로 한 삼축압축시험 결과이다. 축변형률과 축차주응력의 관계를 도시하였다. 첨두응력 시의 축차주응력은 $3.2kg/m^2$이며 이때의 변형률은 11.37%이다.

한편 이 굴착현장의 굴착폭은 그림 6.26의 굴착단면도에 도시한 바와 같이 $2B$는 6m이고 굴착깊이 z는 10m, 널말뚝흙막이벽의 근입깊이 D는 5m이다.

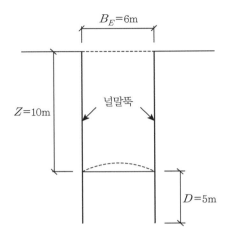

B_E=6m

널말뚝

Z=10m

D=5m

그림 6.26 흙막이 굴착단면도

그림 6.25의 응력-변형률 거동을 쌍곡선으로 가정하여 $\epsilon/(\sigma_1-\sigma_3)$과 ϵ로 좌표변환을 하여 그림 6.22 형태로 다시 정리하면 그림 6.27과 같이 된다. 이 그림에 의하면 계수 a는 0.0017이 되고 계수 b는 0.31이 된다. 따라서 초기탄성계수 E_i와 축차주응력의 점근선 $(\sigma_1-\sigma_3)_u$는 다음과 같다.

$$E_i = \frac{1}{a} = 588.24\text{kg/cm}^2, \quad (\sigma_1-\sigma_3)_u = \frac{1}{b} = 3.2\text{kg/cm}^2$$

파괴응력비 R_f는 다음과 같다.

$$R_f = \frac{(\sigma_1-\sigma_3)_f}{(\sigma_1-\sigma_3)_u} = \frac{3.2}{3.2} = 1$$

굴착바닥에서의 해방응력 $\Delta p'$는 다음과 같이 구한다.

$$\Delta p' = \gamma_t z = 0.00176 \times 1000 = 1.76\text{kg/cm}^2$$

파괴 시의 전단응력 τ_f는 다음과 같다.

$$\tau_f = \frac{1}{2}(\sigma_1 - \sigma_3)_f = 1.6 \text{kg/cm}^2$$

계수 α와 β는 식 (6.54)로 구한다.

$$\alpha = \frac{2\Delta p'}{E_i} = \frac{2 \times 1.76}{588.24} = 0.00598$$

$$\beta = \frac{R_f \Delta p'}{\tau_f} = \frac{1 \times 1.76}{1.6} = 1.1$$

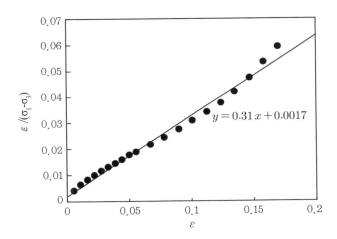

그림 6.27 좌표변환된 쌍곡선형태의 응력-변형률 거동

굴착바닥 중심축에서 임의거리 x 되는 위치에서의 지반변형률 ϵ_x는 식 (6.56)으로부터 다음과 같이 구한다.

$$\epsilon_x = \frac{\alpha}{\beta\left(1 - \frac{\beta}{D}B\right)} - \frac{\alpha}{\beta\left(1 - \frac{\beta}{D}x\right)} = \frac{0.00598}{1.1\left(1 - \frac{1.1}{5} \times 3\right)} - \frac{0.00598}{1.1\left(1 - \frac{1.1}{5} \times x\right)}$$

$$= 0.016 - \frac{0.00544}{(1 - 0.22x)}$$

굴착바닥에서의 융기량 u_x는 식 (6.57)을 적용하여 다음과 같이 산정할 수 있다.

$$u_x = \epsilon_x D = 5\epsilon_x$$

이 식에 굴착바닥 중심축에서의 거리를 대입하여 변형률과 융기량을 구하여 정리하면 표 6.3과 같다. 표 6.3을 도면으로 도시하면 그림 6.28과 같다.

표 6.3 굴착바닥에서의 변형률과 융기량

굴착바닥위치 x(m)	변형률 ϵ_x	바닥융기량 u_x(cm)
0(굴착바닥 중심축)	0.010	5.00
0.5	0.0099	4.95
1.0	0.0090	4.50
1.5	0.0079	3.95
2.0	0.0063	3.15
2.5	0.0039	1.95
3.0(흙막이벽면)	0	0

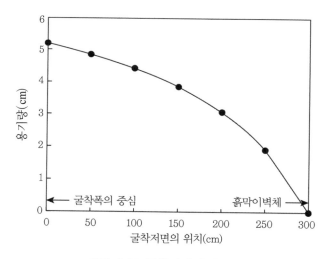

그림 6.28 굴착바닥의 융기량

(2) 점탄성해석(Bingham 모델)

점토지반은 점성을 포함하고 있어 유동특성을 해석하기 위해서는 레오로지(Rheology)이론을 종종 도입한다. 특히 항복응력을 초과하는 점토의 시간의존성 거동을 표현하기 위해서는 Bingham 모델을 적용할 수 있다. 따라서 점성토지반에서의 지반굴착으로 인하여 발생하는 히빙현상은 점성토의 유동현상의 일종이므로 레오로지이론 중의 Bingham 모델을 적용하여 해석할 수 있다.

(가) 점토의 유동거동의 기본이론

그림 6.29는 점성체의 유동성을 도시한 그림이다. 일정한 응력이 작용하고 있는 상태에서 변형률이 계속 증가하며 t_1시간 후 응력을 제거하여도 그 시각에서의 변형률(ϵ_1, ϵ_2 혹은 ϵ_3)은 전혀 회복하지 못하고 영구변형률로 남아 있게 된다. 여기서 변형률의 시간적 증가량이 일정한 경우, 즉 변형속도가 변하지 않는 균일흐름(uniform flow)에서는 응력과 변형속도 사이에 일정한 함수관계가 성립하게 된다. 이런 흐름을 Newton 유동이라 하며 식 (6.61)과 같이 표현한다.

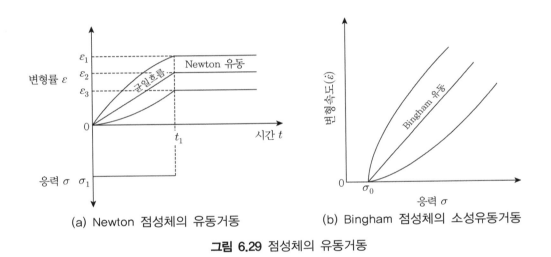

(a) Newton 점성체의 유동거동   (b) Bingham 점성체의 소성유동거동

그림 6.29 점성체의 유동거동

$$\sigma = \eta \frac{d\epsilon}{dt} \tag{6.61}$$

한편 동일물질이라도 응력의 범위에 따라 탄성과 유동성의 양쪽 성질을 나타내는 소성의 경우가 있다. 즉, 응력이 적은 경우는 탄성을 보이나 어느 응력(항복치) 이상에서는 유동성을 보이게 된다. 항복치 σ_0 이상의 응력에서 유동성이 균일흐름(uniform flow)인 경우는 그림 6.29(b)와 같은 소성유동의 관계가 되며 레오로지방정식은 식 (6.62)와 같이 표현된

다. 이런 흐름을 Bingham 유동이라 한다.

$$\frac{d\epsilon}{dt} = \frac{1}{\eta}(\sigma - \sigma_0)$$
(6.62)

(나) 지반융기량 산정식

점토를 점성유동체로 취급하여 굴착점토지반의 융기거동을 해석하는 데는 그림 6.29(b)에 도시된 Bingham 모델을 적용할 수 있다. 왜냐하면 굴착토사의 해방응력에 의하여 유발되는 전단응력이 항복치를 초과하지 않을 때는 융기가 발생되지 않다가 항복응력을 초과해야 비로서 융기가 발생되므로 Bingham 모델을 적용하기에 적합하다. 단, Bingham 모델을 도입하는 데는 앞에서 설명한 Hyperbolic 모델을 적용할 때와 동일한 사항을 가정한다.

먼저 흙막이벽면에서의 항복전단응력을 발생시키는 해방응력 $\Delta p'_0$은 식 (6.63)과 같다.

$$\Delta p'_0 = \frac{\tau_y D}{B}$$
(6.63)

여기서, B : 굴착폭 B_E의 1/2

D : 흙막이벽의 근입길이

τ_y : 흙막이벽면에서의 항복전단응력

$\Delta p'_0$: 흙막이벽면에서의 전단응력을 발생시키는 굴착해방응력

그리고 굴착바닥 중심축에서 x 거리 위치에서의 전단응력은 식 (6.64)와 같으며 이 위치에서의 유동속도구배는 식 (6.65)와 같다.

$$\tau = x\frac{\Delta p'}{D}$$
(6.64)

$$\frac{dv}{dx} = -\frac{1}{\eta}(\tau - \tau_y)$$
(6.65)

여기서, η : 점성계수

식 (6.65)에 식 (6.64)를 대입하여 정리하면 식 (6.66)이 된다.

$$\frac{dv}{dx} = -\frac{1}{\eta}\left(x\frac{\Delta p'}{D} - \tau_y\right)$$ (6.66)

이 식을 적분하고 그림 6.30에서의 속도분포도에서 보는 바와 같이 $x = B$일 때 $v = 0$인 경계조건으로 적분상수를 구해 다시 정리하면 식 (6.67)이 구해진다.

$$v_x = -\frac{1}{\eta}\left(\frac{\Delta p'}{2D}x^2 - \tau_y x - \frac{\Delta p'}{2D}B^2 + \tau_y B\right)$$ (6.67)

점토의 유동이 발생할 때 그림 6.30(a)와 (b)에 도시한 바와 같이 유동속도가 굴착바닥 전체에 걸쳐 어떻게 변화하는 가에 따라 두 가지로 구분할 수 있다. Bingham계 유동에서는 전단응력이 항복치 이하이면 유동속도구배 $dv/dx = 0$이 되므로 움직이지 않는 부분이 생긴다. 즉, 굴착바닥지반 내의 속도구배는 Newton계 유동에서는 그림 6.30(a)와 같이 된다. 이런 경우는 주로 굴착폭이 좁을 때 해당된다. 그러나 Bingham계 유동에서는 그림 6.30(b)에 도시된 바와 같이 거리 x_0 이하의 부분에서는 속도구배가 없이 플러그모양으로 유동한다. 이를 플러그 흐름(plug flow)이라 한다. 이런 경우는 주로 굴착폭이 넓을 때 해당된다. 플러그 흐름 범위의 거리 x_0는 식 (6.66)에서 $dv/dx = 0$되는 위치로 구하면 식 (6.68)이 된다.

$$x_0 = \frac{\tau_y D}{\Delta p'}$$ (6.68)

따라서 플러그 흐름이 발생할 경우 $x < x_0$인 플러그 흐름 영역에서는 유동속도구배가 0이며 유동속도가 일정한 $v(x_0)$는 식 (6.69)와 같으며, 이때 $B > x > x_0$ 영역에서의 속도구배는 식 (6.67)이 된다.

$$v(x_0) = -\frac{1}{\eta}\left(\frac{\Delta p'}{2D}x_0^2 - \tau_y x_0 - \frac{\Delta p'}{2D}B^2 + \tau_y B\right)$$ (6.69)

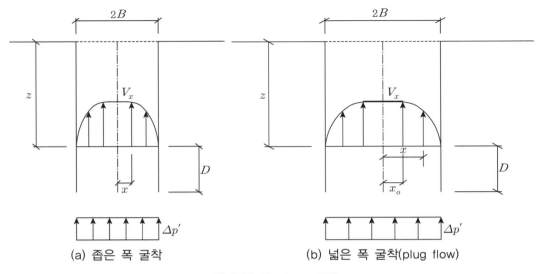

(a) 좁은 폭 굴착   (b) 넓은 폭 굴착(plug flow)

그림 6.30 Bingham 모델

굴착바닥에서 단위시간당 부풀어 오르는 융기량 V/t는 식 (6.70)과 같이 된다.

$$\frac{V}{t} = \int_0^B v_x \, dA \tag{6.70}$$

여기서 면적 dA는 $D\,dx$가 된다. 만약 굴착폭이 좁아 플러그 흐름이 발생하지 않을 경우의 굴착융기량은 식 (6.70)의 적분을 실시하여 식 (6.71)과 같이 구한다.

$$\frac{V}{t} = \frac{D}{\eta}\left[\frac{\Delta p'}{3D}B^3 - \frac{\tau_y}{2}B^2\right] \tag{6.71}$$

그러나 굴착폭이 넓어 플러그 흐름이 발생할 것이 예상되면 중심축에서의 거리 x를 0에서 x_0까지의 플러그 흐름 부분에서의 융기량과 x_0에서 B까지의 부분에서의 융기량의 두 부분으로 나눠 속도 v_x를 각각 적용하여 식 (6.72)와 같이 적분을 해야 한다.

$$\frac{V}{t} = \int_0^{x_0} v(x_0)D\,dx + \int_{x_0}^B v_x D\,dx \tag{6.72}$$

이 식을 정리하면 식 (6.73)이 된다.

$$\frac{V}{t} = \frac{D}{\eta}\left[\frac{\Delta p'}{3D}\left(B^3 - x_0^3\right) - \frac{\tau_y}{2}\left(B^2 - x_0^2\right)\right]$$ (6.73)

여기서 식 (6.68)로 구한 x_0가 굴착폭의 반에 해당하는 B보다 작으면 플러그 흐름은 발생할 수 있다고 판단한다.

한편 굴착바닥 임의의 위치 x에서의 시간 t에서의 융기량 u_x은 다음과 같이 구한다.

$$v_x = \frac{u_x}{t}$$ (6.74)

식 (6.67)과 식 (6.69)로부터 융기량 u_x는 다음과 같이 구 할 수 있다.

$$u_x = -\frac{t}{\eta}\left(\frac{\Delta p'}{2D}x^2 - \tau_y x - \frac{\Delta p'}{2D}B^2 + \tau_y B\right) \qquad (x_0 < x < B)$$ (6.75a)

$$u_0 = -\frac{t}{\eta}\left(\frac{\Delta p'}{2D}x_0^2 - \tau_y x_0 - \frac{\Delta p'}{2D}B^2 + \tau_y B\right) \qquad (x < x_0)$$ (6.75b)

6.3 보일링에 대한 안정성

보일링은 사질토지반에서 흙막이벽 배면의 물이 널말뚝의 선단을 돌아 굴착내부로 배수되는 현상이다. 내부의 흙을 굴착하여 가면 외부와 내부의 수위차가 생기며 이 값이 어느 한계치에 도달할 때 물의 중량이 내부의 흙을 일거에 들어 올리게 되어 모래입자가 분출되고 급격한 지반파괴가 발생한다.[18] 이때 굴착저면지반에 물이 솟아오를 때 가는 모래입자가 함께 올라오면서 물이 끌을 때의 모양과 유사하다 하여 보일링이라 부른다. 사진 6.1은 굴착현장에서 보일링이 발생한 두 가지 사례를 보여주고 있다. 사진 6.1(a)는 지하철 건설공사 중 발생한 보일링 현상이고 사진 6.1(b)는 건물 신축현장에서 발생한 보일링 사례이다. 보일링에 대한 안전율 F_b는 두 가지 방법으로 구할 수 있다.

 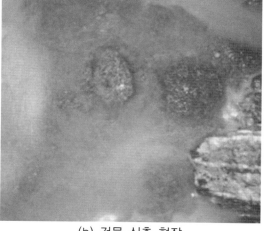

(a) 지하철 건설 현장   (b) 건물 신축 현장

사진 6.1 보일링 사례

(1) Terzaghi의 방법

보일링을 일으키는 힘은 그림 6.31에 도시한 과잉수압이고 여기에 저항하는 힘은 흙의 중량이다. 그림 6.31(a)는 널말뚝 배면 지하수위가 배면 지표면 아래 존재할 경우이고 그림 6.31(b)는 널말뚝배면 수위가 지표면보다 높은 경우이다. 과잉수압과 흙의 중량을 고려하는 부분은 널말뚝 근입장의 반에 해당하는 폭($D/2$)으로 한다.

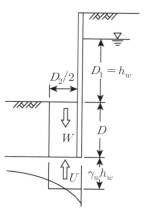 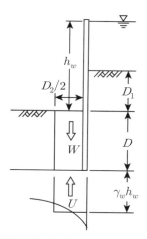

(a) 배면수위가 지표면 아래있는 경우   (b) 배면수위가 지표면 위에 있는 경우

그림 6.31 보일링 과잉수압과 흙의 중량 저항력

보일링에 대한 안전율은 과잉수압과 저항력의 비로 식 (6.76)과 같이 구한다.

$$F_b = \frac{W'}{U} = \frac{\gamma' D^2/2}{\gamma_w h_a D/2} = \frac{\gamma' D}{\gamma_w h_a} \tag{6.76}$$

여기서, F_b : 보일링에 대한 안전율

   U : 과잉수압(t/m^2)

   W' : 흙의 중량(t/m^2)

   D : 널말뚝의 근입장(m)

   γ' : 흙의 유효단위체적중량(t/m^3)

   γ_w : 물의 단위체적중량(t/m^3)

   h_w : 널말뚝 앞뒤의 수두차(m)

   h_a : 평균과잉수압 산정 시 유효수두(m)

h_a는 통상 $h_w/2$로 정한다. 따라서 식 (6.76)은 식 (6.77)과 같이 된다.

$$F_b = \frac{2\gamma' D}{\gamma_w h_w} \tag{6.77}$$

Hong, Im & Kim(1993)은 상용프로그램 SEEP로 유선망을 구하여 간극수압 U와 저항력 W'를 구하여 보일링에 대한 안전율을 산정하였다.[18]

(2) 한계동수구배의 방법

$D_1 = h_w$인 경우(그림 6.31(a) 참조)

$$F_b = \frac{\gamma'(D_1 + 2D)}{\gamma_w D_1} \tag{6.78}$$

$D_1 < h_w$인 경우(그림 6.31(b) 참조)

$$F_b = \frac{\gamma'(D_1 + 2D)}{\gamma_w h_w}$$

(6.79)

6.4 근입장 계산

흙막이 말뚝 혹은 흙막이벽은 근입부의 토압 및 수압에 대하여 충분히 안전한 깊이까지 도달하도록 근입장을 정해야 한다.

우선 근입부에 작용하는 토압으로는 흙막이배면 측에 작용하는 주동토압과 굴착 측에 작용하는 수동토압 및 말뚝의 저항력을 생각할 수 있다. 소요 근입장은 굴착 완료 혹은 최하단버팀보 설치 직전의 상태에서 이들 토압에 의한 모멘트평형이 되도록 결정한다. 이때 모멘트의 중심은 최하단버팀보의 위치 혹은 최하단보다 한단 위의 버팀보 위치(그림 6.32(b)와 같이 최하단 지지공 설치 직전의 굴착상태)로 취한다.

즉, 그림 6.32에서 활동모멘트와 저항모멘트가 일치하도록 식 (6.80)을 정한다.

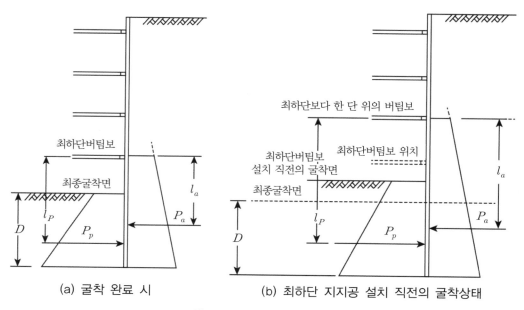

(a) 굴착 완료 시   (b) 최하단 지지공 설치 직전의 굴착상태

그림 6.32 근입부의 토압분포

$$M_P = M_A \tag{6.80}$$

여기서, M_P : 수동토압에 의한 저항모멘트

$\quad\quad\quad M_A$: 주동토압에 의한 활동모멘트

이들 모멘트를 대입하면 식 (6.81)이 구해진다.

$$l_P P_p = l_A P_A \tag{6.81}$$

식 (6.81)이 성립하도록 근입장 D를 구하면 된다. 단 식 (6.81)에 적용하는 주동토압과 수동토압은 Coulomb 토압, Rankine 토압 등에 의해 산출된다.

여기서 설계 시에 주의해야할 점은 흙막이공 부재단면 설계 시와 근입장 설계 시에 적용하는 토압이 다르다는 점이다. 즉, 흙막이공 부재단면 설계 시는 연성벽에 작용하는 경험토압을 적용하나 근입장 설계 시는 강성벽에 작용하는 고전토압을 적용한다. 이 점이 좀 모순된 것 같이 생각될 수 있으나 이는 굴착구간에서의 흙막이벽은 변위영향이 큰 반면에 근입부는 상대적으로 변위 영향이 적어 강체변형을 가정할 수 있기 때문이다.

또한 수동토압과 주동토압을 산정할 때 널말뚝의 경우는 벽체가 연속되어 있어 문제가 없으나 엄지말뚝의 경우는 근입부의 말뚝부분이 연결되어 있지 않아 어느 만큼의 폭을 고려할 것인가 정해야 한다. 이에 대한 참고자료는 지반의 표준관입저항치 N값에 따라 표 6.4와 같이 정할 수 있다.

표 6.4 근입장 산정 시 토압 작용폭

지반상태	사질토	$N>80$	$80>N>50$	$50>N>30$	$30>N>10$	$N<10$
	점성토	–	–	$N>8$	$8>N>4$	$N<4$
토압작용폭		말뚝간격	말뚝간격의 1/2	말뚝 프랜지 폭의 3배	말뚝 프랜지 폭의 2배	말뚝 프랜지 폭

단, 최소근입장길이는 1m로 한다.

참고문헌

1) 강병희·홍원표·최정범(1989), "유니온센터 오피스텔 신축공사 지하굴착에 따른 인접건물의 안전성 검토 연구보고서", 대한토목학회.

2) 백영식·홍원표·채영수(1990), "한국노인복지 보건의료센타 신축공사장 배면도로 및 매설물 파손에 대한 연구보고서", 대한토질공학회.

3) 주성호(2012), 버팀보지지 흙막이 굴착현장에서의 안정성에 관한 연구, 중앙대학교 건설대학원 석사학위논문.

4) 홍원표·김명모(1985), "재개발지역(서린제1지구) 굴착공사에 따른 주변 건물의 안전성 검토 및 대책 연구보고서", 대한토목학회.

5) 홍원표(1991), "안산 롯데프라자 신축공사시 발생한 붕괴사고사례", 중앙대학교 건설대학원 지반굴착론 강의노트.

6) 홍원표·이리형·최정범·박종관(1994), "동아빌라트 지하굴착공사에 따른 인접 건물의 안정성 검토 연구 보고서", 대한토목학회.

7) 홍원표(2003), "미주아파트 재건축을 위한 근접지하굴착공사가 주변건물의 안정성에 미치는 영향 보고서", 중앙대학교.

8) 홍원표·김동욱·송영석(2005), "강널말뚝흙막이벽으로 시공된 굴착연약지반의 안정성", 한국지반공학회회 논문집, 제21권, 제1호, pp.5~14.

9) Boscardin, M.D. and Cording, E.J.(1989), "Building response to excavation induced settlement", Journal of Geotechnical Engineering, ASCE, Vol.115, No.1, pp.1~21.

10) Caspe, M.S.(1966), "Surface settlement adjacent to braced open cut", Jour, SMFD, ASCE, Vol.92, No.SM4, pp.51~59.

11) Clough, G.W., Hansen, L.A. and Mana, A.I.(1979), "Prediction of supported excavation movements under marginal stability condition in clay", Proc. 3rd Int. Conf. on Numerical Methods in Geomechanics, Vol.4, pp.1485~1502.

12) Clough, G.W., Smith, E.M., and Sweeney, B.P.(1989), "Movement control of excavation support systems by iterative design", Proc., ASCE Conf. on Found. Engr., Evanston, Ill., pp.869~884.

13) Clough, G.W. & O'Rourke, T.D.(1990), "Construction induced movements of insitu walls", Design and Performance of Earth Retaining Structures, Geotechnical Special Publication, No.25, ASCE, pp.439~470.

14) Cording, E.J. and O'Rouke, T.D.(1977), "Excavation, Ground movements and their influence on buildings", Seminar presented at ASCE Anual Convention.

15) Cording, E.J.(1984), Use of empirical data for braced excavations and tunnels in

soil, Lecture Series, Chicago ASCE, Chicago, IL.

16) Ghahreman, B.(2004), Analysis of ground and building response around deep excavation in sand, Ph.D Dissertation, University of Illinois at Urbana-Champaign.

17) Goldberg, D.T., Jaworski, W. E. and Gordon, M.D.(1976), "Lateral support systems and underpinning", Report FHWA-RD-75-128, Vol.1, Fedral Highway Administration, Washington D.C.

18) Hong, W.P., Im, S.B. & Kim, H.T.(1993), "Treatments of groungwater in excavation works for the subway construction", Proc., 11th Southeast Asian Geotechnical Conference, 4-8 May, 1993, Singapore, pp.721~725.

19) Jardine, R.J., Potts, D.M., Fourie, A.B. and Burland, J.B.(1986), "Studies of the influence of nonlinear stress strain characteristics in soil structure interaction", Geotechnique, Vol.36, No.3, pp.377~396.

20) Laefer, D.F.(2001), Prediction and assessment of ground movement and building damage induced by adjacent excavation, Ph.D Dissertation, University of Illinois at Urbana-Champaign.

21) Mana, A.I. and Clough, G.W.(1981), "Prediction of movements for braced cuts in clay." Jour. of G.E. Div., ASCE, Vol. 107, No. GT6, pp.759~777.

22) Mueller, C.G.(2000), Laod and deformation response of tieback walls, Ph.D Dissertation, University of Illinois at Urbana-Champaign.

23) Peck, R.B.(1943), "Earth pressure measurements in open cuts", Trans., ASCE, Vol.108, pp.1008~1058.

24) Peck, R.B.(1969), "Deep excavations and tunnelling in soft ground", Proc., 7th ICSMFE, State-of-the Art Volume, pp.225~290.

25) Terzaghi, K.(1943), Theoretical Soil Mechanics, New York, Wiley.

26) Terzaghi, K. and Peck, R.B.(1967), Soil Mechanics in Engineering practice, 2nd Ed., John Wiley and Sons, New York.

27) Tomlinson, M.J.(1986), Foundation Design and Construction, 5th edition, Longman imprint.

28) 岡原美知夫, 平井正哉(1995), "掘削と周辺地盤の変状；土留め掘削の周辺地盤の変状." 土と基礎, Vol. 43, No 5, pp.61~68.

29) 川村國夫(1978), "施工中の觀測結果と掘削規模の關係." 第33回土木學會年次學術講演會槪要集, 第3部.

30) 杉本陸男(1986), "開削工事に伴う地表面最大沈下量の豫測に關する研究." 土木學會論文集, 第373号, VI-5, pp.249~261.

31) 杉本陸男(1994), "土留め工事における地盤變狀の要因と對策", 基礎工, Vol. 22, No.2, pp.61~66.

32) Tschebotarioff, G.P.(1973), Foundations, Retaining and Earth Structure, McGraw-Hill, New York, pp.415~457. McGraw-Hill, New York.

33) Bjerrum, L. and Eide, O.(1956), Stability of strutted excavations in clay, Geotechnique, Vol.6, No.1, pp.32~47.

34) Skempton, A.W.(1951), "The bearing capacity of clays", Proc., Building Research Congress, Vol.1, pp.180~189.

35) 日本建築學會(1974), 建築基礎構造設計基準・同解說, 東京, pp.400~403.

36) 日本道路協會(1977), 道路土工擁壁・カルバト・假設構造物工指針, 東京, pp.179~183.

37) 정영석(2001), 연약점성토지반 굴착 시 굴착저면의 융기현상에 관한 연구, 중앙대학교대학원 석사학위논문.

38) Duncan, J.M. and Chang, C.Y.(1970), "Nonlinear analysis of stress and strain in soils", Jour. SMFD, ASCE, Vol.96, No.SM5, pp.1629~1653.

39) Konder, R.I.(1963), "Hyperbolic stress-strain response, cohesive soils", Jour. SMFD, ASCE, Vol.89, No.SM1, pp.115~143.

40) 後藤康平・平井西夫・花井哲也(1975), レオロジーとその応用, 共立出版柱式會社, 東京, pp.59~72.

주열식 흙막이벽

CHAPTER 07

흙막이말뚝

주열식 흙막이벽

 도심지 굴착시공에서 발생되는 제반 문제를 해결해줄 수 있는 흙막이벽체로 최근에는 주열식 벽체와 지중연속벽체가 많이 사용되고 있다.[1] 주열식 흙막이벽체는 현장에서 타설한 말뚝이나 기성제품의 말뚝을 1열 또는 2열 이상으로 설치하여 횡방향의 토압과 그 밖의 외력에 저항할 수 있도록 흙막이벽체를 시공하며, 지중연속벽체는 벤트나이트 슬러리의 안정액을 사용하여 지반을 굴착한 후 철근망을 삽입하고 콘크리트를 타설하여 지중에 조성된 철근콘크리트 역속벽체의 흙막이구조물이다.[3,19]

 최근 수년 사이에 오거장비의 경량화 및 기능의 다양화, 고압분사장비의 개발 등으로 인해 시공속도의 향상과 비용감소 등이 가능하여져 주열식 말뚝의 사용이 증가하고 있다. 그리고 점성토 지반에서는 지중연속벽에 비하여 경제적인 측면에서 유리하게 사용될 수 있으며 지중연속벽 시공 시 발생하는 많은 양의 굴착토 처리문제도 발생하지 않는다는 장점이 있다.[23-25]

 주열식 흙막이공법은 직경이 300~1,200mm인 원주상의 현위치콘크리트말뚝을 일정 간격으로 혹은 인접시켜 현장에서 지중에 타설하여 흙막이벽을 형성시킨 후 버팀보 혹은 앵커로 흙막이벽을 지지시키면서 굴착을 실시하는 공법이다. 현위치콘크리트말뚝은 각종 천공기계로 말뚝 설치위치를 굴착하고 그 내부에 조립철근이나 H형강 등의 강재를 삽입한 후 콘크리트 혹은 몰탈을 채워 넣어 제작한다.

 주열식 흙막이벽은 엄지말뚝으로 쓰이는 H말뚝과 같은 기성말뚝을 타격에 의하여 지중에 설치하는 일반적 공법에 비하여 저소음, 저진동의 이점이 있고 주변지반이나 인접구조물에 미치는 악영향이 적은 이유로 인하여 최근 굴착공사의 흙막이공으로 많이 채택되고 있다.[10,11] 일본에서도 굴착공사에 대한 안전성이 높기 때문에 RGP, PIP 등의 명칭으로 많이 이용되고 있다.[20]

이 흙막이벽을 구성하는 말뚝의 배열방법으로는 여러 종류가 적용되나 지금 현재는 말뚝 지지기능의 규명이 불확실한 관계로 말뚝 사이의 간격을 열어놓는 방법보다는 말뚝을 서로 인접시키거나 중복시켜 설치하는 방법이 많이 적용되고 있다. 그러나 지하수위가 낮아서 차수의 필요성이 그다지 크지 않은 경우는 말뚝을 일정간격으로 열어서 설치하는 것이 경제적이다. 이 경우는 말뚝 사이의 간격을 어떻게 결정할 것인가 하는 어려움이 수반된다. 말뚝이 간격을 두고 설치되어 있으면 말뚝 사이의 지반에는 지반아칭(soil arching)현상이 발생하여 지반의 붕괴로부터 말뚝이 저항할 수 있게 된다.[13] 그러나 말뚝 사이의 간격을 너무 크게 하면 말뚝 사이의 지반이 유동파괴되어 흙막이벽으로서의 기능을 발휘할 수 없게 된다. 따라서 주변지반의 영향을 최소한으로 할 수 있는 범위 내에서 간격이 최대가 되도록 말뚝간격을 결정함이 가장 합리적이다.

제7장에서는 이러한 주열식 흙막이벽용 말뚝의 합리적인 설계법이 설명된다. 본 설계법에서는 먼저 흙막이말뚝의 저항력을 산정할 수 있는 이론식을 도입한 후 말뚝의 설치간격비의 결정법을 설정한다. 흙막이말뚝의 저항력은 말뚝 사이 지반에 아칭(soil arching)현상이 취급됨으로써 지반의 특성과 말뚝의 설치상태가 처음부터 합리적으로 고려될 수 있다.

7.1 주열식 벽체의 분류 및 시공방법

7.1.1 벽체의 분류

흙막이벽체로서 사용되는 주열식 공법은 여러 문헌[1-3]에서 자세히 다루고 있다. 이들 문헌의 내용을 종합하여 정리하면 주열식 흙막이벽체를 축조하기 위해서 사용되는 공법들은 대체로 표 7.1과 같이 분류될 수 있다. 이 표에서 보면 주열식 흙막이벽체는 벽체를 구성하는 주요 구조재료에 따라 크게 소일시멘트벽체, 콘크리트벽체, 강관말뚝벽체로 구분할 수 있는데, 이들 공법을 세분하여 그 특징과 시공법을 정리하면 다음과 같다.

(1) 소일시멘트벽체

소일시멘트 공법은 원지반 흙에 시멘트계를 오거 등으로 혼합하여 소일시멘트를 만들고 이 벽체에 응력 부담재를 삽입하여 휨모멘트에 취약한 점을 적절히 보강하기도 한다. 소일시멘트 주열식 벽은 직경을 쉽게 조절할 수 있으며 접합부위의 누수 가능성을 개선할 수 있는 장점이 있다. 또한 이 벽체는 말뚝간의 연결성이 좋아 차수성이 좋으며 토사 유실의 가능성이 적고 강성도 흙막이판 벽체나 널말뚝보다 좋은 편이며 시공기계의 개량과 시공관리의 발달 등에 따라 신뢰성이 향상되고 범용성이 증가하게 되었다. 그러나 시공장비의 특성상 풍화암 지역에서는 시공이 불가능하므로 토사지반에서만 설치가 가능한 단점이 있다.

소일시멘트 주열식 벽체는 표 7.1에서와 같이 세분할 수 있다. 즉, 교반날개에 의해 원지반 흙을 교반시켜 주열식 흙막이벽체를 건설하는 공법, 경화재 등을 고압분사하여 원지반흙과 혼합하는 공법, 고압분사에 의해 치환된 지중공간을 시멘트계 경화재로 충진시키는 공법으로 크게 나눌 수 있다.

표 7.1 주열식 벽체의 분류

벽체구성 재료에 의한 분류	공법원리에 의한 분류	공법
소일시멘트벽체	교반방법(교반날개에 의한)	SCW(soil cement wall)
		SEC(special earth concreting)
		DSM(deep soil mixing)
	혼합방법(고압분사에 의한)	CCP(chemical churning pile method)
		JSP(junbo special pile)
		JGP(jet grout pile)
	치환방법(고압분사에 의한)	SIG(super injection grout)
		CJG(column jet grout)
콘크리트벽체	현장타설 콘크리트	MIP(mixed in-place pile)
		CIP(cast in-place pile)
		PIP(packed in-place pile)
강관말뚝벽체	벽강관 말뚝	

소일시멘트 주열식 흙막이벽체로는 그림 2.10에 도시된 일반적 주열식 흙막이벽을 응용할 수 있다. 이때 소일시멘트 주열식 벽을 흙막이판으로 사용할 때의 휨모멘트에 대한 보강책으로서 응력부담재를 사용하는 데 주로 사용되는 것은 H형강이고 그 외 I형강, 강관널말뚝, PC말뚝 등도 사용된다. 보강되는 응력부담재의 종류와 배치에 따라 여러 가지 조합이 가능하나 주로 사용되는 것은 그림 7.1과 같다.

소일시멘트 주열식 벽체 중 SCW, SEC, DSM 공법을 일축 혹은 다축 오거나 교반 장치에 의해 지반 내에서 흙과 고결제를 교반혼합 고결하여 벽체를 시공하고 벽체에 인장력이 작용할 때는 별도의 강재 보강이 필요하다. 시공법은 여러 가지 공법마다 조금씩 차이가 있지만 대체로 오거를 회전시켜 소정의 깊이까지 굴착한 다음 오거축을 통하여 안정처리재를 주입 및 혼합교반하여 벽체를 형성시킨다. 특히 함수비가 큰 유기질토의 경우나 지하수류가 격심한 경우에는 되풀이하여 혼합교반을 실시한다.

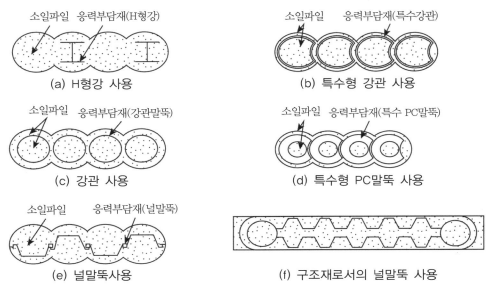

그림 7.1 소일시멘트 주열식 흙막이벽체의 보강 방법

한편 고압분사에 의한 교반공법은 수력 채탄에 쓰고 있는 고압분사 굴착기술을 도입하여 개량한 공법으로서 로드에 달린 노즐로부터 경화제 등을 고압분사 혼합교반하는 공법이다. 즉, 지반의 토립자와 고화재를 혼합교반하는 공법이다. 분사식은 교반날개에 의한 소일시멘트에 비하여 벽체 강도분포가 흩어지는 것과 지반에 의하여 주열의 형상이 일정하지 않는 등의 특징이 있어 흙막이판으로서의 사용은 그리 활발하지 않은 편이다.

JGP, CJG, CCP 공법이 여기에 속한다. CCP 공법은 약액 등 액체 상태의 고화제를 고압으로 지중에 분사시킴으로써 흙을 굴착하면서 흙과 고화재를 혼합하여 고결시키는 공법이다. 한편 분사공의 외주로부터는 압축공기를 분출시키고 중심으로부터는 고화재를 분출시켜 위의 공법과 마찬 가지로 지반을 고결시키는 공법이 JSP 및 JGP 공법이다. 이들 두 공법은 원리가 같으므로 모두 JSP 공법으로 부르고 있다.

마지막으로 공기와 물의 힘으로 지반을 파쇄하여 지표에 배출함에 따라 지중에 인위적인 공동을 만들고 그 공동에 고화재를 충진하는 치환공법이 있다. 이 공법은 그라우트 주입방식의 하나이지만 지반 내의 수두 이외에는 압력이 없기 때문에 강재교반공법이나 약액주입공법의 가장 큰 문제점 중의 하나인 수압파쇄현상(hydraulic fracturing) 또는 지반융기현상, 즉 주변의 구조물이나 매설물을 떠올리거나 파손시키지 않는 장점이 있다. 보링공법의 종류에 따라 동시에 분사하는 고화 유체의 종류가 다르므로 단관, 2중관 또는 3중관이 사용된다. SIG 공법이 이 방식에 속하는데, 여기에는 보링홀을 천공하지 않고 3중관 로드와 비트로 지반의 굴착과 고화재 충진을 거의 동시에 완성한다.[2] 이토에서 연암에 이르기까지 모든 토층에 적용할 수 있다. 특히 사력층에 효과가 큰 특징이 있다.

끝으로 이들 주열식 흙막이 벽체 공법의 장단점을 정리하면 표 7.2와 같다.

표 7.2 주열식 흙막이 공법의 장단점

벽체구성 재료에 의한 분류	공법원리에 의한 분류		장단점
소일시멘트벽체	교반방법 (교반날개에 의한)	장점	① 차수성이 좋으며 토사유실의 가능성이 적음
			② 벽체의 강성이 널말뚝보다 큼
			③ 시공이 간편하고 빠름
			④ 함수비가 높은 연약지반에 시공 가능
			⑤ 시공 후 잔토가 소량
		단점	① 토사지역에서만 시공 가능
			② 사력층에 시공 불가능
	혼합방법 (고압분사에 의한)	장점	① 토층구성이나 토질에 의한 영향이 적음
			② 세립토 지반에서도 시공이 가능
			③ 지하매설물에 영향이 적음
		단점	① 암반에서는 시공이 불가능
	치환방법 (고압분사에 의한)	장점	① 수압파쇄현상(hydraulic fracturing)이 없음
			② 지반융기현상이 발생하지 않음
			③ 사력층에 시공 가능
		단점	① 다른 소일시멘트보다 고가
콘크리트벽체	현장타설 콘크리트	장점	① 소일시멘트 벽체에 비해 강성이 큼
			② 모든 지반에 시공이 가능
			③ 소음·진동이 거의 없음
			④ 시공단면이 작아 인접구조물에 영향을 주지 않음(지중연속벽 공법과 비교 시)
		단점	① 기둥간의 연결성이 좋지 않음
			② 차수성이 나쁘며 토사유실의 가능성 큼
			③ 공사기간이 길고 공사비가 증가
			④ 공벽의 안정을 위해 사용하는 슬러리의 처리
강관말뚝벽체	벽강관 말뚝	장점	① 시공이 빠름
			② 특별한 시공장비가 불필요
		단점	① 항타로 소음 발생

(2) 콘크리트벽체 및 강관말뚝벽체

이 벽체는 어스드릴을 이용하여 지반을 천공하고 H형강이나 철근을 집어넣고 현장타설 몰타르를 주입하여 말뚝을 조성하거나 반대로 먼저 몰탈을 주입하고 H형강이나 철근을 삽입하여 말뚝을 조성하여 흙막이판으로 이용하는 공법이다.

본 공법은 소일시멘트 흙막이 벽체에 비하여 강성이 크고 특수장비가 필요하지 않으며 천공할 수 있는 지반에 설치할 수 있으므로 지반조건에 구애를 받지 않는 장점이 있다. 반면에 기둥간의 연결성이 좋지 않아 벽체의 차수성이 나쁘며 토사유실의 가능성도 매우 높다. 이들의 시공예가 그림 7.2에 도시되어 있다.

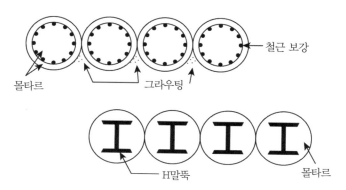

그림 7.2 현장타설 콘크리트 주열식 흙막이 벽체

현장타설 콘크리트벽체 축조를 위한 주열식 말뚝은 건조한 점성토 지반에 가장 적당하며 비점성 지반이나 대수층지반에서는 사용이 제한된다.

한편 강관말뚝벽체는 이미 만들어진 강관말뚝을 일렬로 접촉시켜 항타하여 벽강관 흙막이 벽체를 조성하는 공법이다. 이 공법에 주로 사용되는 강관말뚝의 직경은 150mm 정도이며 얕은 심도로 굴착할 때 레이커(raker)와 함께 많이 이용된다. 또한 이 공법은 특별한 항타장비가 없이 백호우(포크레인)를 이용할 수 있으며 항타 후 즉시 굴착할 수 있다는 장점이 있다.

7.1.2 말뚝의 배치방법

주열식 말뚝의 직경은 일반적으로 $\phi300\sim450mm$가 많이 사용되고 있지만 필요에 따라 300mm에서 50mm 간격으로 1,000mm까지 시공이 가능하다. 현재 많이 적용되고 있는 주열식 말뚝의 배치방법은 그림 7.3에서와 같이 (a) 1열접촉형(contact style), (b) 1열겹치기형(overlapping style), (c) 갈지자형(zigzag style), (d) 차수용 그라우팅형(water interrupt wall, water-proof chemicals), (e) 조합형이 있다. 말뚝을 단순히 접촉시켜 시공하는 경우는 말뚝과 말뚝 사이에 공간이 생기기 쉬우므로 투수층 지반의 경우에는 토사가 유출되지 않도록 말뚝과 말뚝 사이에 약액주입 등의 보조공법을 병행한다.

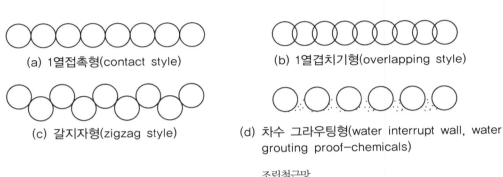

(a) 1열접촉형(contact style)   (b) 1열겹치기형(overlapping style)

(c) 갈지자형(zigzag style)   (d) 차수 그라우팅형(water interrupt wall, water grouting proof-chemicals)

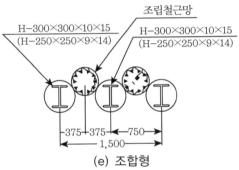

(e) 조합형

그림 7.3 주열식 말뚝의 배치방법

겹치기형 시공의 경우에는 한 구멍씩 시공하지 않으면 안 되지만 말뚝 사이의 간격이 좁으므로 먼저 시공한 말뚝 쪽에 오거가 훼손될 염려가 있고 또한 전에 시공한 말뚝의 몰탈이 후에 시공할 말뚝 쪽으로 유입될 우려가 있다. 또 강말뚝이나 철근말뚝의 경우에는 겹치기 시공이 어렵기 때문에 겹치기 시공은 무근 몰탈 말뚝이어야 한다. 따라서 일반적으로 그림 7.3(e)와 같이 강말뚝, 철근 모탈 말뚝, 무근 몰탈 말뚝을 조합시켜 갈지자로 배열하는 방법이 많이 사용되고 있다.

흙막이용으로 사용되는 주열식 벽은 10m 정도까지는 자립식으로 지지할 수 있지만 그 이상 되면 보통 앵커로 보강하게 된다. 앵커를 사용함으로써 주열식 벽의 처짐이나 이로 인한 흙막이벽의 변위를 감소시킬 수 있으며 또한 굴착 후 지지대 설치 전의 임시단계에서 발생할 수 있는 큰 휨모멘트와 전단력에 저항하기 위해 요구되는 철근의 양을 앵커를 이용함으로써 감소시킬 수 있다.

7.2 흙막이말뚝의 저항력

그림 7.4는 직경이 d인 RC 말뚝을 D_1의 중심간격으로 일렬로 설치한 주열식 흙막이벽의 정면도와 평면도이다. 또한 사진 7.1은 주열식 흙막이벽을 설치하여 굴착을 실시한 한 현장의 사진이다.

말뚝을 설치한 후 굴착이 진행됨에 따라 말뚝 사이의 지반이 말뚝열과 직각방향으로 이동하려고 할 것이다. 이 경우 말뚝의 이동이 버팀보와 띠장 등으로 구속되어 있으면, 말뚝 사이의 지반에는 지반아칭(soil arching)현상이 발생하게 되어 지반이동에 말뚝이 저항할 수 있게 된다.[13]

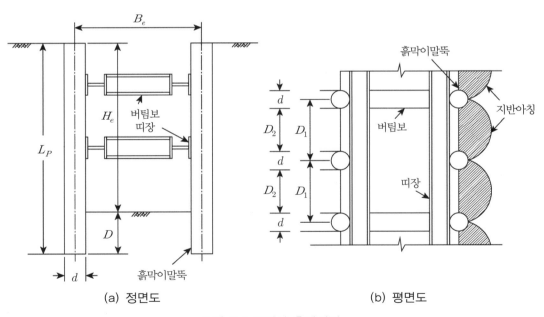

(a) 정면도　　　　　　　　　　(b) 평면도

그림 7.4 주열식 흙막이벽

사진 7.1 현장사진

따라서 주열식 흙막이벽에 사용된 흙막이 말뚝의 설계에서는 이 말뚝의 저항력을 합하게 산정하여야 함이 무엇보다 중요할 것이다. 왜냐하면 이 저항력이 과소하게 산정되면 공사비가 과다하게 들 것이며 저항력이 과대하게 산정되면 말뚝 사이의 지반이 유동하여 흙막이벽의 붕괴를 초래하기 때문이다.

말뚝의 저항력은 지반의 상태와 말뚝의 설치상태에 영향을 받을 것이므로 말뚝저항력 산정 시에는 이들 요소의 영향을 잘 고려해야만 한다. 이러한 저항력은 측방변형지반 속의 수동말뚝에 작용하는 측방토압 산정이론식을 응용함으로써 산정할 수 있다.[4-9,15]

이 측방토압은 말뚝주변지반이 Mohr-Coulomb의 파괴기준을 만족하는 상태에 도달하려 할 때까지 발생 가능한 토압을 의미한다. 따라서 말뚝이 충분한 강성을 가지고 있어 이 토압까지 충분히 견딜 수 있다면, 말뚝 주변지반은 소성상태에 도달하지 않은 탄성영역에 존재하게 될 것이다. 이 사실은 바꾸어 이야기하면 상기 식으로 산정된 측방토압이란 수치는 말뚝 사이 지반에 소성상태가 발생됨이 없이 충분한 강성을 가진 말뚝이 지반의 측방이동에 저항할 수 있는 최대치에 해당됨을 의미한다. 지반의 측방이동에 저항할 수 있는 이러한 말뚝의 특성을 이용하여 억지말뚝은 사면의 안정을 증가시키는 목적으로도 많이 사용되고 있다. 따라서 흙막이용 말뚝도 굴착지반의 안정을 위하여 사용될 수 있을 것이다.

사면과 같은 측방변형지반의 경우는 말뚝열 전후면에 지반이 존재하는 관계로 말뚝열 전후면의 토압차를 구하여 말뚝에 작용하는 측방토압으로 하였다. 이와 같은 측방변형지반 속에 설치된 원형의 수동말뚝에 작용하는 측방토압 p의 산정이론식은 다음과 같이 유도한 바

있다.[5,6]

$$p = c\left[D_1\left(\frac{D_1}{D_2}\right)^{G_1(\phi)}\left\{\frac{G_4(\phi)}{G_3(\phi)}\left(\exp\left(\frac{D_1-D_2}{D_2}\tan\left(\frac{\pi}{8}+\frac{\phi}{4}\right)G_3(\phi)\right)-1\right)+\frac{G_2(\phi)}{G_1(\phi)}\right\}\right.$$
$$\left.-D_1\frac{G_2(\phi)}{G_1(\phi)}\right]+\sigma_H\left[D_1\left(\frac{D_1}{D_2}\right)^{G_1(\phi)}\exp\left(\frac{D_1-D_2}{D_2}\tan\left(\frac{\pi}{8}+\frac{\phi}{4}\right)G_3(\phi)\right)-D_2\right] \quad (7.1)$$

여기서, $G_1(\phi) = N_\phi^{1/2}\tan\phi + N_\phi - 1$

$\qquad G_2(\phi) = 2\tan\phi + 2N_\phi^{1/2} + N_\phi^{-1/2}$

$\qquad G_3(\phi) = N_\phi\tan\phi_0$

$\qquad G_4(\phi) = 2N_\phi^{1/2}\tan\phi_0 + c_0/c$

$\qquad N_\phi = \tan^2(\pi/4 + \phi/2)$

또한 상기 식 중 c : 지반의 점착력

$\qquad\qquad\quad \phi$: 지반의 내부마찰각

$\qquad\qquad\quad D_1$: 말뚝의 중심간 간격

$\qquad\qquad\quad D_2$: 말뚝의 순 간격$(D_1 - d)$

$\qquad\qquad\quad \sigma_H$: 말뚝열 전면에 작용하는 토압

한편 점토지반$(c \neq 0)$의 경우는 식 (7.1) 대신 별도의 유도과정으로 식 (7.2)를 사용하도록 하였다.[4]

$$p = cD_1\left(3\ln\frac{D_1}{D_2} + \frac{D_1-D_2}{D_2}\tan\frac{\pi}{8}\right) + \sigma_H(D_1-D_2) \qquad (7.2)$$

그러나 흙막이 말뚝의 경우는 그림 7.4(a)에서 보는 바와 같이 말뚝열 전면이 굴착지반에 해당하므로 식 (7.1)과 식 (7.2)에 포함된 σ_H, 즉 말뚝열 전면에 작용하는 토압 σ_H는 작용하지 않게 된다. 따라서 주열식 흙막이벽용 말뚝의 수평저항력 p_r은 수동말뚝의 측방토압 산정이론

식 식 (7.1) 및 식 (7.2)에 $\sigma_H = 0$을 대입한 측방토압 p와 등치시킬 수 있다. 이와 같이 말뚝 주변지반이 소성영역에 막 들어서려고 할 때 말뚝에 작용하는 측방토압을 말뚝의 저항력으로 하고 이 측방토압에 충분히 견디게끔 말뚝의 강성과 흙막이 지지공을 설계·설치하면 말뚝배면의 지반은 탄성영역에 존재하게 된다.

따라서 지반의 내부마찰각이 0이 아닌 경우의 말뚝저항력 p_r은 식 (7.1)로부터 식 (7.3)과 같이 구해진다.

$$p_r = c\left[D_1\left(\frac{D_1}{D_2}\right)^{G_1(\phi)}\left\{\frac{G_4(\phi)}{G_3(\phi)}\left(\exp\left(\frac{D_1 - D_2}{D_2}\tan\left(\frac{\pi}{8} + \frac{\phi}{4}\right)G_3(\phi)\right) - 1\right) + \frac{G_2(\phi)}{G_1(\phi)}\right\}\right.$$
$$\left. - D_1\frac{G_2(\phi)}{G_1(\phi)}\right] \tag{7.3}$$

점토의 경우는 식 (7.2)로부터 식 (7.4)와 같이 구해진다.

$$p_r = cD_1\left(3\ln\frac{D_1}{D_2} + \frac{D_1 - D_2}{D_2}\tan\frac{\pi}{8}\right) \tag{7.4}$$

점착력이 전혀 없는 완전 건조된 모래의 경우는 식 (7.3)에서 알 수 있는 바와 같이 본 이론식의 사용이 불가능하다. 실제 지반의 경우를 생각하면 이런 지반의 굴착 시 굴착으로 인한 굴착면의 응력해방이 발생하면 흙이 자립을 할 수 없어 붕괴될 것이다. 그러나 모래지반이라 해도 수분이 존재하게 되면 겉보기점착력이 존재하게 되므로 이 겉보기 점착력을 구하여 상기 식 (7.3)을 사용하여야 한다.

이상의 검토로부터 식 (7.3)과 식 (7.4)를 보다 간편한 형태의 식으로 정리하기 위해 저항력계수 K_r을 도입하면 식 (7.3)과 식 (7.4)로부터 단위폭당으로 환산한 말뚝의 저항력 p_r/D_1은 식 (7.5)와 같은 형태로 정리될 수 있다.

$$\frac{p_r}{D_1} = K_r c \tag{7.5}$$

여기서 저항력계수 K_r은 식 (7.6)과 같다.

$$K_r = \left(\frac{D_1}{D_2}\right)^{G_1(\phi)} \left\{ \frac{G_4(\phi)}{G_3(\phi)} \left(\exp\left(\frac{D_1 - D_2}{D_2} \tan\left(\frac{\pi}{8} + \frac{\phi}{4}\right) G_3(\phi)\right) - 1 \right) + \frac{G_2(\phi)}{G_1(\phi)} \right\}$$

$$- \frac{G_2(\phi)}{G_1(\phi)} \qquad\qquad (\phi \neq 0 \text{ 경우}) \qquad\qquad (7.6a)$$

$$K_r = 3\ln\frac{D_1}{D_2} + \frac{D_1 - D_2}{D_2}\tan\frac{\pi}{8} \qquad\qquad (\phi = 0 \text{ 경우}) \qquad\qquad (7.6b)$$

저항력계수 K_r은 식 (7.6)에서 알 수 있는 바와 같이 ϕ와 D_2/D_1의 함수이므로 이들 사이의 관계를 도시하여보면 그림 7.5와 같다. 여기서 말뚝간격비 D_2/D_1는 말뚝의 설치상태를 나타내는 변수로서 D_2/D_1이 0에 근접할수록 말뚝간격은 좁은 것을 의미하며 D_2/D_1이 1에 근접할수록 말뚝간격이 넓은 것을 의미한다.

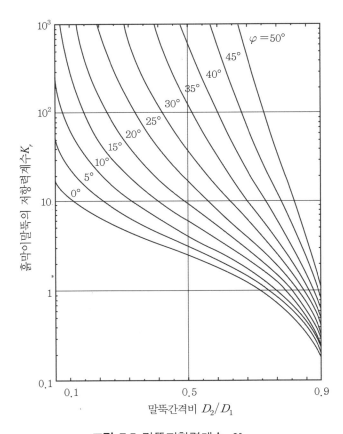

그림 7.5 말뚝저항력계수 K_r

이 그림에 의하면 말뚝간격비 D_2/D_1이 0에서 1로 커질수록 즉 말뚝간격이 넓어질수록 저항력계수 K_r은 감소하며 말뚝 저항력 p_r도 감소함을 알 수 있다. 이는 말뚝간격이 넓어지면 기대할 수 있는 말뚝의 저항력은 그만큼 감소하게 됨을 의미한다. 한편, 말뚝간격이 일정한 경우는 내부마찰각 ϕ가 증가할수록 저항력계수 K_r이 증가하여 말뚝저항력 p_r이 증가한다. 또한 식 (7.5)로부터도 점착력 c가 증가할수록 말뚝저항력 p_r도 증가한다. 즉, 지반강도가 큰 견고한 지반일수록 말뚝의 저항력도 커짐을 알 수 있다.

이상의 검토로부터 본 저항력 산정이론식에는 지반의 특성과 말뚝의 설치상태가 잘 고려되어 있음을 알 수 있다. 또한 저항력계수 K_r과 말뚝간격비 D_2/D_1 및 내부마찰각 ϕ의 관계를 나타낸 그림 7.5를 이용하면 식 (7.3)과 식 (7.4)에 의거하지 않고도 말뚝의 저항력을 용이하게 산정할 수 있다.

7.3 흙막이말뚝의 설치간격

제7.2절에서 설명한 흙막이말뚝의 저항력이라 함은 흙막이벽에 작용하는 측압이 이 저항력 이상으로 될 때 말뚝 사이의 지반에는 소성파괴가 발생하여 흙막이벽으로서의 기능을 발휘하지 못하게 됨을 의미한다.

따라서 주열식 흙막이벽용 말뚝을 설치할 수 있는 말뚝의 최대간격은 이 말뚝의 저항력이 흙막이벽에 작용하는 측방토압과 일치하는 경우의 말뚝간격으로 제한될 것이다.

여기서 굴착깊이에 따른 흙막이 말뚝의 저항력과 흙막이벽에 작용하는 측방토압의 분포를 도시하면 그림 7.6과 같다.

우선 흙막이벽에 작용하는 측압은 제4장에서 제안된 측방토압분포를 적용할 수 있으나 가장 일반적인 측방토압분포는 그림 7.6(b)에 도시된 삼각형분포나 구형분포로 개략적으로 표현할 수 있다. 이 측방토압분포 중 최대측방토압 p는 다음 식으로 표현될 수 있다.

$$p = K_L \gamma H \tag{7.7}$$

여기서, H : 굴착깊이

γ : 지반의 단위체적중량

K_L : 최대측압계수

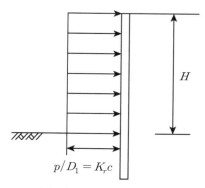

(a) 흙막이말뚝의 저항력

(b) 흙막이벽에 작용하는 측방토압

그림 7.6 주열식 흙막이벽의 저항력과 측방토압

말뚝간격은 최대측방토압이 작용하는 위치에서 측방토압과 저항력을 등치시킴으로써 얻을 수 있다. 따라서 식 (7.5)와 식 (7.7)로부터 식 (7.8)을 얻을 수 있다.

$$K_r c = K_L \gamma H \tag{7.8}$$

식 (7.8)로부터 말뚝의 저항력계수 K_r은 식 (7.9)와 같이 된다.

$$K_r = K_L \frac{\gamma H}{c} \tag{7.9}$$

여기서 $\dfrac{\gamma H}{c}$는 Peck(1969)의 안정수(stability nunber)[16] N_s와 일치하므로 식 (7.9)는 식 (7.10)으로 쓸 수 있다.

$$K_r = K_L N_s \qquad\qquad (7.10)$$

식 (7.10)으로부터 말뚝의 저항력계수 K_r은 K_L과 N_s(즉, 지반의 점착력, 단위체적중량, 측압계수 및 굴착깊이)를 알면 결정되는 계수임을 알 수 있다. 그러나 이 저항력계수 K_r은 식 (7.6)에서 보는 바와 같이 말뚝간격비 D_2/D_1과 지반의 내부마찰각 ϕ의 함수이기도 하다. 따라서 식 (7.6)과 식 (7.10)을 연결시킴으로써 흙막이말뚝의 합리적인 설치간격을 구할 수 있을 것이다. 즉, 굴착을 실시할 지반의 지반조건과 굴착깊이가 알려지면 식 (7.10)으로 저항 력계수 K_r이 구해지고 K_r이 구해지면 이러한 K_r을 얻을 수 있게 말뚝간격비 D_2/D_1을 식 (7.6)으로부터 구하면 된다. 말뚝간격비 D_2/D_1이 구해지면 식 (7.11)에 의거 말뚝설치간격 D_1을 구할 수 있다.

$$D_1 = \dfrac{d}{1 - \dfrac{D_2}{D_1}} \qquad\qquad (7.11)$$

이상과 같은 흙막이말뚝의 설치간격의 결정과정을 도시하면 그림 7.7과 같다. 그림 7.7은 $N_s - K_r - D_2/D_1$ 사이의 관계도를 나타낸다. 즉, 좌측 반은 N_s와 K_r 및 K_L의 관계를 나타내고 있다. 먼저 측압계수가 K_{L1}이고 지반의 안정수가 $(N_s)_1$이면 그림 7.7 좌반부에서 화살표에 따라 $(K_r)_1$을 구할 수 있다.

다음으로 그림 7.7 우측 반의 K_r과 D_2/D_1 및 ϕ의 관계로 지반의 내부마찰각이 ϕ_1인 경우 $(K_r)_1$으로부터 화살표의 방향에 따라 $(D_2/D_1)_1$을 구할 수 있다. 한편 안정수가 Peck (1696)[16]의 기준에 따라 부적합하다고 판단되어 굴착깊이를 수정할 경우는 안정수가 $(N_s)_2$로 변경되며 역시 동일한 방법으로 $(D_2/D_1)_2$를 구할 수 있다. 지반의 내부마찰각과 측압계수가 다를 경우는 각각 다른 선(즉, ϕ_2 ϕ_3 …… 및 K_{L2} K_{L3} ……)을 사용하여 동일 방법으로 계산할 수 있다.

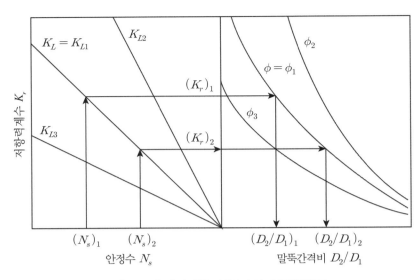

그림 7.7 흙막이말뚝 설치간격 결정방법도

7.4 흙막이말뚝의 설계

흙막이말뚝의 근입장은 말뚝의 안정성과 지반의 안정성을 모두 만족시키는 범위에서 결정해야 한다. 말뚝의 근입부에서 지반 및 말뚝의 안정해석 및 굴착저면에서의 점토지반 융기현상에 대한 안정검토도 실시되어야 한다.

7.4.1 설계순서

주열식 흙막이벽을 합리적으로 설계하기 위해서는 지반조건, 굴착규모 및 말뚝조건이 적합하게 고려되어야만 한다. 흙막이말뚝의 설계 시 고려될 수 있는 요소로는 지반조건, 측압계수, 굴착깊이, 말뚝직경 및 말뚝간격을 들 수 있다. 이 외에도 굴착하부지반의 붕괴를 방지하기 위한 말뚝의 근입장과 강성을 들 수 있다. 따라서 주열식 흙막이벽용 말뚝의 설계에는 이들 요소가 체계적으로 고려되어야 함이 합리적일 것이다.

이 설계법의 설계수순을 흐름도로 도시하면 그림 7.8과 같다. 우선 현장조사와 실내시험 등으로 지형, 지질, 토질 등의 지반조건이 결정된다. 이와 동시에 이 지반조건으로부터 흙막이벽에 작용하는 측압을 산정하기 위한 측압계수를 결정한다. 이 측압계수는 제7.2절에

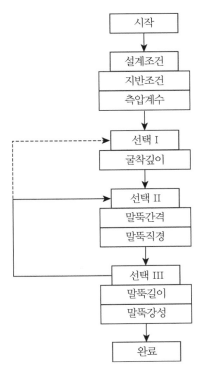

```
┌──────────┐
│   시작   │
└────┬─────┘
     │
┌────┴─────┐
│ 설계조건 │
├──────────┤
│ 지반조건 │
├──────────┤
│ 측압계수 │
└────┬─────┘
     │
┌────┴─────┐
│ 선택 I   │
├──────────┤
│ 굴착깊이 │
└────┬─────┘
     │
┌────┴─────┐
│ 선택 II  │
├──────────┤
│ 말뚝간격 │
├──────────┤
│ 말뚝직경 │
└────┬─────┘
     │
┌────┴─────┐
│ 선택 III │
├──────────┤
│ 말뚝길이 │
├──────────┤
│ 말뚝강성 │
└────┬─────┘
     │
┌────┴─────┐
│   완료   │
└──────────┘
```

그림 7.8 주열식 흙막이말뚝의 설계 흐름도

서의 설명을 참조할 수 있다.

다음으로 지하구조물의 규모와 설치위치에 따라 굴착깊이를 선정한다. 굴착깊이가 선정되면 한계말뚝간격비에 따라 말뚝의 직경과 설치간격을 선정한다. 한계말뚝간격비에 대하여는 제 7.3절의 참조할 수 있다.

다음으로 말뚝직경과 말뚝간격이 선정되면 마지막으로 말뚝의 근입장과 말뚝강성을 선정한다. 말뚝의 근입장은 굴착하부지반이 굴착 내부로 활동파괴하지 않을 충분한 길이가 되도록 산정하며, 말뚝강성은 말뚝의 측방변형을 최대한으로 억제하여 주열식 흙막이벽으로서의 기능을 충분히 발휘하도록 철근량, H형강의 치수를 결정한다. 또한 여기서는 말뚝의 강성을 보강하기 위하여 버팀보와 띠장 혹은 앵커의 흙막이벽 지지구조물의 설계도 실시되어야 한다.

이 단계에서 만족할 만한 선정이 이루어질 수 없는 경우는 그림 7.8에 도시된 바와 같이 '선택 II'로 돌아가 말뚝직경과 말뚝간격을 수정, 선정할 수 있다. 경우에 따라서는 '선택 I'까지 돌아가 굴착깊이도 다시 선정하여 수정할 수도 있다. 그러나 굴착깊이의 경우는 지하구조물의 규모에 의하여 선정되는 경우가 많으므로 이러한 경우는 드물 것이다.

　이와 같이 설계한 이외에도 지하수에 의한 영향이 극심하거나 지반변형을 특히 제한하여야 하는 경우는 상기와 같이 설계한 말뚝 사이에 몰타르말뚝을 연속 설치하여 차수벽으로서의 기능을 발휘할 수 있게 한다. 이 경우 철근이나 H형강으로 보강한 RC말뚝의 설치간격을 상기 설계법에 의하여 결정함이 바람직하다.

7.4.2 지반의 안정해석

　굴착지반안정해석 시 말뚝에 작용하는 토압은 굴착저면 상부와 하부로 나누어 생각할 수 있다. 먼저 굴착저면상부에서는 토압이 그림 7.9(a)와 같이 말뚝배면 측에 작용하게 된다. 굴착으로 인하여 흙막이벽에 변위가 발생하게 되면 굴착 전 지반의 응력상태는 정지토압상태에서 주동토압상태로 변하게 된다.

　그러나 도시 내의 굴착공사에서는 굴착으로 인하여 주변지반의 변형을 적극 방지하기 위하여 흙막이벽의 변위가 발생하지 않도록 함이 바람직하다. 따라서 말뚝배면지반의 응력상태가 굴착 전과 동일한 상태를 유지하도록 말뚝의 변위가 완전히 구속된다면 이 지반의 응력상태는 정지토압의 K_0상태가 될 것이며 굴착저면상부의 흙막이말뚝에 작용하는 측방토압은 식 (7.7)을 적용할 수 있다. 이 경우 이 식에서 K_L로는 정지토압계수 K_0를 적용하여도 좋다.

　한편 굴착저면하부에 작용하는 토압은 수동말뚝에 작용하는 측방토압 산정이론식을 적용하여 구한 말뚝근입부의 저항력인 식 (7.5)을 말뚝 전면부에 작용시킬 수 있다. 왜냐하면 산정이론식은 말뚝 전후면에 작용하는 토압의 차로 인하여 지반이 말뚝 사이를 빠져나가려는 순간까지의 토압을 의미하며, 이는 지반이 말뚝 사이에서 소성파괴됨이 없이 견딜 수 있는 최대저항력 값이라 할 수 있기 때문이다. 그림 7.9에서 보는 바와 같이 굴착지반의 안전율 $(F_s)_{exc}$는 흙막이말뚝배면에 작용하는 하중과 말뚝근입부 저항력 P_{rd}가 최하단 지지공 설치위치 A를 중심으로 한 저항모멘트 M_r과 활동모멘트 M_d의 비로써 구할 수 있다.

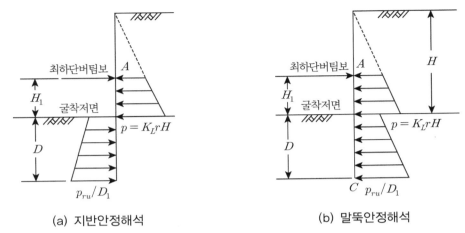

(a) 지반안정해석   (b) 말뚝안정해석

그림 7.9 안정해석 시 적용되는 토압분포

$$(F_s)_{exc} = \frac{M_r}{M_d} \tag{7.12}$$

여기서 안전율 $(F_s)_{exc}$는 소요안전율 이상이 되어야 한다.

7.4.3 말뚝의 안정해석

말뚝의 안정해석 시 말뚝에 작용하는 토압은 지반의 안정해석 시 말뚝에 적용한 저항력과 그 크기는 같고 작용방향은 반대로 한다. 지반의 안정면에서 생각할 때 식 (7.5)로 구한 말뚝 근입부에서의 말뚝저항력은 굴착저부의 붕괴를 막아주는 역할을 하게 되지만 말뚝의 안정면에서 생각할 때는 말뚝은 해당하는 하중에 충분히 견딜 수 있어야 하므로 이 저항력을 말뚝에 작용하는 하중으로 생각할 수 있다. 따라서 말뚝에 작용하는 하중으로 굴착 저면상부에서는 말뚝 배면 측에 식 (7.7)로 구한 측방토압이 작용고, 굴착면 하부에서는 말뚝배면 측에 식 (7.5)로 구한 말뚝의 저항력이 작용한다.

그림 7.9(b)는 말뚝 안정해석 시 말뚝에 작용하는 측방토압의 분포를 나타내고 있다. 즉, 굴착저면 상부의 토압은 식 (7.7)로 표시되며 지반안정해석 시와 동일하게 굴착저면 하부의 토압은 식 (7.5)로 표시된 값을 말뚝이 지반으로부터 받게 된다. 단 말뚝 안정해석 시 측방토압은 식 (7.5) 및 식 (7.7)의 값에 말뚝의 설치간격을 곱한 값을 사용한다. 말뚝의 안정해석은 최하단 지지공설치위치 A점을 지지점으로 하고 관입된 말뚝의 최하단부 C점을 또 다

른 가상지지점으로 하는 단순보로 해석하거나 A점을 지지점으로 한 캔틸레버보로 해석할 수 있다.[14] 말뚝의 안전율 $(F_s)_{pile}$은 이들 측방토압으로 인해 말뚝에 발생되는 말뚝의 최대 휨응력 $\sigma_{\max}$와 허용휨응력 σ_{allow}와의 비로써 구해진다.

$$(F_s)_{pile} = \frac{\sigma_{\max}}{\sigma_{allow}} \tag{7.13}$$

여기서 $(F_s)_{pile}$는 소요안전율 이상이 되어야 한다.

7.4.4 융기에 대한 안정검토

흙막이벽배면의 굴착저면선 상부 흙의 중량은 굴착 저면선 아래 지반에 대하여 편재하중으로 작용하게 된다. 이 하중의 크기가 지반의 지지력을 넘으면 흙은 소성상태가 되어 지반에 소성유동현상이 발생하고 흙막이말뚝배면의 흙이 안쪽으로 몰입하게 되며 굴착저면이 융기하는 현상이 발생하게 된다. 특히 연약점성토지반에서의 굴착 시에는 항상 주의해야 할 현상이다.

지반융기의 검토방법은 제6.2.1절에서 설명한 바와 같이 크게 두 가지로 구분된다. 하나는 지지력개념에 의한 방법이며 또 하나는 모멘트평형개념에 의한 방법이다. 즉, 지반의 지지력 혹은 저항모멘트와 융기토괴의 활동력 혹은 활동모멘트와의 비로써 산정된다. 먼저 지지력개념에 의한 방법으로는 Terzaghi–Peck 방법,[17] Bjerrum–Eide 방법[12] 및 Peck 방법[16]이 있으며 모멘트평형개념에 의한 방법으로는 일본건축학회방법,[21,22] Tschebotarioff 방법[18] 등이 있다. 그러나 이들 방법에는 공통적으로 말뚝이 지반융기에 저항할 수 있는 기능이 전혀 고려되어 있지 않다. 즉, 이들 방법은 단지 지반융기 발생여부만 판정할 뿐이지 이에 대한 안정대책으로 근입장을 얼마로 할 것인가 하는 산정법으로는 사용될 수 없고 지반융기에 저항할 수 있는 저항력이 전혀 고려되어 있지 않다.

식 (7.5)로 표현된 말뚝근입부의 저항력을 이용하면 지반융기 현상에 대하여도 흙막이말뚝을 고려하여 안정검토를 할 수 있다. 그림 7.10에서 보는 바와 같이 지반융기에 대한 저항력은 지반파괴면을 따라 발생하는 전단저항력과 말뚝의 저항력으로 생각할 수 있고, 지반의 활동력은 흙막이벽 배면부의 굴착저면 상부의 흙의 무게가 될 것이다. 따라서 이들 관계식은 다음과 같다.

$$(F_s)_{heav.} = \frac{(M_{rs} + M_{rp})}{M_d} \tag{7.14}$$

여기서, M_{rs} : 최하단지지공 설치위치에서 지반파괴면을 따라 발생되는 전단저항력에 의
　　　　　　 한 저항모멘트

　　　　 M_{rp} : 말뚝저항력에 의한 저항모멘트

　　　　 M_d : 지반파괴활동모멘트

M_{rp} 산정 시에는 식 (7.5)를 적용하고 이 안전율 $(F_s)_{heav.}$ 가 소요안전율 이상이 되어야 한다.

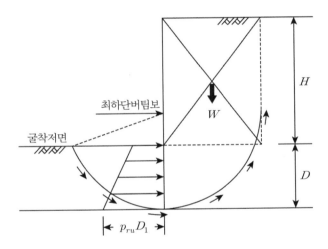

그림 7.10 지반융기 안정해석

7.4.5 근입장 결정

　흙막이말뚝은 굴착저면부에서 토압에 의한 지반파괴 및 지반융기에 안전하게 흙막이말뚝
으로서의 기능을 다하도록 적절한 근입장을 결정하여야 한다. 흙막이말뚝의 근입장 결정 방
법으로 말뚝의 안정성과 굴착지반의 안정성을 동시에 만족시키는 근입장 D를 결정하는 방
법은 앞에서 이미 거론 되었다. 즉, 식 (7.12)의 지반의 안전율 $(F_s)_{exc}$과 식 (7.13)의 말뚝
의 안전율 $(F_s)_{pile}$ 이 동시에 소요안전율 이상이 되도록 근입장 D의 범위가 일차적으로 결
정되고 지반융기에 대한 안정검토를 실시하여 다시 이차적으로 근입장 D의 범위가 한정된다.

근입장 산정 시 이러한 번거로움을 해소하기 위해 근입장 D를 결정짓게 하는 지반의 안전율과 지반융기에 대한 안전율 및 말뚝의 강성(한계단면계수)을 같은 도면에 도시하여 근입장을 결정하면 그림 7.11과 같다.

그림 7.11은 임의로 가정된 말뚝직경 d와 말뚝간격비 D_2/D_1을 갖는 경우 근입장을 산정하기 위한 개략도이다. 이 그림에서 횡축은 말뚝의 근입깊이 D로 하고 좌측종축은 말뚝의 안전율을 1.0으로 하였을 때 말뚝의 한계단면계수 Z_c로 하며 우측종축은 굴착지반의 안전

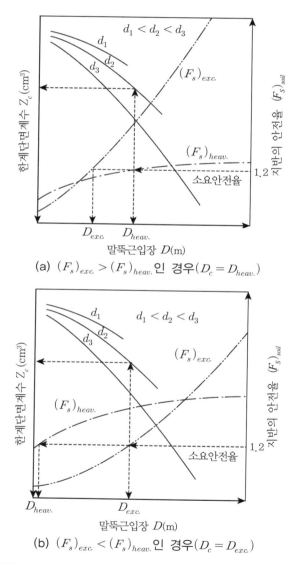

(a) $(F_s)_{exc.} > (F_s)_{heav.}$인 경우($D_c = D_{heav.}$)

(b) $(F_s)_{exc.} < (F_s)_{heav.}$인 경우($D_c = D_{exc.}$)

그림 7.11 말뚝 근입장과 강성을 결정하는 경로(D_2/D_1과 d가 일정한 조건)

율 $(F_s)_{soil}$로 하였다. 여기서 실선은 $D-Z_c$의 관계이며 일점쇄선은 지반융기에 대한 안전율 $D-(F_s)_{heav.}$의 관계이고 이점쇄선은 지반굴착에 대한 안전율 $D-(F_s)_{exc.}$ 관계도이다. 또한 그림 중 점선은 지반의 안전율 $(F_s)_{soil}$에 대한 소요안전율이 얻어질 수 있는 말뚝의 근입장 D와 말뚝의 강성을 나타내는 한계단면계수 Z_r를 결정하기 위한 경로를 나타내고 있다.

그림 7.11(a)는 동일 근입장에 대하여 지반굴착에 대한 안전율 $(F_s)_{exc}$이 지반융기에 대한 안전율 $(F_s)_{heav.}$보다 큰 경우이다. 이 그림에서 보는 바와 같이 $(F_s)_{soil}$의 소요안전율이 1.2 인 경우 굴착저면지반의 안전율 $(F_s)_{exc}$와 지반융기의 안전율 $(F_s)_{heav.}$를 비교하여볼 때 각각 소요 근입깊이는 D_{exc}와 $D_{heav.}$가 되고 두 값 중 큰 값을 선택해야 되기 때문에 소요근 입깊이는 D_c는 $D_{heav.}$로 결정된다. D_c가 결정되면 한계단면계수 Z_c는 그림 7.11(a)에서 말뚝직경에 따라 실선으로 표시된 $D-Z_c$의 관계도에서 지정된 직경에 대한 곡선으로부터 D_c에 해당하는 Z_c가 결정된다. 이때 말뚝직경 d가 d_1으로 가정된다면 결정된 D값을 만족시 키는 Z_c값이 결정될 수 없다. 따라서 말뚝직경 d가 d_2나 d_3로 다시 가정하면 D_c값을 만족 시키는 Z_c값이 결정될 수 있게 된다. 이렇게 결정된 Z_c는 강재표를 참고하여 적절한 강재를 선택하면 되고 근입장 D는 선택된 강재의 허용응력 내에서 D_c값보다 큰 값으로 결정하면 된다.

그림 7.11(b)는 말뚝의 한계근입깊이 D_c가 $D_{exc.}$로 결정되는 경우이다. 즉, 지반융기에 대한 지반의 안전율 $(F_s)_{heav.}$가 지반굴착에 대한 안전율 $(F_s)_{exc}$보다 큰 경우이다. 이는 지 반의 내부마찰각이 존재하거나 지반융기현상이 발생할 확률이 희박한 경우에 나타난다.

7.5 설계 예

7.5.1 설계조건

그림 7.12와 같이 지반의 단위중량이 $1.8t/m^3$이고 지반의 비배수전단강도가 $4.0t/m^2$인 점토지반을 폭 10m 깊이 15m가 되도록 연직굴착하고자 한다. 이 점토지반의 배수삼축시험 결과 유효내부마찰각은 41°로 나타났다. 흙막이벽 배면에 상재하중은 작용하지 않으며 주 열식 흙막이벽용 현 위치 원형 말뚝의 휨응력은 콘크리트나 몰탈 속의 H형강만이 받는 것

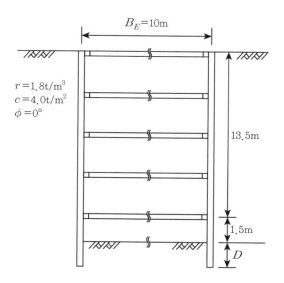

$B_E = 10\text{m}$

$r = 1.8\text{t/m}^3$
$c = 4.0\text{t/m}^2$
$\phi = 0°$

13.5m

1.5m

D

그림 7.12 주열식 흙막이말뚝의 설계 예

으로 하며 지지공이나 띠장과 같은 흙막이말뚝을 위한 보조부재의 구조적인 계산은 완벽하여 굴착저면 하부에서 흙막이말뚝의 변형은 전혀 발생하지 않는 것으로 가정한다.

설계순서 및 힌트

먼저 지반조건으로부터 흙막이말뚝에 작용하게 될 토압과 측압계수를 결정한다. 흙막이벽의 강성에 따라 연성벽과 강성벽의 두 경우를 각각 고려하기로 한다. 즉, 말뚝의 측방변형이 완전히 구속되어 있는 이상적인 강성벽의 경우를 생각하면 굴착저면 상부에서 측압계수는 정지토압계수 K_0를 사용한다. 한편 연성벽의 경우는 경험토압식을 사용하여 각각의 경우의 최대토압을 적용한다.

7.5.2 흙막이말뚝 간격 설계

(1) 연성벽인 경우

본 지반은 비배수전단강도가 4.0t/m^2이므로 견고한 점토층에 속하므로 Terzaghi–Peck의 토압[17]을 적용하면 최대측압계수 K_L은 0.2~0.4이며 Tschebotarioff의 토압식[18]을 적용하면 최대측압계수 K_L은 0.375이다. 따라서 K_L을 0.3으로 한다.

Peck의 안정수[16]는 다음과 같다.

$$N_s = \frac{\gamma H}{c} = \frac{1.8 \times 15}{4} = 6.75$$

말뚝의 저항력계수 K_r은 식 (7.10)으로부터

$$K_r = K_L N_s = 0.3 \times 6.75 = 2.025$$

K_r이 2.025이고 ϕ가 0인 경우의 말뚝 간격비 D_2/D_1는 그림 7.5에서 구하면 0.6이 된다. 따라서 말뚝설치중심간간격 D_1은 식 (7.11)에 의거 산출한다.

여기서 H말뚝을 설치하기 위한 천공직경을 $d = 400\text{mm}$으로 하면

$$D_1 = \frac{d}{1 - \dfrac{D_2}{D_1}} = \frac{0.4}{1 - 0.6} = 1.0\text{m}$$

이 된다.

천공직경을 $d = 500\text{mm}$으로 하면

$$D_1 = \frac{d}{1 - \dfrac{D_2}{D_1}} = \frac{0.5}{1 - 0.6} = 1.25\text{m}$$

이 된다.

(2) 강성벽인 경우

굴착저부의 흙막이벽의 변형은 전혀 발생하지 않는다고 가정하여 굴착저면 상부에서의 측압계수를 정지토압계수로 한다. 이 점토지반의 배수삼축시험 결과 유효내부마찰각은 41°로 나타났다.

$$K_L = K_0 = 1 - \sin\phi' \text{이므로}$$

$$K_L = 1 - \sin 41° = 0.34$$

지반의 안정수는 $N_s = \dfrac{\gamma H}{c} = \dfrac{1.8 \times 15}{4} = 6.75$ 이고 말뚝의 저항력계수 K_r 은

$$K_r = K_L N_s = 0.34 \times 6.75 = 2.3$$

K_r 이 2.3이고 ϕ 가 0인 경우의 말뚝 간격비 D_2/D_1 는 그림 7.5에서 구하면 0.52가 된다. 말뚝의 천공직경을 $d = 400\text{mm}$ 으로 하면 말뚝의 중심간간격 D_1 은 다음과 같이 구해진다.

$$D_1 = \frac{d}{1 - \dfrac{D_2}{D_1}} = \frac{0.4}{1 - 0.52} = 0.83\text{m}$$

말뚝의 천공직경을 $d = 500\text{mm}$ 으로 하면

$$D_1 = \frac{d}{1 - \dfrac{D_2}{D_1}} = \frac{0.5}{1 - 0.52} ≒ 1.0\text{m}$$

이 된다.

7.5.3 근입장 설계

말뚝의 근입장을 결정하기 위해 제7.4.4절에서 설명한 바와 같이 우선 식 (7.12) 및 식 (7.14)로부터 굴착저면부에서 측압에 대한 지반굴착에 대한 안전율과 지반융기에 대한 안전율을 구하여 근입장 D 에 대하여 도시하면 그림 7.13에서 각각 이점쇄선과 일점쇄선으로 표시된다. 이들의 소요안전율을 1.2라 하면 근입장 D 는 굴착안정에 대하여는 0.78m이고 지반융기에 대하여는 1.36m로 결정된다. 따라서 말뚝의 근입장은 1.36m로 결정할 수 있다. 이 근입장에 대한 말뚝의 직경과 H형강의 한계단면계수를 결정하면 다음과 같다.

그림 7.13에서 실선으로 표시된 말뚝직경의 변화에 따른 $D-Z_c$의 관계도는 식 (7.13)에서 말뚝의 안전율이 1.0인 경우 구해지며 이때 말뚝의 근입장 D는 이미 1.36m로 결정하였다.

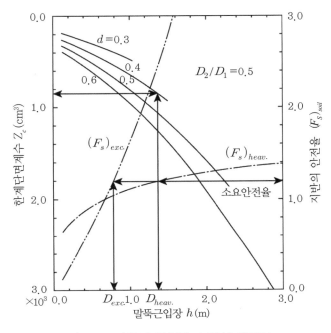

그림 7.13 말뚝의 근입장과 강성 결정도

이 곡선에서 말뚝직경이 0.3m인 경우는 1.36m의 근입장에 대한 말뚝의 안정을 만족시키는 단면계수값은 존재하지 않는다. 그러나 말뚝직경이 0.4m인 경우는 $Z_c=0.86\times10^3 cm^3$로 된다.

따라서 이 말뚝직경에 내접하는 H말뚝으로 H$-250\times250\times19\times14(Z=0.78\times10^3 cm^3)$이 채택될 수 있다.

그러나 실제 여유를 생각하여 결정하는 것이 바람직하므로 말뚝의 근입장은 20%의 여유를 보아 $D=1.6$m로 하고 말뚝직경을 50cm로 하는 것이 바람직하다. 직경 50cm인 흙막이 말뚝에 내접하는 H말뚝은 H$-300\times300\times10\times15(Z=1.36\times10^3 cm^3)$을 선택할 수 있다.

따라서 제7.5.2절 및 제7.5.3절에서 검토한 바에 의하여 이 주열식 흙막이벽은 직경을 50cm로 하고 설치간격은 1.0m(말뚝간격비 $D_2/D_1=0.5$)로 설계할 수 있다. 이 흙막이 말뚝의 내부에 강성보강용 H형강으로는 H$-300\times300\times10\times15$을 사용하는 것으로 설계할 수 있다. 이 결과에 의한 주열식 흙막이말뚝을 설치한 평면도는 그림 7.14와 같다.

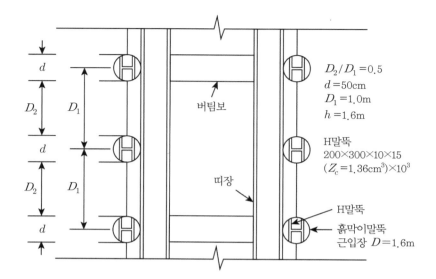

그림 7.14 주열식 흙막이말뚝 설계 단면도

참고문헌

1) 건설부(1989), 지하연속벽공법.

2) 건설산업연구소(1993), SIG공 공사비 산정에 관한 연구 보고서.

3) 한국지반공학회(1992), 굴착 및 흙막이 공법, 지반공학시리즈 3.

4) 홍원표(1982), "점토지반 속의 말뚝에 작용하는 측방토압", 대한토목학회논문집, 제2권, 제1호, pp.45~52.

5) 홍원표(1983a), "모래지반 속의 말뚝에 작용하는 측방토압", 대한토목학회논문집, 제3권, 제3호, pp.63~69.

6) 홍원표(1983b), "측방변형지반 속의 원형말뚝에 작용하는 토압의 산정", 중앙대학교논문집(자연과학편), 제27집, pp.321~330.

7) 홍원표(1984a), "측방변형지반 속의 말뚝에 작용하는 토압", 1984년도 제9차 국내외 한국과학기술자 종합학술대회 논문집(II), 한국과학기술단체총연합회, pp.919~924.

8) 홍원표(1984b), "측방변형지반 속의 줄말뚝에 작용하는 토압", 대한토목학회논문집, 제4권, 제1호, pp.59~68.

9) 홍원표(1984c), "수동말뚝에 작용하는 측방토압", 대한토목학회논문집, 제4권, 제2호, pp.77~89.

10) 홍원표(1985), "주열식 흙막이벽의 설계에 관한 연구", 대한토목학회논문집, 제5권, 제2호, pp.11~18.

11) 홍원표·권우용·고정상(1989), "점성토지반 속 주열식 흙막이벽의 설계", 대한토질공학지, 제5권, 제3호, pp.29~38.

12) Bjerrum, L. and Eide, O.(1956), "Stability of struted excavation in clay", Geotechnique, Londen, England, Vol.6, No.1. pp.32~47.

13) Bowles, J.E., Foundation Analysis and Design, 3rd ed. McGraw-Hill, Tokyo, pp.516~547.

14) NAVFAC(1971), DESIGN MANUAL DM-7, US Naval Publication and Forms Center, Philadelphia, pp.7-10-1~7-10-28.

15) Matsui, T., Hong, W.P. and Ito, T.(1982), "Earth pressures on piles in a row due to lateral soil movements", Soils and Foundations, Vol.22, No.2, pp.71~81.

16) Peck, R.B.(1969), "Deep Excavations and Tunnelling in Soft Ground", Proc., 7th ICSMFE, State-of-the Art Volume, pp.225~290.

17) Terzaghi, K. and Peck, R.B.(1967), Soil Mechanics in Engineering Practice, 2nd ed., John Wiley and Sons, New York, pp.394~413.

18) Tschebotarioff, G.P.(1973), Foundations, Retaining and Earth Structure, McGraw-Hill, New York, pp.415~457.

19) Winterkorn, H.F. and Fang, H.Y.(1975), Foundation Engineering Handbook, Van

Nostrand Reinhold Company, New York, pp.395~398.

20) 梶原和敏(1984), 柱列式地下連續壁工法, 鹿島出版會, 東京.

21) 日本建築學會(1974), 建築基礎構造設計基準·同解說, 東京, pp.400~403.

22) 日本道路協會(1977), 道路土工擁壁·カルバト·假設構造物工指針, 東京, pp.179~183.

23) 日本土質工學會(1978a), 掘削にともなう公害とその對策, 東京.

24) 日本土質工學會(1978b), 土留め構造物の設計法, 東京, pp.30~58.

25) 日本土質工學會(1982), 構造物基礎の設計計算演習, pp.241~271.

CHAPTER
08

자립식 흙막이벽

08 자립식 흙막이벽

8.1 연약지반 굴착 시 적용되는 흙막이공

지하수위가 높은 연약지반에서 실시되는 지하굴착공사에는 일반적으로 강널말뚝흙막이벽이 적용되며,[17] 흙막이벽 지지구조로는 굴착부지가 넓은 경우 앵커지지방식이 주로 채택된다. 그러나 해안매립지와 같이 연약한 해성점성토가 매우 두껍게 분포되어 있는 지반에서 강널말뚝흙막이벽공법이 적용되는 경우 지지체인 앵커의 정착장을 기반암층에 설치하는 데 어려움이 있으며 자유장의 길이가 상당히 길어져 흙막이벽의 지지효과를 충분히 발휘하지 못할 수 있다. 또한 강널말뚝흙막이벽은 수밀성이 뛰어나므로 지하수위가 높은 지반에서는 오히려 수압이 크게 작용하게 되어 흙막이벽의 과도한 변형을 유발시켜 안정성에도 문제가 야기될 수 있다.

따라서 굴착깊이가 얕고 현장주변에 구조물이나 지중매설물이 없어 근접시공의 문제점도 거의 없는 현장에서는 현장주변환경 및 굴착공사에 대한 시공성 및 경제성을 고려하여 앵커지지방식의 강널말뚝흙막이벽 대신 엄지말뚝(흙막이말뚝)을 일정간격으로 1열 혹은 2열로 지중에 관입시켜 배면토압에 저항하는 자립식 흙막이공을 적용하는 공법을 적용한 바 있다.[9]

제8장에서는 이러한 자립식 줄말뚝을 이용한 흙막이공법의 합리적인 지하굴착방안을 설명하고, 근접시공에 문제점이 없는 점성토지반의 얕은 굴착공사에서 본 공법의 시공성, 안정성 그리고 경제성이 우수함을 기술한다.

8.1.1 앵커지지 강널말뚝흙막이벽

지하수위가 높은 연약지반에서 실시되는 지하굴착공사에는 일반적으로 강널말뚝흙막이벽이 적용된다. 이러한 강널말뚝흙막이벽 지지구조로는 캔틸레버식 강널말뚝흙막이벽과 앵커지지 강널말뚝흙막이벽이 있다. 캔틸레버식 강널말뚝흙막이벽은 굴착벽에 작용하는 수평방향의 주동토압을 굴착면 아래에 근입된 부분의 수동토압만으로 지지할 수 있게 하는 방식이며 앵커지지 강널말뚝흙막이벽은 벽체의 상단부에 앵커시스템을 설치하여 수평방향 외력에 저항할 수 있게 하는 방식이다.[13,15]

일반적으로 굴착부지가 넓은 경우는 앵커지지방식이 주로 채택된다. 앵커지지 강널말뚝흙막이벽에서 강널말뚝은 전단력과 휨모멘트에 대해 설계해야 하고 앵커시스템은 벽체를 지지하는데 필요한 수평방향 저항력을 발휘하도록 설계하여야 한다.[12] 앵커지지 강널말뚝흙막이벽은 수밀성이 높아 지하수위 저하를 막을 수 있는 장점이 있기 때문에 지하수위가 높은 점성토지반의 지하굴착공사에 많이 적용되고 있다.

그러나 앵커지지 강널말뚝흙막이공법은 해성점토와 같은 연약지반이 두껍게 존재하는 경우를 적용하는 데 다음과 같은 문제점이 있다. 그림 8.1에 나타난 바와 같이 본 현장의 경우 흙막이벽을 지지하는 앵커의 정착장을 기반암층까지 설치하는 데 어려움이 있어 흙막이벽의 지지효과를 충분히 발휘하지 못하는 경우가 있으며 강성이 작으므로 연약지반의 변형으로 인한 배면지반의 침하가 발생되기 쉬워 흙막이벽의 붕괴사고를 초래할 수 있다. 뿐만 아니라 공사기간이 긴 단점도 있다.

그림 8.1은 강널말뚝흙막이벽이 적용된 한 현장의 흙막이공 설계단면도이다.[17] 이 현장에서는 강널말뚝을 1열로 맞물려 시공하였으며 말뚝의 근입깊이는 10m 정도이다. 그리고 흙막이벽은 1단 앵커를 설치하여 지지하며 이 앵커는 수평면과 40°의 각도를 이룬다. 그림 8.1에 나타난 바와 같이 본 현장의 경우 흙막이벽을 지지하는 앵커의 정착장을 기반암층에 위치하는 것이 아니라 점성토층과 모래자갈층 사이에 위치하고 있어 흙막이벽의 지지효과를 충분히 발휘하지 못할 수도 있다. 그리고 지하수위가 높으므로 수압이 크게 작용하게 되어 흙막이벽의 과도한 변형이 유발될 수 있다. 또한 본 현장은 굴착부지가 상당히 넓어 강널말뚝흙막이벽을 적용할 경우 말뚝 사용본수가 상당히 많아 시공비용이 증가하고 공사기간도 길어 비경제적인 시공이 될 수 있다.

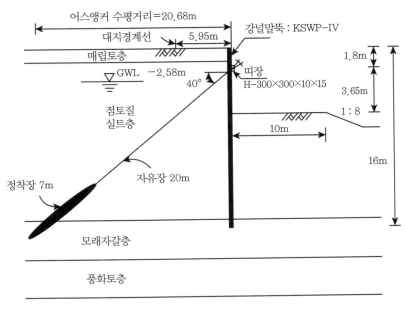

그림 8.1 앵커지지 강널말뚝흙막이벽의 설계 예

8.1.2 자립식 흙막이벽

주변에 기설구조물이나 지중매설물이 없고 굴착깊이가 비교적 얕아 근접시공에 대한 문제점이 전혀 없고 지하수위 저하에 따른 굴착배면지반의 침하를 어느 정도 허용해도 큰 문제가 없는 경우에는 위에서 언급된 문제점들과 시공성, 경제성 등을 고려하여 앵커지지 강널말뚝흙막이벽 대신 H말뚝을 줄말뚝으로 이용한 흙막이공을 적용할 수 있다.[8,10]

H말뚝을 줄말뚝으로 이용한 자립식 흙막이벽은 엄지말뚝을 일정간격으로 1열 혹은 그 이상의 열로 지중에 관입시킨 다음 띠장으로 결합시킨 후 굴착을 실시하면서 흙막이판을 설치하는 방법이다.

줄말뚝을 이용한 흙막이공은 산사태방지대책의 하나인 억지말뚝공법[5-6]을 응용하여 지하굴착현장에 흙막이구조물로서 적용한 공법이다. 즉, 그림 8.2에 나타난 바와 같이 엄지말뚝을 일정간격으로 설치하고 1열 혹은 그 이상의 열로 지중에 관입시킨 다음 띠장으로 상부를 결합시키면서 굴착을 실시하는 방법이다.

그림 8.2는 폭이 d인 H형(정방형과 동일하게 고려됨) 엄지말뚝을 D_1의 중심간격으로 1열을 설치한 자립식 줄말뚝을 이용한 흙막이벽의 단면을 개략적으로 도시한 그림이다. 말뚝을 설치한 후 굴착이 진행됨에 따라 말뚝사이의 지반은 말뚝열과 직각방향으로 이동하려고 할

것이다. 이 경우 말뚝의 이동이 띠장과 흙막이판으로 구속되어 있으면 말뚝 사이의 지반에는 지반아칭(soil arching)현상이 발생하게 되어 지반이동에 말뚝이 저항할 수 있게 된다.[4,11]

여기서 H말뚝을 이용한 자립식 흙막이벽이 사용된 흙막이말뚝 설계 시에는 이 말뚝의 저항력을 적합하게 산정하는 것이 무엇보다 중요하다. 왜냐하면 이 저항력이 실제보다 과소하게 산정되면 흙막이말뚝의 수요가 과다하여지므로 공사비가 과다하게 되고 반대로 저항력이 실제보다 과다하게 산정되면 말뚝 사이의 지반이 유동하여 흙막이벽의 붕괴를 초래하기 때문이다.

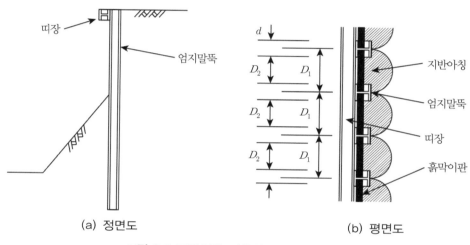

(a) 정면도　　　　　　　　　(b) 평면도

그림 8.2 줄말뚝을 이용한 자립식 흙막이벽

말뚝의 저항력은 지반조건과 말뚝의 설치상태에 영향을 받을 것이므로 말뚝저항력 산정 시에는 이들 요소의 영향을 잘 고려하여야만 한다. 이러한 저항력은 측방변형지반 속의 수동말뚝에 작용하는 수평토압 산정이론식을 응용함으로써 산출할 수 있다.[1-3,14] 이 수평토압은 말뚝 주변지반이 Mohr-Coulomb의 파괴기준을 만족하는 상태에 도달하려 할 때까지 발생 가능한 토압을 의미한다. 따라서 말뚝이 충분한 강성을 가지고 있어 이 토압을 충분히 견딜 수 있다면 말뚝 주변지반은 소성상태에 도달하지 않은 탄성영역에 존재하게 될 것이다. 다시 말하면 수평토압이란 말뚝 사이 지반에 소성파괴가 발생됨이 없이 충분한 강성을 가진 말뚝이 지반의 측방이동에 저항할 수 있는 최대치를 의미한다. 따라서 흙막이용 말뚝도 굴착지반의 안정을 위하여 사용될 수 있다. 이와 같은 이론적 배경을 바탕으로 하여 점성토지반에 지하굴착공사를 실시할 경우 H말뚝을 이용한 자립식 흙막이벽을 적용할 수 있으며 실제 점성토지반 지하굴착공사현장에 본 공법의 설계와 시공을 실시한 바 있다.[9] 이 공법의 시공순서를 설명하면 다음과 같다.

우선 굴착구간에 따라 H말뚝을 1열 또는 2열로 설치한다. 흙막이말뚝(H말뚝)의 근입깊이는 굴착면으로부터 안전한 깊이까지 근입하며 말뚝과 말뚝 사이의 중심간간격 D_1은 주로 1.8m로 한다. 흙막이말뚝이 2열로 설치되는 구간에서 말뚝열 사이의 간격은 2m로 하여도 무방하다.

이 흙막이말뚝은 그림 8.2(a)에서 보는 바와 같이 말뚝의 상부는 무지보의 자립식으로 설치하고 말뚝의 하부는 토사의 법면을 남기면서 굴착함으로써 이 말뚝열 전면지반의 수평지지를 기대할 수 있게 한다. 그리고 흙막이말뚝의 상부에는 띠장을 설치한다. 자립구간의 말뚝들 사이에는 배면 지반토사가 말뚝 사이로 빠져나가려고 할 것이고 이때 말뚝 사이에는 그림 8.2(b)에 도시된 바와 같이 지반아칭현상이 발달하게 된다. 이 지반아칭현상으로 인하여 배면지반토사가 빠져나오지 못하고 토압에 저항하는 원리를 이용한 굴착공법이다.

표 8.1은 동일 현장을 대상으로 앵커지지 강널말뚝흙막이공과 줄말뚝을 이용한 자립식 흙막이공의 경제성을 비교한 한 예이다. 이 표에서 보는 바와 같이 자립식 흙막이공은 강널말뚝흙막이공에 비해 사용되는 말뚝 수가 월등하게 적고 앵커시공도 생략할 수 있으므로 상당히 경제적임을 알 수 있다. 그리고 공사기간도 매우 단축되므로 더 많은 소요비용이 절약될 수 있다.

표 8.1 강널말뚝흙막이공과 줄말뚝을 이용한 자립식 흙막이공의 경제성 비교[8]

구분	강널말뚝흙막이공	자립식 흙막이공
소요비용	₩1,880,000,000	₩980,000,000
지지방식	앵커	무지보
사용말뚝본수	강널말뚝 : 2746본 앵커 : 536본	H말뚝 : 720본 흙막이판 : 480본
시공기간	장기간	단기간

8.2 자립식 흙막이벽의 설계법

8.2.1 설계법

H말뚝을 이용한 자립식 흙막이벽의 안정에 영향을 미치는 요소들로는 지반의 기하학적 형상, 지반특성, 부지의 제약조건, 말뚝관련 사항 등이 있다. 그러므로 본 흙막이벽의 설계 시 이러한 조건들은 반드시 고려되어야 한다.

그림 8.3은 흙막이말뚝으로 보강된 굴착면의 설계순서를 블록차트로 나타낸 것이다. 따라서 H말뚝을 이용한 자립식 흙막이벽의 설계는 그림에서와 같은 순서로 진행됨이 바람직하다. 이 그림에서 보는 바와 같이 굴착면과 흙막이말뚝의 설계는 네 단계로 크게 구분할 수 있다. 즉, 한 가지 결정단계와 세 가지 선택단계로 구성되어 있다.

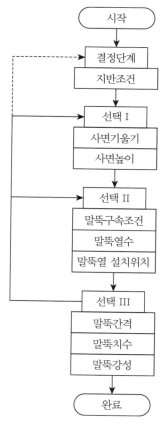

그림 8.3 H말뚝을 이용한 자립식 흙막이벽의 설계흐름도

첫 번째 단계에서는 지반조건 결정단계로서 점성토지반 굴착면의 설계를 위하여 우선적으로 대상지반을 정확히 조사 결정하여야 한다.

두 번째 단계는 선택 I의 단계로 지반조건이 결정되면 대상지역의 제약조건과 기하학적 형상을 고려하여 굴착면의 기울기와 높이를 선정한다. 이때 사면기울기와 사면높이를 선정하기 위해서는 사면기울기(L_V/L_H)와 사면높이(H) 및 사면안전율($F_s)_{slope}$의 관계를 개략적으로 도시한 그림 8.4를 활용할 수 있다.

그림 8.4에서 보는 바와 같이 횡축은 사면기울기(L_V/L_H)를 취하고 종축은 사면안전율을 취하여 사면기울기에 따른 사면안전성의 관계를 나타내고 있다. 또한 그림 중에는 사면지반의 굴착고 H의 영향도 도시하고 있다. 전 단계에서 대상지반의 지반조건에 의하여 단위체적중량 γ_t와 비배수강도 c_u가 결정되므로 소요안전율을 고려하여 사면높이 H가 결정될 수 있다. 즉, 첫 번째 단계에서 정해진 지반의 비배수강도 c_u와 단위체적중량 γ_t로부터 예상굴착높이 H를 선정하여 그림 내 해당되는 곡선을 정한다.

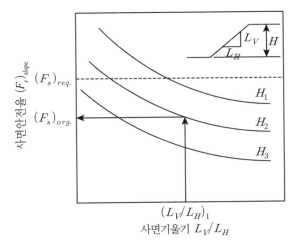

그림 8.4 굴착면 설계 개략도

이렇게 결정된 사면높이 H에 사면기울기 L_V/L_H를 선정하면 사면높이와 사면기울기로부터 사면안전율을 구할 수 있다. 예를 들면 그림 8.4에서 사면기울기를 $(L_V/L_H)_1$로 선정하고 H_2가 되는 사면높이를 선정하였다면 사면안전율은 $(F_s)_{org.}$이 된다. 만약 이 사면안전율이 소요안전율 $(F_s)_{req.}$보다 크면 설계가 완료되며 작으면 흙막이말뚝에 의한 굴착면보강

설계단계로 진행되어야 한다.

굴착면에 흙막이말뚝을 설계할 경우는 그림 8.3의 흐름도에서 보는 바와 같이 먼저 선택 II단계에서 흙막이말뚝의 구속조건, H말뚝의 열수 및 설치위치를 선정하여야 한다. 여기서 말뚝의 두부조건은 자유, 회전구속, 힌지, 고정의 네 가지 경우를 생각할 수 있다. 자유는 말뚝두부를 구속하지 않은 상태로 둠으로써 말뚝두부의 수평변위와 회전이 모두 가능하게 한 상태이고, 회전구속은 말뚝두부의 수평변위는 발생하게 하나 회전은 구속되게 한 상태이다. 한편 힌지는 말뚝두부의 수평변위가 구속된 상태에서 회전만 발생되게 하는 구속상태이고 고정은 말뚝두부의 수평변위와 회전 모두 발생되지 않게 구속하는 경우에 해당된다. 통상적으로 회전구속은 말뚝두부를 보로 연결한 형태에 해당되며 고정은 이 연결보를 타이롯드나 앵커로 지지시킨 경우에 해당된다. 한편 힌지는 고정과 유사하나 말뚝두부의 연결보가 회전이 가능하도록 연결시킨 경우에 해당된다. 그러나 일반적으로 말뚝두부는 말뚝을 횡으로 연결시키기만 함으로써 회전구속 상태로 함이 가장 경제적이며 효과적이다. 즉, 말뚝두부를 띠장이나 철근콘크리트 보로 서로 연결시켜 가급적 두부가 회전되지 않게 하고 수평방향으로 이동만 하도록 한다. 특히 두 열 이상의 말뚝열을 설치할 경우는 트러스모양으로 두부를 강재로 서로 연결시킴에 따라 힌지나 고정의 상태가 된다. 말뚝의 두부 및 선단의 구속조건이 결정되면 다음에는 설치할 말뚝의 열수 및 위치를 결정한다.

다음은 선택 III의 단계로서 말뚝의 실질적인 설계단계가 된다. 여기서 말뚝의 치수, 강성 및 설치간격을 선정하게 된다. 이 선정작업을 체계적으로 실시하기 위해 그림 8.5와 같은 개략도를 활용한다. 즉, 그림 8.5는 말뚝간격, 말뚝치수 및 말뚝강성을 설계하기 위한 개략도이며 횡축에는 말뚝간격비 D_2/D_1(D_1은 말뚝중심간 거리이고, D_2는 말뚝의 순 간격이다), 종축에는 사면안전율 $(F_s)_{slope}$을 취하였다.

말뚝폭(혹은 직경) 및 강성이 각각 $B_1 - (E_pI_p)_1$인 말뚝 I을 사용하는 경우 말뚝의 설치간격에 따른 사면의 최소안전율의 변화는 그림 8.5의 말뚝 I 곡선과 같이 된다. 이 경우 사면의 소요안전율을 $(F_s)_{req.}$라 하면 이 종류의 H말뚝으로는 사면의 소요안전율을 얻을 수 있는 말뚝간격이 존재하지 않게 된다. 그러나 말뚝 I보다 강성이 큰 $(E_pI_p)_2$를 가지는 말뚝 II를 사용하면 그림 중 말뚝 II 곡선으로 도시되는 바와 같이 말뚝간격은 간격비가 $(D_2/D_1)_1$과 $(D_2/D_1)_2$ 사이의 범위에서 설계 가능하게 된다. 이 설계가능 말뚝간격비 중 제일 간격이 넓은 경우인 $(D_2/D_1)_2$가 최적말뚝간격비가 된다. 또한 말뚝강성이 더 큰 $(E_pI_p)_3$ 강성을 가지는 말뚝 III을 선정하면 설계가능 간격비가 $(D_2/D_1)_3$ 이하가 되어 최적말뚝간격비는 $(D_2/D_1)_3$이 된다.

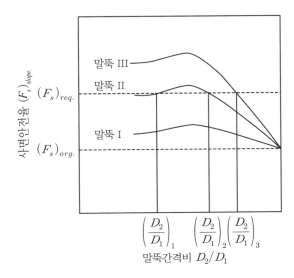

그림 8.5 흙막이말뚝 설계 개략도

　이러한 말뚝과 굴착면에 대한 제반사항의 설계가 끝나면, 설치된 말뚝과 보강사면에 대한 안정검토를 실시하여 사면과 말뚝의 안정이 모두 만족되는가 여부를 검토한다. 만약 이들 안정이 확보되지 못하면 그림 8.3의 feed back 선을 따라 선택 III의 단계로 가서 말뚝의 치수, 강성, 혹은 간격을 재선정한 후 말뚝안정을 재검토한다.

　여기서 만약 말뚝의 안정이 확보되면 다음으로는 사면안정을 검토하여야 한다. 만약 여기서도 만족스러운 효과가 얻어지지 않으면 선택 II 단계로 가서 말뚝열의 수와 위치 혹은 말뚝 구속조건을 다시 선정한 후 계산과정을 반복한다.

　이러한 흙막이말뚝으로 굴착면의 안정을 확보하지 못할 경우 사면의 기울기와 사면높이의 선정단계인 선택I단계 및 지반조건의 결정단계까지 feed back하여 이들 조건을 변경할 수밖에 없다. 즉, 사면의 기울기와 사면높이를 완만하고 얕게 하거나 지반을 개량하여 지반강도를 증가시켜 소요안전율을 만족할 수 있도록 설계하여야 한다.

8.2.2 설계 예

(1) 설계조건

위에서 설명한 설계법으로 H말뚝을 이용한 자립식 흙막이벽의 설계를 실시하기 위해 그림 8.6과 같은 예를 선정하였다. 이 지반은 상당깊이의 점토질 실트층으로 이루어져 있으며 비배수전단강도 c_u는 2tf/m^{2}이고 단위체적중량 γ_t는 1.7tf/m^{3}이다. 이는 그림 8.3의 설계 흐름도에서 첫 번째 설계단계인 지반조건 결정단계에 해당한다.

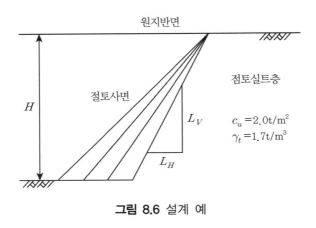

그림 8.6 설계 예

(2) 굴착면 및 흙막이말뚝 설계

(가) 굴착면 설계

두 번째 설계단계는 그림 8.3에서 보는 바와 같이 사면의 기울기와 높이를 선정하는 선택 I의 단계이다. 이들 사항을 선정하기 위해서는 그림 8.4와 같은 그림을 작성해야 하므로 본 설계예를 대상으로 동일한 도면을 작성하면 그림 8.7과 같다.

그림 8.7은 사면의 굴착높이 H가 5m에서 14m까지 증가하는 경우 사면기울기 L_V/L_H가 0.3에서 1.8 사이를 갖는 경우 각각의 사면에 대한 사면안정해석 결과를 도시한 그림이다. 이 결과에 의하면 동일한 사면기울기를 가지는 경우 굴착면의 높이가 높을수록 사면안전율이 낮아짐을 알 수 있다. 이는 사면높이가 클수록 사면이 불안전함을 의미한다. 만약 사면 높이가 일정한 경우는 사면기울기 L_V/L_H값이 클수록(즉, 사면이 가파를수록) 사면의 안전율이 감소한다.

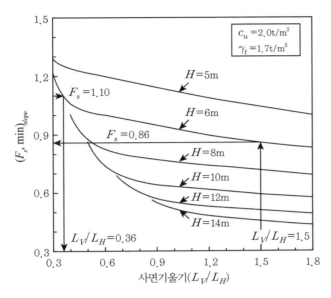

그림 8.7 굴착면기울기에 따른 사면안전율의 변화

그림 8.7을 활용하면 사면의 기울기와 높이를 선정할 수 있을 것이다. 여기서 만약 사면의 높이를 6m로 하고 사면의 소요안전율을 1.1이라 하면 사면기울기 L_V/L_H는 0.36 이하가 되어야 하므로 사면의 수평거리는 약 17m 이상이 되어야 한다. 그러나 실제 현장에서는 주변부지가 제한되어 있는 상황이 많으므로 사면기울기를 0.36 정도로 완만하게 선정하지 못하는 것이 일반적이다. 또한 사면의 소요안전율을 1.2라 하면 이를 만족시키는 사면의 기울기는 존재하지 않는다.

만약 사면기울기 L_V/L_H를 1.5로 가파르게 하면 그림 8.7에 표시된 바와 같이 사면안전율은 0.86으로 된다. 이 사면안전율은 소요안전율 1.2보다 훨씬 낮으므로 그림 8.3의 설계 흐름도에 의하면 이 굴착면에는 흙막이말뚝을 이용하여 보강대책이 강구되어야 한다.

(나) 흙막이말뚝 설계

앞에서 선정된 사면기울기와 높이를 가지는 굴착면에 흙막이말뚝을 설치하여 보강을 실시하는 경우 그림 8.3의 설계흐름도에 의하면 선택 II 단계로 먼저 흙막이말뚝의 열수와 설치위치 및 구속조건을 선정해야 한다.

먼저 1열의 말뚝을 선정하고 말뚝위치를 그림 8.8 속에서 보는 바와 같이 변화시키면서 사면안정해석을 실시하여보았다. 이 사면안정해석에서는 흙막이말뚝으로 H-300×300×10×15을 1.8m 간격으로 설치한 경우를 대상으로 하였다. 즉, 1열의 흙막이말뚝을 사면의 정상위치에서부터 좌측수평방향으로 1m, 2m, 3m 그리고 4m 위치에 각각 배치하여 사면안정검토를 실시하면 결과는 그림 8.8과 같이 된다. 이 결과에 의하면 사면정상위치에 흙막이말뚝열이 설치된다.

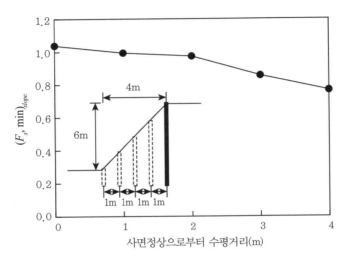

그림 8.8 1열 말뚝위치에 따른 사면안전율의 변화

이상과 같이 1열의 흙막이말뚝을 사면정상위치에 설치하기로 결정하면 다음은 그림 8.3의 설계흐름도에 따라 선택 III 단계에서 말뚝의 간격비, 치수 및 강성을 선정하여야 한다. 따라서 1열 말뚝을 사면안정위치에 설치한 경우의 말뚝치수와 강성의 변화에 따른 말뚝간격비와 사면안전율의 관계를 나타내면 그림 8.9와 같이 된다.

이 해석에서는 사용말뚝을 H-100×100에서 H-400×400까지의 네 경우를 대상으로 하였다. 그림에서 보는 바와 같이 말뚝의 폭, 두께 및 강성이 커질수록 사면안전율은 증가하고 있다. 그리고 말뚝간격비 D_2/D_1가 감소할수록 사면안전율은 증가하고 있다. 말뚝간격비 D_2/D_1가 감소할수록 사면안전율은 간격비가 0.55일 때까지 증가하였다가 그 이하에서는 감소하고 있다.

만약 H-300×300×10×15 말뚝을 사용하고 말뚝간격비를 0.83으로 할 경우 소요사면안전율 1.2를 만족하는 경우가 존재하지 못한다. 따라서 이 사면의 안정성을 확보하기 위해서는 말뚝간격비를 0.7 이하(말뚝중심간격이 1.0m 이하)로 하거나 2열 이상이 흙막이말뚝이 설치되어야 한다. 만약 말뚝열수를 증가시킬 경우는 그림 8.3의 feed back 선을 따라 선택 II 단계로 돌아가서 말뚝열의 수와 위치를 다시 선정하여야 한다.

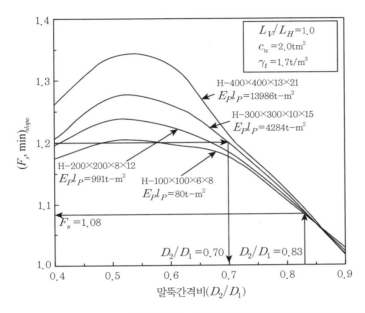

그림 8.9 말뚝치수와 강성에 따른 말뚝간격비와 사면안전율의 관계

2열의 흙막이말뚝을 설치할 경우에도 마찬가지로 먼저 흙막이말뚝의 설치위치를 결정하여야 한다. 그림 8.10에서 보는 바와 같이 첫 번째 말뚝열의 흙막이말뚝은 사면정상에 고정시키고 두 번째 열은 고정 배치된 첫 번째 말뚝열로부터 좌측 수평방향으로 1m, 2m, 3m, 4m 되는 위치에 추가로 설치하여 사면안정검토를 실시한 결과는 그림 8.10과 같다.

사면안전율은 사면정상에 설치된 첫 번째 말뚝열로부터 3m 떨어진 위치에 두 번째 말뚝열이 설치된 경우가 가장 높은 것으로 나타났으며, 이때 사면안전율은 1.22가 되어 소요안전율 1.2를 만족하게 된다. 따라서 본 단면에 말뚝열 사이 간격이 2m인 두 열의 흙막이말뚝을 그림 8.10 속에 도시된 그림처럼 설치할 경우 사면의 소요안전율을 만족하므로 설계를 종료하게 된다.

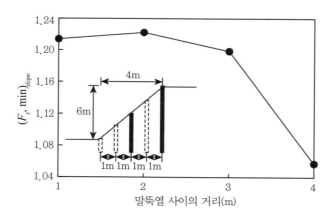

그림 8.10 2열 말뚝위치에 따른 사면안전율의 변화

8.3 자립식 흙막이벽 적용사례현장

8.3.1 현장개요

　본 사례현장은 경기도 안산시 고잔지구에 P아파트가 건설되는 공사현장이다. 본 현장은 연약한 해성점성토 지반에서 실시된 지하굴착현장으로서 굴착면적은 500×250m이고 굴착깊이는 6.2m이다. 그리고 굴착주변에는 택지조성사업이 진행되고 있으며 기설 구조물이나 지하매설물이 전혀 없어 굴착으로 인한 근접시공의 문제점은 전혀 없는 현장이다.

　그림 8.11은 본 현장의 굴착평면도 및 계측기 설치위치를 나타낸 것이다. 본 현장의 아파트 단지조성을 위한 지하굴착공사는 그림에 나타낸 바와 같이 A구역과 B구역으로 구분되어 진행되었다. 먼저 A구역에서 지하굴착을 실시하고 굴착시공상황에 따른 흙막이벽 및 굴착배면지반의 변형거동을 계측 결과를 토대로 관찰한 후 B구역의 지하굴착공사에 이 결과를 활용하여 흙막이공을 실시하는 것으로 되어 있다.

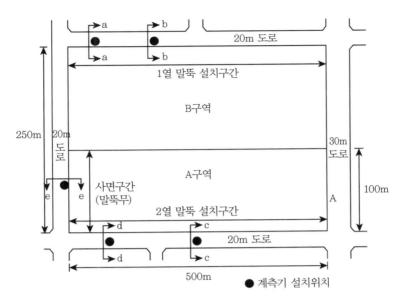

그림 8.11 굴착평면도 및 계측기 설치위치

8.3.2 지반특성

지반조사 결과 본 현장의 지층구성은 그림 8.12에 나타난 바와 같이 매립토층, 점성토층, 모래자갈층, 풍화토층, 풍화암층 순으로 구성되어 있다. 표토층은 택지조성 시 작업차량의 주행성을 확보하기 위하여 점성토층위에 1.5~2.0m 두께로 포설되어 있다. 점성토층은 매립토층 아래 12.4~13.7m의 두께로 분포하고 있으며 표준관입시험 결과 N치는 1~16의 값을 갖으며 상부에서는 매우 연약하고 하부로 갈수록 굳은 상태를 보이는 것으로 나타났다.

그 하부에는 하상퇴적층인 모래자갈층이 조밀 내지 매우 조밀한 상대밀도를 보이며 분포하고 있다. 모래자갈층의 하부에는 기반암이 풍화된 풍화잔류토 및 풍화암이 놓여 있다. 한편 본 현장의 지하수위는 약 GL(−)2.0~2.5m 정도에 위치하고 있다.

본 현장에 두텁게 분포되어 있는 해성점성토층의 물리역학적 성질을 분석하기 위하여 실내시험을 실시하였다. 시험에 사용된 시료는 그림 8.11에 나타나 있는 A구역의 계측기 설치위치에서 2.0~6.7m 깊이에 있는 점성토층의 불교란 시료를 채취하였다. 실내시험은 애터버그시험, 함수비시험, 일축압축시험, 삼축압축시험(UU Test) 등을 실시하였으며, 이들 실내시험 결과를 정리하면 표 8.2와 같다.

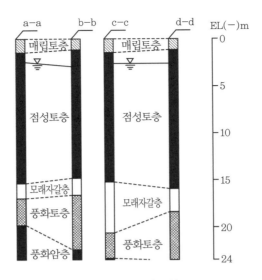

그림 8.12 토질주상도

표 8.2 점토층의 실내시험 결과

깊이(m)	함수비(%)	액성한계(%)	소성지수(%)	일축압축시험 $c_u(\text{kg}/\text{m}^2)$	삼축압축시험 $c_u(\text{kg}/\text{m}^2)$
2.0~2.7	56.5~59.4	42.7~45.8	22.7~28.7	0.27~0.41	−
4.0~4.7	51.9~64.7	43.6~47.6	23.4~26.9	0.33~0.46	0.32~0.38
6.0~6.7	52.3~56.5	42.4~46.5	19.7~26.6	0.50~0.64	

8.3.3 굴착단면설계

당초설계에서는 그림 8.1에 예시된 그림과 같이 강널말뚝을 1열로 맞물려 시공하는 강널말뚝흙막이벽으로 말뚝의 근입깊이는 10m 정도로 되어 있었다. 그리고 흙막이벽은 1단 앵커를 설치하여 지지하는 것으로 되어 있으며 수평면과 40°의 각도를 이루는 것으로 되어 있다.

굴착부지가 상당히 넓어 강널말뚝흙막이벽을 적용할 경우 표 8.1에 비교한 바와 같이 줄말뚝을 이용한 자립식 흙막이공에 비해 말뚝 사용본수가 상당히 많아 시공비용이 증가하고 공사기간도 길어 비경제적인 시공이 될 수 있다.

주변에 기설 구조물이나 지중매설물이 없고 굴착깊이가 비교적 얕아 근접시공에 대한 문제점이 전혀 없는 경우이다. 따라서 지하수위 저하에 따른 굴착배면지반의 침하를 어느 정도 허용하여도 큰 문제가 없으므로 위에서 언급된 문제점들과 시공성, 경제성 등을 고려하여 줄말뚝을 이용한 흙막이공을 적용하기로 한다.

굴착구간에 따라서 대지경계선과 아파트기초경계선 사이에 활용 가능한 시공부지의 여유폭이 차이가 있으므로 시공여유폭을 고려한 여러 가지 굴착시공방안의 적용이 가능하다. 그림 8.11에서 보는 바와 같이 시공여유폭을 고려하여 말뚝을 1열만 설치하는 굴착구간과 말뚝을 2열 설치하는 굴착구간으로 구분하여 이들 구간에 대하여 각각 설계를 수행한다.

(1) 1열 H말뚝 흙막이벽 위치설계

굴착벽과 건물위치 사이의 대지 여유폭의 범위가 4m 이상 20m 이하로 다양하게 존재하므로 시공 여유폭의 변화에 따른 단면별 안정검토를 실시한다. 1열 H말뚝이 설치된 경우에 대하여 사면기울기를 그림 8.13과 같이 변화시키면서 사면안정성을 검토하여보았다.

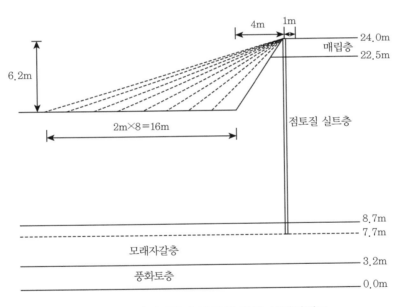

그림 8.13 사면기울기 변화에 따른 보강단면도

H말뚝 설치 시 가장 사면안정성이 좋은 위치에 한 열의 말뚝을 배치하고 이때 시공여유폭을 고려하면 그림 8.13과 같다. 그림에서 보는 바와 같이 모두 9가지 사면에 대한 사면안정검토를 실시할 수 있으며 사면안전율은 표 8.3과 같다. 이 표에서 보면 1열의 H말뚝을 설치할 경우 소요안전율을 만족하는 경우의 여유폭은 6m 이상이 필요하다.

표 8.3 사면기울기 변화에 따른 사면안전율

여유폭(m)	4	6	8	10	12	14	16	18	20
1열 H말뚝	0.98	1.09	1.11	1.14	1.16	1.18	1.21	1.24	1.29

(2) 2열 H말뚝 흙막이벽 위치설계

2열 H말뚝 자립식 흙막이벽 설치 시 현장에서 가장 쉽게 사용되는 재료 및 시공조건을 고려하여 말뚝열 간 간격은 2m, 각 말뚝열의 말뚝 중심간격은 흙막이판을 사용하는 경우 기성재료의 크기를 고려하여 1.8m로 하였다. 그리고 합리적인 2열 H말뚝 흙막이벽 단면을 마련하기 위해 그림 8.14(a)~(e)는 2열 H말뚝을 설치한 경우의 종단면도방안을 나타내고 있다.

다섯 가지 방안에 대한 사면안정을 검토한 결과와 합리적인 굴착방안을 표 8.4에 정리하였다. 다섯 가지 설계방안 중 제2안과 제5안의 경우가 가장 합리적인 지하굴착방안으로 선정될 수 있다. 이 중 시공성을 고려하면 제5안의 경우가 제2안보다 합리적인 것으로 선정될 수 있을 것이다. 반면에 제3안과 제4안은 말뚝을 설치하는 경우에도 안정성의 향상은 거의 기대하기가 힘든 것으로 나타났다.

표 8.4 2열 H말뚝 시공된 굴착면의 안전율과 시공순서

안	굴착면안전율	시공순서 및 특징	비고
제1안	1.14	1) 제2열 말뚝두부에서 굴착면 바닥까지 법면 부착 (그림 8.14(a) 참조)	
제2안	1.24	1) 제2열 말뚝에서 제1열 말뚝두부까지 3m는 연직으로 굴착 후 흙막이판으로 보강 2) 제1열 말뚝에서 제2열 말뚝 위치까지는 수평시공 3) 제1열 말뚝두부에서 굴착면 바닥까지 법면부착 (그림 8.14(b) 참조)	말뚝열수 : 2열 말뚝치수 : H-300×300×10×15
제3안	0.86	1) 제2안의 1),2)는 동일 2) 제1열 말뚝두부에서 굴착면 바닥까지 연직으로 굴착 (그림 8.14(c) 참조)	
제4안	0.90	1) 제1열 말뚝과 제2열 말뚝을 먼저 시공 2) 제1열 말뚝두부에서 굴착면까지 연직굴착 후 흙막이판 설치 (그림 8.14(d) 참조)	
제5안	1.18	1) 제4안의 1)과 동일 2) 제1열 말뚝두부에서 GL(-)3m까지 굴착 후 흙막이판 설치 3) 제1열 말뚝 GL(-)3m에서 굴착면까지 사면부착 (그림 8.14(e) 참조)	

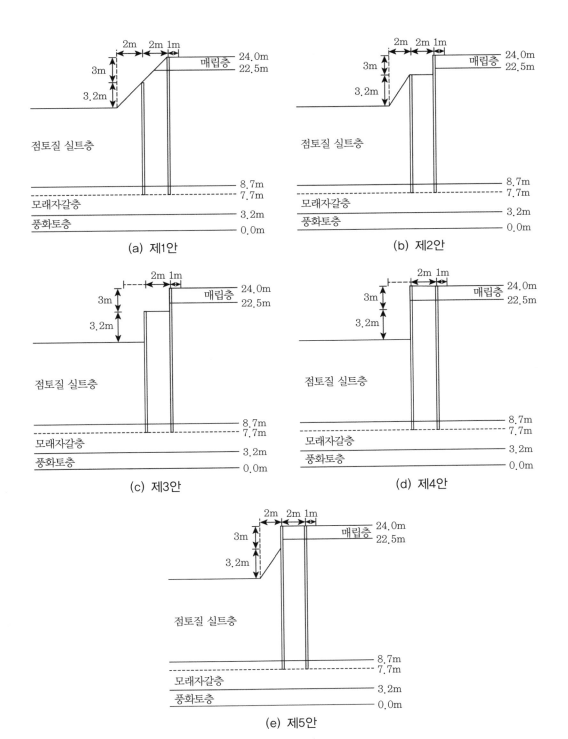

그림 8.14 2열 H말뚝 설치 검토 단면

따라서 현장의 시공성을 고려한 가장 합리적 설계방안으로 제5안이 선정됨이 바람직하다. 즉, 그림 8.14(e)와 표 8.4에서 보는 바와 같이 H말뚝은 16.3m 길이의 말뚝을 2m 간격으로 2열 설치하고 제1열 H말뚝의 GL(−)3.0m 위치에서 굴착저면까지 사면을 부착하도록 하였다.

상기와 같이 제시된 제1안에서 제5안까지의 검토 결과는 현장에서의 시공성과 안정성을 모두 고려한 결과이다. 다만 H말뚝을 설치하는 경우 그림 8.14에서 보는 바와 같이 말뚝의 수평지지력을 확보하기 위해 말뚝의 선단은 모래자갈층에 1m 이상 관입되는 것으로 가정하였으며 두부는 띠장으로 서로 연결되어 일체로 거동이 되도록 하였다.

(3) 시공단면 선정

본 현장은 위치에 따라 건축물 시공부지와 사면정상부 사이에 시공 가능한 여유폭이 차이가 있으므로 여러 가지 굴착단면의 설계와 시공이 가능하다. 따라서 사공여유폭을 고려하여 1열 H말뚝으로 시공된 흙막이 굴착구간, 2열 H말뚝을 시공한 흙막이 굴착구간을 구분할 수 있다. 이들 구간은 그림 8.11에 도시하였다.

말뚝이 설치된 구간의 최종설계단면은 그림 8.15에 나타난 바와 같이 시공경계면까지의 여유폭이 약 6m인 구간에서는 굴착면의 기울기를 1:1로 하고 말뚝을 1열로 설치하는 것으

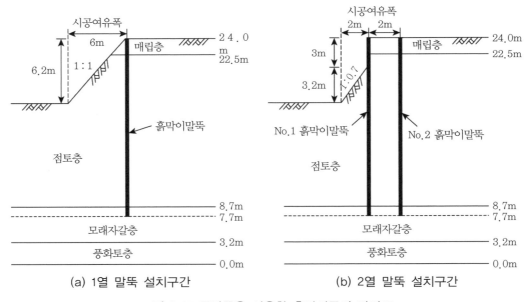

(a) 1열 말뚝 설치구간   (b) 2열 말뚝 설치구간

그림 8.15 줄말뚝을 이용한 흙막이공의 단면도

로 하였고, 여유폭이 약 4m인 구간에서는 굴착면의 기울기를 1:0.7로 하고 말뚝을 2열로 설치하는 것으로 하였다. 말뚝을 설치하지 않는, 즉 무보강사면구간에서는 굴착면의 기울기를 1:2.7로 하는 것으로 하였다. 표 8.5는 각 구간별 굴착배면지반의 안전율을 나타낸 표이다.

표 8.5 굴착지반의 안전율

구분	1열 말뚝 설치구간			2열 말뚝 설치구간		무보강 사면구간
굴착면 기울기	1 : 1			1 : 0.7		1 : 2.7
굴착배면지반 안전율	말뚝 설치 전	말뚝 설치 후		말뚝 설치 전	말뚝 설치 후	말뚝 무
		말뚝 설치간격 1.8m	말뚝 설치간격 0.9m	말뚝 설치간격 1.8m		
	0.9	1.1	1.3	0.7	1.2	1.1

1열 말뚝 설치구간과 2열 말뚝 설치구간의 시공과정을 구분하여 설명하면 다음과 같다. 1열 말뚝 설치구간은 굴착 전 흙막이말뚝을 설치하고 말뚝상부를 띠장으로 연결한 후 굴착면의 기울기를 1:1로 유지하여 수동 측의 저항력을 증가시키면서 굴착을 실시하는 것으로 하였다.

한편, 2열 말뚝 설치구간은 말뚝을 2열로 설치하고 GL(−)3m까지 직립으로 굴착을 실시한 후 흙막이판을 설치하였다. 그리고 그 이하 깊이부터 최종굴착깊이(GL(−)6.2m)까지는 굴착면의 기울기를 약 1:0.7 정도 두어 흙막이공을 지지하도록 하면서 굴착을 실시하였다.

그림 8.11에 도시된 2열 말뚝 설치구간에서 c−c 단면은 굴착 전에 No.1 말뚝열과 No.2 말뚝열에 띠장을 설치하여 두 열의 말뚝을 서로 결합시켰다. 그러나 d−d 단면은 굴착 전 No.1열 말뚝에만 띠장을 설치하고 굴착을 실시하고 굴착 완료 후 No.2 말뚝열에 띠장을 설치한 다음 No.1 말뚝열과 No.2 말뚝열을 서로 결합하였다. 즉, No.1열 말뚝에 설치된 띠장과 No.2열 말뚝에 설치된 띠장을 L형강을 이용하여 와렌 트러스(warren truss) 모양으로 연결하여 말뚝열 전체를 용접 이음하였다.

8.4 현장실험

8.4.1 계측기 설치

지하굴착에 따른 흙막이말뚝과 배면지반의 변형거동을 파악하기 위하여 계측장비를 활용하여 굴착시공 중에 주기적으로 현장계측을 실시하였다. 말뚝이 설치되지 않은 무보강사면 굴착구간에는 1개 단면에 경사계 1개소, 지하수위계 1개소를 설치하였으며 말뚝이 1열로 설치된 구간에는 2개 단면에 경사계 4개소, 지하수위계 2개소를 설치하였다. 그리고 말뚝이 2열로 설치된 구간에는 2개 단면에 경사계 8개소, 지하수위계 2개소에 설치하였다. 경사계와 지하수위계는 지표면으로부터 약 15~17m 깊이에 설치하였다.

그림 8.16은 흙막이말뚝 및 굴착배면지반의 계측기 설치 평면도를 나타낸 것이다. 그림에 나타난 바와 같이 흙막이말뚝이 1열로 설치된 구간의 경우 흙막이말뚝의 변형거동을 관찰하기 위하여 경사계를 흙막이말뚝 배면에 밀착시켜 설치하였다. 그리고 굴착배면지반의 변형거동과 지하수위 변화를 관찰하기 위하여 말뚝과 말뚝사이의 소성영역으로 예상되는 위치에 경사계와 지하수위계를 설치하였다. 그리고 흙막이말뚝이 2열로 설치된 구간도 말뚝이 1열로 설치된 구간과 동일한 방법으로 경사계 및 지하수위계를 설치하였다. 단 2열 말뚝 배면지반 속에는 지하수위계를 설치하지 않았다.

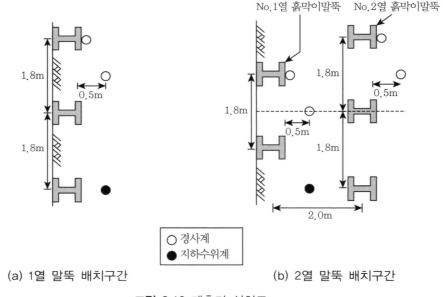

(a) 1열 말뚝 배치구간   (b) 2열 말뚝 배치구간

그림 8.16 계측기 설치도

8.4.2 계측 결과

(1) 수평변위

그림 8.17 및 그림 8.18은 말뚝이 1열로 설치된 구간의 a-a 단면과 b-b 단면에서 측정된 말뚝과 배면지반의 수평변위를 시공단계별로 나타낸 것이다. 1단계 굴착은 3m 깊이 굴착이 었고, 2단계 굴착은 6.2m 깊이 굴착이었다. 그림에 나타난 바와 같이 굴착깊이가 증가함에 따라 흙막이말뚝 및 배면지반의 수평변위는 점진적으로 증가하고 있으며 굴착 완료 후에는 변위가 미세하게 증가하다가 일정한 값으로 수렴되고 있다.

계측 종료 시(굴착 완료 후 20일)까지 각 단면에서 측정된 수평변위량을 비교하여보면 말 뚝의 수평변위가 지반의 수평변위보다 작게 발생하고 있다. 말뚝의 최대수평변위량은 9~ 13mm 정도 발생하였으며 지반의 최대수평변위는 13~16mm 정도 발생하였다.

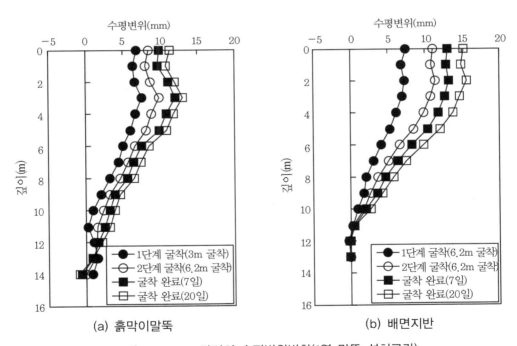

(a) 흙막이말뚝   (b) 배면지반

그림 8.17 a-a 단면의 수평변위변화(1열 말뚝 설치구간)

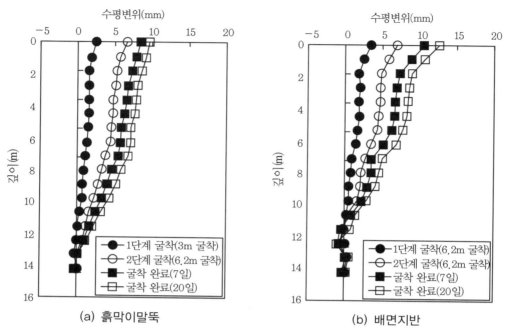

그림 8.18 b-b 단면의 수평변위변화(1열 말뚝 설치구간)

그림 8.19 및 그림 8.20은 2열 말뚝이 설치된 굴착구간의 흙막이말뚝과 배면지반의 수평변위를 시공단계별로 도시한 것이다. 그림 8.19에 나타난 바와 같이 굴착 전에 No.1 말뚝열과 No.2 말뚝열에 띠장을 설치하고 트러스형태로 강체결합을 실시한 c-c 단면의 경우에는 흙막이말뚝과 배면지반의 수평변위량이 굴착깊이에 비례하여 점진적으로 증가하지만 급격한 증가현상은 보이지 않고 있다.

한편, 그림 8.20에 나타난 바와 같이 굴착 전 No.1 말뚝열에만 띠장을 설치한 d-d 단면의 경우 굴착이 GL(-)3.0m까지 굴착이 진행되는 동안에는 굴착배면지반에서 관로공사를 위하여 폭 3m, 깊이 4m인 트렌치 굴착이 이루어져 흙막이말뚝과 배면지반의 수평변위량은 a-a 단면보다 작게 발생하고 있다. 그러나 배면지반에 굴착된 폭 3m, 깊이 4m인 트렌치의 되메움이 완료되고 계속 굴착이 진행되어 최종굴착깊이(GL(-)6.2m)까지 굴착이 완료된 이후 수평변위는 급격히 증가하고 있다. 따라서 흙막이말뚝 보강작업을 실시하였으며 그 이후에는 말뚝 및 지반의 수평변위의 증가량이 a-a 단면과 유사하게 둔화되는 경향을 보이고 있다.

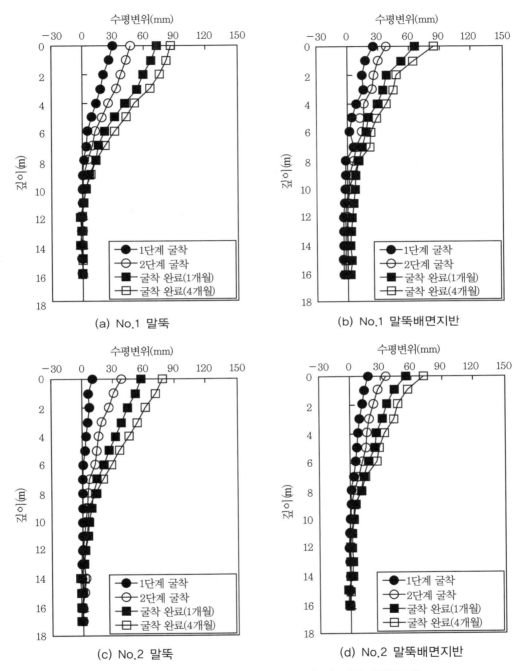

(a) No.1 말뚝

(b) No.1 말뚝배면지반

(c) No.2 말뚝

(d) No.2 말뚝배면지반

그림 8.19 c-c 단면의 수평변위변화(2열 말뚝 설치구간)

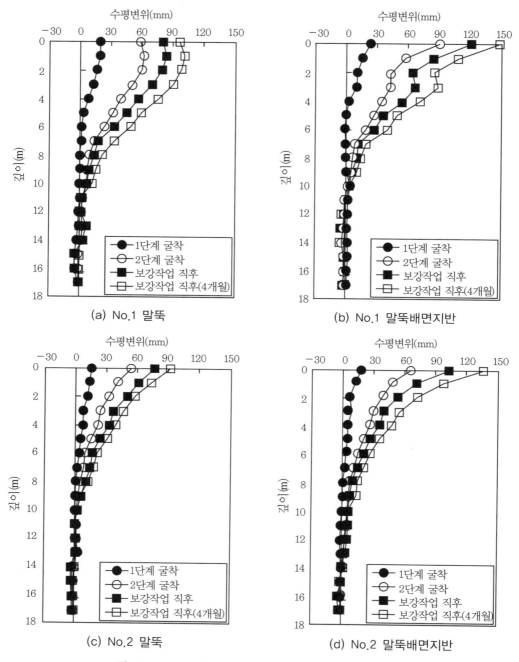

(a) No.1 말뚝

(b) No.1 말뚝배면지반

(c) No.2 말뚝

(d) No.2 말뚝배면지반

그림 8.20 d-d 단면의 수평변위변화(2열 말뚝 설치구간)

(2) 지하수위

그림 8.21은 본 현장의 2열 말뚝구간에서 굴착공사의 진행에 따른 지하수위의 변화를 측정한 결과이다. 그림에 나타난 바와 같이 c-c 단면 및 d-d 단면의 굴착 전 지하수위는 각각 GL(-)2.87m 및 GL(-)2.75m에 위치하고 있었으나 굴착이 진행되는 동안 서서히 감소하여 계측 종료 시(굴착 완료 후 약 4개월)에는 약 0.8~0.9m 정도 저하되어 GL(-)3.8m 및 GL(-) 3.58m에 위치하고 있는 것으로 나타났다.

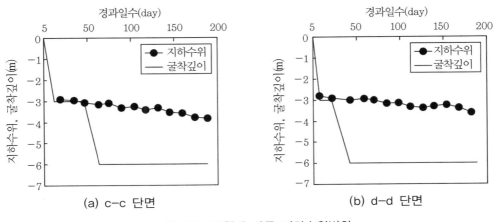

그림 8.21 굴착에 따른 지하수위변화

한편, 그림 8.22는 배면지반의 지하수위와 강우와의 관계를 비교하여 나타낸 것이다. 그림에 나타난 바와 같이 우리나라의 전형적인 기후특성인 장마로 인하여 6~9월 사이에 총강우량의 78%가 집중된 것으로 나타났다. 특히 8월에만 총강우량의 35%가 집중된 것을 알 수 있다.

그러나 본 현장에서 계측된 지하수위는 강우에 민감하게 영향을 받지 않고 있음을 볼 수 있다. 이러한 이유로는 본 현장의 지층이 투수성이 매우 낮은 점토층으로 구성되어 있어 일시적인 집중호우에 의한 강우가 지반 속 깊이 유입되지 못하고 일부만 지표면의 매립층에만 침투되고 대부분이 지표로 유출되었기 때문이다.

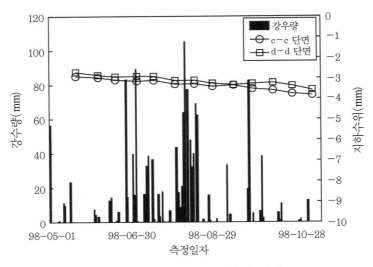

그림 8.22 강우와 지하수위와의 관계

8.5 분석 및 고찰

8.5.1 시공단계별 말뚝 및 지반의 변형거동

그림 8.23은 지하굴착으로 인한 흙막이말뚝과 배면지반의 변형거동을 분석하기 위하여 2열 말뚝 설치구간의 c-c 단면과 d-d 단면에서 측정된 흙막이말뚝 및 배면지반의 최대수평변위 변화를 시공단계별로 구분하여 나타낸 것이다. 각 단면의 시공단계는 표 8.6에 나타내었다.

그림 8.23(a)에서 보는 바와 같이 c-c 단면의 경우, 1차 및 2차 굴착단계에서 흙막이말뚝 및 배면지반의 수평변위는 굴착깊이에 비례하여 증가하고 있으며 증가속도도 빠르게 나타나고 있다. 굴착깊이는 증가하지 않고 있지만 굴착면적이 넓어지는 굴착면 내부 굴착단계에서는 수평변위가 계속적으로 증가하고 그 증가속도는 다소 둔화되는 것으로 나타나고 있다. 한편, 강우로 인한 지표수 침투단계에서는 수평변위의 증가속도가 다시 빠르게 나타나고 있다. 이는 굴착 완료 후 장마철의 집중강우로 형성된 지표수가 지표면 매립층에 침투하여 지반의 단위중량을 증가시켜, 흙막이말뚝에 작용하는 측방토압이 증가되어 추가적인 수평변위의 발생이 유발된 것으로 판단된다. 굴착저면 정지작업 및 말뚝기초공사단계에서는 흙막이말뚝 및 배면지반의 수평변위가 비교적 안정되고 일정한 값으로 수렴되는 경향을 보이고 있다.

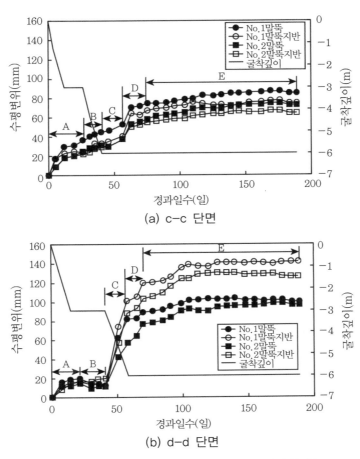

(a) c-c 단면

(b) d-d 단면

그림 8.23 시공단계별 말뚝 및 지반의 수평변위변화

표 8.6 각 단면별 시공단계

시공단계	c-c 단면	d-d 단면
제1단계(A구간)	1차굴착(GL(−)3.0m)	1차굴착(GL(−)3.0m)
제2단계(B구간)	2차굴착(GL(−)6.2m)	배면지반 굴착
제3단계(C구간)	굴착면내부 굴착	2차굴착단계(GL(−)6.2m)
제4단계(D구간)	강우로 인한 지표수 침투	흙막이벽 보강단계(트러스결합)
제5단계(E구간)	정지작업 및 말뚝기초공사	정지작업 및 말뚝기초공사

한편, 그림 8.23(b)에 나타난 바와 같이 d-d 단면의 경우, 1차 굴착단계에서 굴착이
GL(−)3m까지 진행되는 동안 흙막이말뚝 및 배면지반의 수평변위는 증가하였으나 그 이후
굴착이 일시적으로 중단된 기간에는 수평변위는 거의 증가하지 않고 일정하게 유지되고 있

다. 배면지반굴착단계에서는 흙막이벽체로부터 5m 정도 떨어진 배면지반에 관로공사를 위하여 폭 3m, 깊이 4m의 트렌치를 굴착하여 흙막이말뚝과 배면지반의 수평변위가 굴착배면 쪽으로 회복되는 현상을 보이고 있다. 2차 굴착단계에서 굴착배면에서 굴착된 트렌치의 되메움작업이 완료되고 굴착이 GL(−)6.2m까지 진행되는 동안 흙막이말뚝과 배면지반의 수평변위는 급격히 증가하고 있으며 굴착이 완료된 후에도 수평변위는 계속적으로 증가하고 있다. 따라서 수평변위의 증가를 억제시키기 위하여 No.1 말뚝열과 No.2 말뚝열을 L형강으로 결합시키는 보강작업을 실시하였다. 보강 직후 흙막이말뚝과 배면지반의 수평변위 증가량은 크게 둔화되어 보강효과가 있는 것으로 나타났다. 굴착이 완료되고 굴착저면지반의 정지작업 및 말뚝기초공사단계에서는 c−c단면과 마찬가지로 수평변위가 비교적 안정되고 일정한 값으로 수렴되는 경향을 보이고 있다.

8.5.2 변형거동에 영향을 미치는 요소

(1) 말뚝간격비

말뚝이 1열 혹은 2열의 줄말뚝으로 설치되는 경우 줄말뚝에 작용하는 토압은 지반과 말뚝사이의 상호작용에 의해 결정되므로 단일말뚝의 변형거동과는 상당히 다르다(홍원표, 1984).[1-3] 이러한 줄말뚝의 말뚝간격에 대한 영향을 조사하기 위하여 1열 말뚝 설치구간에서 a−a 단면은 말뚝을 1.8m 간격으로 설치하여 말뚝간격비(D_2/D_1)를 0.83으로 하였고, b−b 단면은 말뚝을 0.9m 간격으로 설치하여 말뚝간격비(D_2/D_1)를 0.67로 하였다.

그림 8.24는 말뚝설치간격에 따른 흙막이말뚝 및 배면지반의 최대수평변위량을 비교하여 나타낸 것이다. 일반적으로 말뚝의 간격비가 작을수록 말뚝의 수평변위는 크게 발생한다. 이는 말뚝간격이 작을수록 지반아칭현상이 보다 확실히 발생하여 말뚝에 작용하는 하중이 크기 때문이다.

그림 8.24(a)에서도 흙막이말뚝의 수평변위량은 말뚝간격비가 작을 경우가 크게 발생하고 있으며 이로 인하여 그림 8.24(b)에 나타난 배면지반의 수평변위량도 말뚝간격비가 작을수록 크게 발생하고 있다. 이와 같이 말뚝의 설치간격에 관계없이 배면지반의 수평변위량이 말뚝의 수평변위량보다 크게 발생하고 있다.

이는 절개사면의 보강대책으로 억지말뚝공법이 적용된 현장에서 관찰된 억지말뚝과 사면지반의 거동과 유사함을 알 수 있다.[7] 즉, 말뚝사이의 지반에는 이들 변위의 상대적인 차이에 의하여 지반아칭(soil arching)현상이 발생되어 굴착배면지반의 활동에 대하여 말뚝이 저항하고 있음을 알 수 있다.

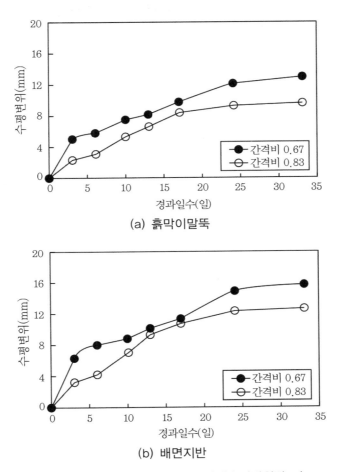

(a) 흙막이말뚝

(b) 배면지반

그림 8.24 말뚝설치간격에 따른 최대수평변위량 비교

(2) 말뚝두부 구속조건

흙막이말뚝의 두부구속조건에 의해 흙막이말뚝과 배면지반의 변형은 큰 영향을 받게 된다. 앞에서 언급된 바와 같이 2열 말뚝 설치구간의 c-c 단면과 d-d 단면은 굴착 초기에 흙막이말뚝의 두부구속조건이 서로 다르게 시공되었다. 즉, 굴착이 진행되는 동안 c-c 단면은 말뚝두부 구속조건이 회전구속이고, d-d 단면은 자유조건이었다.

그림 8.25는 말뚝두부 구속조건에 따른 말뚝 및 지반의 변형을 검토하기 위하여 c-c 단

면과 d-d 단면의 No.1 말뚝열과 No.1 말뚝열 배면지반의 최대수평변위를 비교하여 나타낸
것이다. 그림에서 보는 바와 같이 말뚝두부조건이 자유조건인 d-d 단면에서 발생된 흙막이
말뚝 및 배면지반의 최대수평변위량이 회전구속인 c-c 단면의 최대수평변위보다 크게 발생
하고 있으며, 특히 배면지반의 수평변위량은 자유조건인 경우가 거의 두 배 이상 크게 발생
하고 있다. 그리고 굴착 전에 전후 말뚝열을 미리 결합시켜 말뚝두부가 회전구속된 c-c 단
면은 지표면부근에서 흙막이말뚝과 배면지반의 수평변위가 비슷하게 발생하고 있음을 알
수 있다.

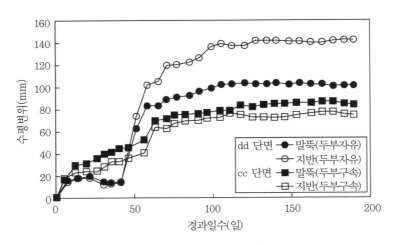

그림 8.25 말뚝두부구속조건에 의한 영향(2열 말뚝의 경우)

(3) 지반의 안정수

Peck(1969)[16]은 굴착저면지반의 안정검토를 위하여 굴착지반의 전단강도와 굴착깊이와
의 관계로부터 $N_s = \gamma H / c_u$ 로 표현되는 굴착지반의 안정수를 제안하였다. 여기서 γ는 단
위중량, H는 굴착깊이, 그리고 c_u는 비배수전단강도이다. 즉, 굴착지반의 안정수가 3.14
이상이 되면 지반의 소성영역이 발생되기 시작하고 5.14 이상이 되면 소성영역의 확대로 인
한 저부파괴가 발생된다고 하였다.

본 현장의 굴착지반(H : 6.2m, γ : 1.68t/m³, c_u : 2t/m²)에 대해서 굴착저면의 안정성을
검토한 결과 굴착지반의 안정수가 5.21로 나타나 굴착저면의 안정성에 문제가 있는 것으로
나타났다. 그림 8.26에 나타낸 d-d 단면의 배면지반 수평변위도에서 굴착저면 아래 위치인

GL(−)6.5m 지점의 변위형태로 미루어볼 때 굴착저면지반 속에서 지반의 측방유동이 발생하여 소성영역이 확대되고 있음을 분명히 알 수 있다.

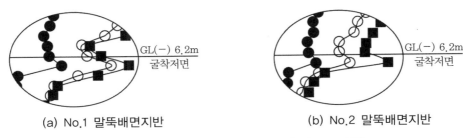

(a) No.1 말뚝배면지반   (b) No.2 말뚝배면지반

그림 8.26 굴착저면 수평변위 상세도(d−d 단면)

한편, 그림 8.27은 굴착저면부근(GL(−)6.5m 지점)에서 측정된 굴착저면지반 속의 최대측방이동량을 나타낸 것이다. 그림에서 나타난 바와 같이 최대측방이동량은 No.1 말뚝열 배면지반 속에서 18mm 정도, No.2 말뚝열 배면지반 속에서 약 10mm 정도 발생하고 있다. 그리고 굴착저면지반의 소성영역은 No.1 말뚝열 배면지반에서 먼저 발생되기 시작하여 배면지반의 측방이동량이 어느 정도 증가한 후에 No.2 말뚝열 배면지반에서 소성영역이 발생되고 있다. 또한 그림에서 배면지반의 측방이동량이 일시적으로 감소하는 영역이 나타나고 있는데 이는 아파트 기초공으로 말뚝을 굴착지반 속에 시공하는 과정에서 지반이 굴착배면 쪽으로 이동하였기 때문이다. 그리고 말뚝시공이 완료된 이후에는 다시 굴착면 쪽으로 지반

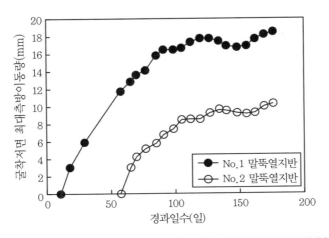

그림 8.27 굴착저면지반의 최대측방이동량(2열 말뚝의 경우)

이 이동하는 것으로 나타나고 있다.

(4) 굴착면의 기울기

그림 8.28은 무보강사면구간, 1열 말뚝 설치구간, 2열 말뚝 설치구간에서 측정된 지표면 부근 흙막이말뚝 및 배면지반의 수평변위량을 굴착깊이에 따라 나타낸 것이다. 그림에서 횡축은 최종굴착깊이에 대한 단계별굴착깊이(z/H)로 나타내고, 종축은 최종굴착깊이에 대한 수평변위(δ_{Hm}/H)로 무차원화시켜 나타낸 것이다.

그림에 나타난 바와 같이 흙막이말뚝 및 배면지반의 수평변위량은 2열 말뚝 설치구간, 1열 말뚝 설치구간, 무보강사면구간 순으로 크게 발생하고 있음을 알 수 있다. 즉, 무보강사면구간 및 1열 말뚝 구간은 지표면에서부터 굴착면을 일정한 기울기(구배)를 유지하면서 굴착이 이루어졌기 때문에 이 굴착사면에 의한 수동측 저항력(수동토압)이 증가하여 말뚝 및 지반의 수평변위가 작게 발생하는 것으로 판단된다. 반면, 2열 말뚝 설치구간의 GL(−) 3.0m까지는 직립으로 굴착한 후 그 이후 깊이부터 굴착면을 1:0.7의 기울기로 유지하면서 굴착이 이루어졌기 때문에 이 굴착사면에 수동측 저항력이 그다지 크지 않아 말뚝을 2열로 설치하였음에도 불구하고 사면구간이나 1열 말뚝 설치구간보다 크게 발생한 것으로 판단된다. 따라서 굴착으로 인한 말뚝 및 지반의 변형은 말뚝의 강성, 말뚝의 설치간격, 말뚝두부

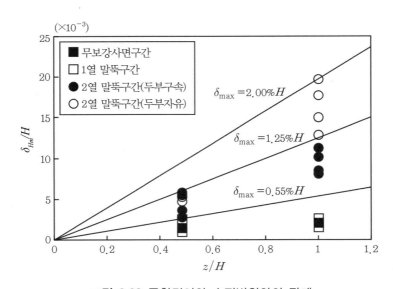

그림 8.28 굴착깊이와 수평변위와의 관계

의 구속조건, 말뚝열수 등에도 영향을 받지만 이보다도 굴착면의 기울기에 더 큰 영향을 받고 있음을 알 수 있다.

참고문헌

1) 홍원표(1984a), "측방변형지반 속의 말뚝에 작용하는 토압", 1984년도 제9차 국내외한국과학기술자종합학술대회논문집(II), 한국과학기술단체총연합회, pp.919~924.

2) 홍원표(1984b), "측방변형지반 속의 줄말뚝에 작용하는 토압", 대한토목학회논문집, 제4권, 제1호, pp.59~68.

3) 홍원표(1984c), "수동말뚝에 작용하는 측방토압", 대한토목학회 논문집, 제4권, 제2호, pp.77~88.

4) 홍원표, 권우용, 고정상(1989), "점토지반 속 주열식 흙막이벽 설계법", 대한토질공학회 논문집, 제5권, 제3호, pp.29~38.

5) 홍원표, 한중근, 송영석(1999), "억지말뚝을 이용한 점성토지반 절토사면의 설계", 한국지반공학회논문집, 제15권, 제5호, pp.157~170.

6) 홍원표, 한중근, 윤중만(1998), "사면안정용 억지말뚝의 해석법 및 적용사례", 사면안정 학술발표회 논문집, pp.7~50.

7) 홍원표, 한중근, 이문구(1995), "억지말뚝으로 보강된 절개사면의 거동", 한국지반공학회 논문집, 제11권, 제4호, pp.111~124.

8) 홍원표(1998), "안산 고잔지구 풍림아파트 신축부지 지하굴착에 관한 연구보고서", 중앙대학교.

9) 홍원표, 윤중만, 송영석(2000), "연약점성토지반의 얕은 굴착 시 줄말뚝을 이용한 흙막이공", 한국지반공학회논문집, 제16권, 제1호, pp.191~201.

10) 홍원표(2007), "2열 H-Pile을 이용한 자립식 흙막이 공법의 연약지반 적용방안 연구보고서", 중앙대학교.

11) Bowles, J.E.(1982), Foundation Analysis and Design, 3rd ed. McGraw-Hill, Tokyo, pp.516~547.

12) Lambe, T.W. and Whitman, R.V.(1979), Soil Mechanics (SI version), John Wiley & Sons, pp.12~14.

13) Littlejohn, G.S.(1970), "Soil anchors", Proc. Conference on Ground Engineering, Institute of Civil Engineers, London, pp.33~44.

14) Matsui, T., Hong, W.P. and Ito, T.(1982), "Earth pressures on piles in a row due to lateral soil movements", Soils and Foundations, Vol.22, No.2, pp.71~81.

15) Neeley, W.J., Stuart, J.G. and Graham, J.(1973), "Failure loads of vertical anchor plates in sand", Journal of the Soil Mechanics and Foundation Engineering Division, ASCE, Vol.99, No. SM9, pp.669~685.

16) Peck, R.B.(1969), "Deep excavation and tunneling in soft ground", Proc. 7th ICSMFE, State of the art volume, pp.225~290.

17) Rowe, P.W.(1957), "Sheet pile walls in clay", Proc. Institute of Civil Engineers, Vol.7, pp.629~654.

합벽식 흙막이벽

CHAPTER

09 흙막이말뚝

합벽식 흙막이벽

산지가 전국토의 약 70%에 달하는 우리나라에서 최근 고도의 산업발전과 도시의 인구집중으로 경사지를 활용하여 토지의 효율적인 이용을 극대화하기 위해 부지조성 시 구릉지나 경사지를 절개하고 옹벽을 설치하는 경우가 많다.

그러나 옹벽이 높고 시공공간이 좁은 곳에서는 옹벽을 포함한 배면경사지의 사면안정성을 확보해야 한다. 옹벽의 안정성을 확보하기 위해서는 옹벽저판폭을 크게 확대시켜야 하나 시공상의 어려움이 따른다.

여기에 경사지를 절토하면서 앵커지지 흙막이벽을 영구구조물로 함께 활용하는 합벽식 옹벽 공법이 개발 적용되고 있다. 이 공법의 적용으로 흙막이벽 배면경사면의 사면안정성 확보는 물론이고 옹벽에 필요한 저판도 최소화할 수 있게 되었다.

특히 최근에는 아파트나 공공시설물 등의 부지조성을 위하여 산지나 구릉지에서의 굴착공사가 증가하고 있다. 이러한 지역에서 실시되는 굴착공사는 굴착배면지반이 경사면이고, 굴착단면도 비대칭으로 되는 경우가 많으므로 앵커지지 흙막이벽을 채택하는 경우가 계속 증가하는 추세이다.

이 공법은 구릉지나 경사지에 앵커로 지지된 흙막이벽을 설치하면서 굴착을 실시한 후 이 흙막이벽 전면에 철근콘크리트벽체를 일체가 되게 합벽시공하여 영구구조물로 축조하는 공법이다.

이 공법은 대규모 절토 시의 절개면에 설치하는 높은 옹벽의 안정성을 확보하기에 적합하다. 그러나 이 공법을 적용 시에는 옹벽의 안정은 물론 옹벽배면의 경사지의 사면안정성도 확보되어야만 비로소 전체의 안정이 확보될 수 있다.

박진효(1998)는 합벽식 흙막이벽을 시공한 다섯 개 현장의 현장계측자료를 정리하여 흙막이벽에 작용하는 측방토압과 벽체의 수평변위거동을 분석하였다.[2] 또한 홍원표 외 2인 (2004)은 합벽식 흙막이벽 공법을 적용한 한 아파트부지 조성 공사현장에서 현장계측을 실시하여 흙막이벽의 거동을 고찰하였다.[5]

9.1 합벽식 흙막이벽의 구조

9.1.1 영구앵커지지옹벽

합벽식 흙막이벽은 흙막이벽으로 경사면을 굴착한 후 이 흙막이벽 전면에 옹벽을 설치하여 배면지반을 지지하도록 한다. 이 옹벽은 영구히 안정을 유지해야 하므로 옹벽과 흙막이벽 및 배면지반을 결합시키고 통상 영구앵커로 지지시킨다. 따라서 이 공법에서는 앵커의 역할이 대단히 중요하다.[10,16]

구조물과 지반의 결합을 위해서 설치하는 영구앵커의 구조는 그림 9.1과 같이 앵커두부 (anchor head), 자유장(free length), 정착장(bond length)의 세 부분으로 구성되어 있다.

정착장은 앵커두부를 통해 인장재에 가해진 인장력을 지반에 전달하기 위하여 설치되는 지중의 저항부분이며, 대개의 경우 시멘트경화물에 의해 조성된다.

한편 자유장은 앵커두부로부터의 인장력을 지중의 정착부에 전달시키는 부분이며 일반적으로 PC강선, PC강봉을 주재료로 하며 강선외부는 부식을 방지하기 위해 전선관으로 코팅되어 있고, 앵커는 부식방지와 보호를 위해 주름통 속에 설치한다.

앵커두부는 구조물로부터의 힘을 무리 없이 앵커체에 전달하기 위한 부분이며 앵커두부 주위의 부식을 방지하기 위해 캡과 구리스 충진을 한 후 옹벽 속에 매몰한다.

굴착공사가 완료된 이후 영구앵커지지옹벽의 시공순서는 다음과 같이 크게 다섯 단계로 나눈다.

① 기초 하부 버림콘크리트 타설 및 배수용 유공관 설치
② 필요시 노출 H-빔 방식페인트 칠하기 및 옹벽배면의 흙막이판에 배수용 필터 설치(다발관)
③ 기초콘크리트 타설
④ 철근조립(철근조립 시 배면주철근은 띠장과 일체가 되게 엄지말뚝과 띠장 사이, 즉 홈

메우기 공간에 배치한다)

⑤ 옹벽콘크리트 타설 및 양생

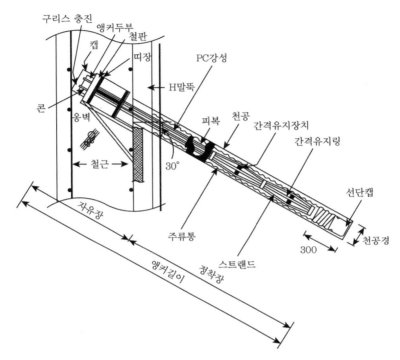

그림 9.1 영구앵커지지옹벽의 단면개략도

9.1.2 앵 커

"시멘트 페이스트 혹은 시멘트 몰탈의 주입으로 지중에 매몰된 인장재의 선단부에 앵커체가 만들어지고 그것이 인장재와 앵커두부를 통하여 구조물과 연결된 물체를 앵커라고 한다. 앵커공법에 관한 용어는 현재 통일적으로 확정된 것은 없고 독일의 가설용 지침(DIN 4125-1972), 프리스트레스콘크리트, 국제연맹(FIP)의 프리스트레스 그라운드앵커(ground anchor) 지침, 일본토질공학회의 그라운드앵커 설계 시공기준(JSF 규격 : D1-88) 등에 표시된 용어를 적당히 사용하고 있으며 우리나라에서도 동일한 실정이며 표 9.1과 같이 크게 다섯 가지로 분류된다.

사용목적에 따라 앵커는 가설앵커와 영구앵커로 구분된다. 우선 가설앵커는 주로 지하굴착 시 효율적인 부지이용 목적으로 시공성 및 안정성을 확보하기 위해 가설흙막이벽을 지지하는 지지기구로서 많이 이용되며 본 공사가 진행됨에 따라 순차적으로 제거된다.

반면 영구앵커는 통상 2년 이상의 기간 동안 영구구조물의 안정을 유지시킬 수 있도록 앵커체의 부식방지와 내구성을 증가시켜 설치하는 앵커이다.

표 9.1 앵커의 일반적 분류

구분	분류방법	특징
저항메커니즘	주면마찰형	앵커체의 주면마찰력으로 인장력에 저항
	지압형	앵커체의 단면에 작용하는 수동토압에 의해 인발력으로 저항
	혼합형	앵커체의 주면마찰력 및 앵커체의 단면에 작용하는 수동토압에 의해 인발력으로 저항
하중작용방법	압착식	설계앵커력 전량의 프레스력을 주는 것
	이완식	설계앵커력 이하의 프레스력을 주거나 전혀 프레스력을 주지 않는 것
정착지반	어스앵커	앵커체 정착부가 토사인 지반
	록앵커	앵커체 정착부가 암반인 지반
사용목적	가설앵커	가설 용도로 설치된 앵커
	영구앵커	영구적 구조물에 설치된 앵커
두부정착방식	쐐기정착	PC강봉이나 PC강연선을 쐐기로 정착
	너트정착	앵커두부 또는 정착부 인장재의 전장이 나사가공으로 되고 너트에 의해 정착

흙막이벽체 시공 시 앵커는 영구적으로 안전하게 시공하기 위해 앵커체, 인장부, 앵커두부에 대해서 각각 부식환경과 부식재의 효과 등을 감안하여 대책을 강구하여야 한다.

앵커체의 방식법은 인장재가 인장에 의해 신장 시 앵커체가 변형되어 균형이 정착지반의 인장재까지 발생할 경우 유해물질이 침투되어 인장재를 부식시키는 원인이 되므로 정착부의 인장재는 주름통으로 씌우고 그 내부를 그라우트 충진하는 방법이다. 인장재의 방식법은 ① 비정착 가공, ② 방청유 주입, ③ 방청테이프 감기, ④ 그라우트 주입 등이 있으나 ①의 방법이 효과적이다.

한편 앵커두부 정착구 배면은 앵커자유장과의 경계로 되어 있어 형상이 복잡하므로 부식의 위험성이 커서 앵커두부 보호방법으로 캡과 구리스 충진을 하거나 콘크리트로 피복하는 방법이 있으나 시공 후 유지관리를 위해 전자의 방법이 많이 사용되고 있다.

표 9.1의 앵커공법의 일반적 분류표에서 보는 바와 같이 앵커의 사용목적에 따라 구분되며 특히 영구적으로 사용할 때 내구성을 증진시키고 앵커체 및 두부에 방식효과와 안전율을 증가시켜 각각의 구분별 차이점은 표 9.2와 같다.

영구앵커지지옹벽은 견고한 지층이나 암반층에 적합한 공법이며 연약한 점토지반이나 압밀이 끝나지 않은 지반에서는 앵커의 효과가 미약하므로 가급적 피하는 것이 바람직하다. 영구앵커로는 록앵커, 부력앵커 등이 있다.

표 9.2 가설앵커지지 벽체와 영구앵커지지옹벽의 비교

구분		가설앵커지지 벽체	영구앵커지지옹벽
설치기간		본구조물 축조를 위해 임시로 설치	통상 2년 이상의 영구구조물로 설치
안전율		1.5	2.0~3.0
허용인발력(극한인발력(P_{up}))		$P_{up}/1.5$	$P_{up}/2.5$(지진 시 : $P_{up}/1.5$-2.0)
허용인장력	극한하중(P_u)	$0.65P_u$	$0.6P_u$(지진 시 : $0.75P_u$)
	항복하중(P_y)	$0.80P_y$	$0.75P_y$(지진 시 : $0.90P_u$)
앵커 구성		앵커두부, 자유장, 정착장	앵커두부, 자유장, 정착장 부식방지용 덕트, 캡, 구리스
강재활증률		허용응력에 대해 : 1.5	허용응력에 대해 : 1.0
유지관리		본체구조물 축조 시 해체	본체구조물과 합벽으로 영구적으로 유지함
벽체구성		흙막이벽체	흙막이벽체 + 철근콘크리트벽체
외력(하중)부담		흙막이벽 : 100%	흙막이벽(50%) + 옹벽(50%) 흙막이벽 : 100%

P_{up} : 극한인발력, P_u : 극한하중, P_y : 항복하중

9.1.3 벽체거동과 측방토압

영구앵커지지옹벽의 시공단계별 벽체거동과 토압분포는 그림 9.2와 같이 다섯 가지 단계로 구분할 수 있다.[15] 제1단계에서 제4단계까지는 굴착단계에서의 벽체거동과 토압분포이며 제5단계는 옹벽구조물 축조 후의 강성벽체의 벽체거동과 토압분포로 제1단계와 유사한 형태로 나타난다.

① 제1단계 : 그림 9.2(a)에 나타난 바와 같이 벽체의 근입장이 굴착면 아래 충분히 근입되어 있어 벽체가 캔틸레버 형태로 작용하여 벽체변위는 선형적인 형태로 거동한다.

② 제2단계 : 그림 9.2(b)에 나타난 바와 같이 벽체의 상부가 앵커에 의해 지지된 형태이다. 이 단계에서는 단순보 형태의 벽체변위가 발생한다.

③ 제3단계 : 그림 9.2(c)에 나타난 바와 같이 굴착이 한 단계 더 진행된 상태로서 벽체의

근입장이 다소 얕고 벽체 상부가 앵커에 의해 지지된 형태이며 약간의 측방변위를 허용하는 형태로 거동한다.

④ 제4단계 : 그림 9.2(d)에 나타난 바와 같이 다단앵커로 벽체를 지지하는 형태로서 일정한 변위가 발생한다.

⑤ 제5단계 : 그림 9.2(e)에 나타난 바와 같이 옹벽구조물 축조로 벽체의 거동과 토압분포는 강성벽체 거동형태를 보이며 제1단계와 같이 캔틸레버 형태로 거동하여 벽체변위는 선형적인 형태로 나타난다.

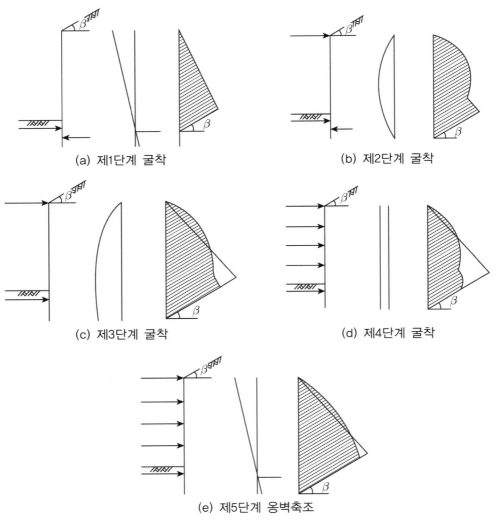

(a) 제1단계 굴착   (b) 제2단계 굴착

(c) 제3단계 굴착   (d) 제4단계 굴착

(e) 제5단계 옹벽축조

그림 9.2 영구앵커지지옹벽의 시공단계별 벽체의 변형거동과 토압분포[15]

9.1.4 설계순서

일반적으로 영구앵커지지옹벽은 경사지반의 활동억지공법으로 그 설계순서는 크게 네 단계로 나눌 수 있다.

① 사면안정해석 단계

　계획구조물 설치를 위해 필요한 공간을 확보하기 위한 경사면 절개 시 경사면의 안정성을 검토한다.

② 대책공법검토 단계

　만약 사면이 불안정하다고 판단되면 사면활동 억지대책공법으로서 시공성, 안정성, 경제성을 감안하여 적절한 공법을 검토한다. 최근에는 도심지 경사지 배면지반에 영구앵커지지옹벽을 보편적으로 많이 사용하고 있다.

③ 앵커설계 단계

　지반정수를 결정하여 앵커의 위치와 배치를 결정한다. 설계앵커력 결정, 앵커체 설계, 인장재 결정, 지압판 및 앵커두부 등을 설계한다. 그리고 사면안정을 재검토한다.

④ 영구앵커지지옹벽 설계 단계

　배면측압에 의한 옹벽의 활동, 전도에 대한 저항은 흙막이벽과 영구앵커가 부담한다. 구조계산 시 허용응력을 초과하는 모멘트 및 전단력은 철근콘크리트 옹벽이 부담하는 것으로 간주한다. 그리고 옹벽배면의 배수 신축이음 등을 설계한다.

9.2 영구앵커지지옹벽의 측방토압과 거동분석

영구앵커지지옹벽에 작용하는 측방토압은 흙막이구조물에 작용하는 측방토압과 관계가 깊다.[9] 원래 이 측방토압은 굴착공사현장에 설치된 경사계, 하중계, 응력계, 토압계 등의 계측기로 측정한 결과로부터 경험적으로 제안된 토압이다.

박진효(1998)는 합벽식 흙막이벽을 시공한 다섯 개 현장의 현장계측자료를 정리하여 흙막이벽에 작용하는 측방토압과 벽체의 수평변위거동의 분석 결과를 다음과 같이 제시하였다.[2]

9.2.1 측방토압의 분석 결과

① 배면경사지가 암반지반인 경우 영구앵커지지옹벽에 작용하는 측방토압은 사각형분포로 작용한다.

② 영구앵커지지옹벽에 작용하는 겉보기최대측방토압의 크기는 Rankine주동토압 p_a의 (0.60~0.90)배로 분포한다. 이중 암반지반에서는 주동토압에 대하여 $p = 0.75 K_a (\gamma H + q)$ 로 함이 타당하다. 이는 배면이 수평인 경우에 대하여 제안된 Hong and Yun(1997)의 0.55보다 상당히 큰 값이다.[4] 또한 이 값은 표 4.6에 정리된 우리나라 내륙지역 암반지반의 측방토압 최대치과 일치한다.

③ 또한 암반지반에서 영구앵커지지옹벽에 작용하는 겉보기최대측방토압의 크기를 연직상 재압 $\sigma_v (= \gamma H)$와 연계하면 평균적으로 $p = 0.17 (\gamma H + q)$로 함이 타당하다. 이 값도 배면이 수평인 경우에 대하여 제안된 Hong and Yun(1997)의 0.15보다 약간 큰 값이다.[4] 그러나 우리나라 내륙지역 암반지반을 대상으로 표 4.6을 참고하면 암반지반에서의 측방토압 최대치인 0.20을 적용함이 타당할 것이다.

그러나 암반 내 토압을 소성역학에 입각하여 내부마찰각 ϕ를 활용한 Rankine토압과 연계시켜 고려하는 경우는 암반의 내부마찰각 ϕ의 추정에 신빙성문제가 있으므로 가급적 흙막이벽 및 옹벽 설계 시는 연직응력과 연계시켜 측방토압을 산정하는 것이 오차를 감소시키기에 유리할 것이다.

9.2.2 수평변위의 분석 결과

① 경사지 배면 암반지반의 경우 영구앵커지지 흙막이벽 및 옹벽의 배면에서 단계별 굴착 깊이와 수평변위는 비례하였다. 흙막이벽 및 옹벽의 최대수평변위는 옹벽콘크리트 타설시점에 나타났고 그 이후 점차 안정된 수평변위가 나타났다.

② 경사지 배면 토사지반에서는 굴착 초기와 옹벽 타설 시 최대수평변위가 나타났다. 따라서 영구앵커지지 흙막이벽 설계 시 제1단 앵커위치를 가급적 흙막이벽 상부에 설치하는 것이 효과적이다. 또한 옹벽 설계 시 콘크리트 타설측압은 흙막이벽(엄지말뚝)에 연결된 폼타이 의존방식 대신 옹벽전면에 별도의 옹벽거푸집지지 경사버팀기둥을 설치하는 방법이 콘크리트 타설측압에 의한 배면수평변위를 억제시키는 데 효과적인 방

법으로 판단된다.

③ 본 구조물 축조에 따른 앵커의 해체과정에서 발생된 최대수평변위는 굴착단계의 약 두 배 정도 크게 나타났다. 따라서 앵커지지 흙막이구조물 설계 시 해체과정의 단계별 시공에 따른 안전성 검토도 필요하다.

④ 우리나라와 같이 다층암반층인 경사지에 설치된 영구앵커지지 흙막이벽 및 옹벽의 최대수평변위량은 굴착깊이에 따라 많은 영향을 받는다. 그리고 도심지 중요구조물 인근의 안전한 곳에서 앵커시공 후 해체 시에는 특별한 주의시공이 필요하다.

9.2.3 수평변위에 따른 흙막이벽 및 옹벽의 안정성

굴착에 따른 흙막이벽 및 주변지반의 안정성은 벽체의 강성, 버팀기구, 선행인장력(prestress), 과다굴착, 시공과정에 크게 영향을 받고 있다. 굴착공사의 안전을 위한 계측관리로 경사계와 하중계가 주로 이용되고 있으며 현장계측을 통해서 굴착공사의 안정성에 관련된 흙막이벽에 작용하는 측방토압과 벽체의 변형에 대한 정보를 얻을 수 있다.

박진효(1998)가 검토한 5개 현장의 20개 관측점에 설치된 경사계로부터 측정된 벽체의 수평변위와 굴착심도의 관계를 도시하면 그림 9.3과 같다.[2]

앵커지지방식으로 설계된 굴착공사로부터 얻은 계측자료는 굴착이 진행되는 동안 시공이 양호한 현장과 불량한 현장이 확실하게 구분되고 있음을 알 수 있다. 굴착시공이 양호한 대부분의 현장에서는 흙막이벽의 수평변위가 굴착깊이의 0.15% 내에서 발생하는 것으로 나타났다.

그림 9.3에서 ■로 표시된 4개 단면에서는 옹벽공사 완료후의 수평변위가 식 (9.1) 및 식 (9.2)로 표시된 선보다 위에 과다하게 발생하고 있는 것으로 나타났다. 따라서 배면경사지에 설치된 영구앵커지지옹벽의 과다한 수평변위를 억제하기 위해서는 굴착단계에서 세심한 시공관리가 필요하다.

$$\delta_H = 0.15\% \, H \tag{9.1}$$

$$\delta_H = 0.25\% \, H \tag{9.2}$$

여기서, δ_H : 앵커지지 흙막이벽의 수평변위

H : 단계별 굴착깊이

그리고 앵커지지 흙막이벽 및 옹벽에서 발생된 최대수평변위량은 Clough & O'Rourke (1990)[7]가 제안한 굴착깊이의 0.5%($\delta_{Hm} = 0.5\%H$)보다 크게 나타난 경우가 암반지반에서는 2개 단면, 토사지반에서는 7개 단면으로서 토사지반의 앵커지지 굴착공사 시 안전시공이 더욱 요구됨을 알 수 있다.

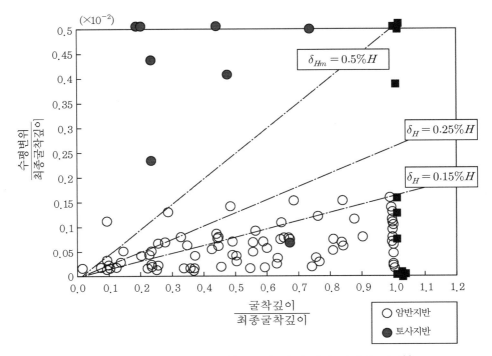

그림 9.3 수평변위에 의한 흙막이벽 및 옹벽의 안정성 판단[2]

한편 홍원표·윤중만(1995)[4]이 마련한 시공관리기준과 비교하면 흙막이벽 및 옹벽의 수평변위량이 $\delta_H = 0.15\%H$보다 작으면 흙막이벽과 굴착배면지반은 안정된 상태에 있고 벽체의 수평변위량이 $\delta_H = 0.15\%H$보다 크게 발생하면 필요에 따라서는 흙막이벽 및 옹벽구조물을 보강해야만 한다. 더욱이 벽체의 수평변위가 $\delta_H = 0.25\%H$보다 크게 발생하면 흙막이벽은 불안한 상태이며 붕괴의 가능성이 높기 때문에 적절한 보강조치가 필요하다.

따라서 배면경사지반에서도 홍원표·윤중만(1995)의 시공관리기준[4]을 적용할 수 있으며, 대부분의 흙막이벽 및 옹벽의 수평변위량은 대부분 굴착깊이의 $\delta_H = 0.15\%H$ 이내에서 발생하고 있으므로 흙막이벽 및 옹벽은 안전하다고 판단된다.

9.3 공법적용사례

위에서 설명한 합벽식 흙막이벽을 적용한 한 현장을 대상으로 배면토압의 지지효과를 검증하기 위해 각종 계측 시스템을 적용하여 관측·분석하였다.[5,12] 즉, 앵커두부에는 하중계를 설치하고, 흙막이벽 및 배면지반에 경사계를 설치하여 시공단계별 앵커축력과 흙막이벽 및 배면지반의 수평변위를 조사하였다. 특히 앵커두부에 설치된 하중계로부터 측정된 축력을 이용하여 흙막이벽에 작용하는 측방토압분포를 검토하고, 기존의 널리 사용되고 있는 경험토압들과 비교·검토하고자 한다. 그리고 앵커의 선행인장력 도입 시 축력의 손실과 재분배거동을 조사하고, 합벽식 옹벽설치 시 토압변화를 설명한다.

9.3.1 사례현장

(1) 현장개요

본 연구의 대상현장은 부산광역시 영도구에 위치한 한 아파트 신축부지로 경사가 급한 산지를 절개하여 고층아파트와 부속건물을 신축하도록 되어 있다. 절개사면은 초기에는 흙막이벽 배면 산지를 1:1 경사로 굴착한 후 전면을 약 12.5m 높이의 연직굴착을 실시하기 위하여 굴착면에 흙막이벽을 설치하고 4단 앵커로 지지하도록 하였다. 굴착시공이 완료된 후에 흙막이벽 전면에 옹벽을 합벽 설치하는 것으로 계획하였다. 그러나 굴착시공 도중 계속된 강우(530.3mm 강우량)로 옹벽 중간 구간을 지지하고 있던 앵커가 절단되면서 사면과 함께 흙막이벽이 붕괴되었다.[1] 그림 9.4는 대상현장의 평면도를 나타낸 것이며, A-A 단면과 B-B 단면으로 구분하였다.

이에 대한 복구대책으로 흙막이벽 배면 산지구배를 1:1.5 구배가 되도록 완화시키고 5m 높이마다 폭 1m, 횡단구배 4%의 소단을 두었으며 흙막이벽 배면에서 16.5m 떨어진 위치에 상부사면의 파괴를 방지하기 위한 대책공으로 억지말뚝을 연암 1.5m 깊이까지 1열로 설치하도록 하였다. 사면 상부의 지반변형은 억지말뚝의 저항력으로 지지하는 것으로 하며, 사면 하부지반의 변형은 흙막이벽이 지지하도록 하였다.

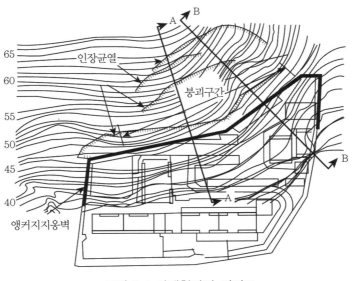

그림 9.4 사례현장의 평면도

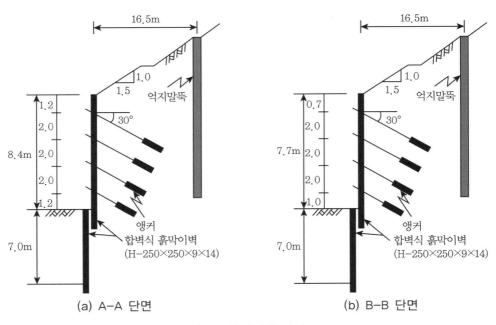

그림 9.5 흙막이벽 단면도

흙막이벽은 그림 9.5와 같이 흙막이말뚝, 즉 엄지말뚝(H-250×250×9×14)을 2m의 수평
간격, 7.7~8.4m 높이로 설치하였으며, 앵커지지방식의 지지구조를 채택하였다. 앵커의 설

치간격은 연직으로 2m, 수평으로 2m이며 설치각도는 30°로 하였다. 또한 굴착시공이 완료된 후에는 옹벽을 흙막이벽과 합벽설치함으로써 굴착시공 중에는 흙막이벽이 전토압을 받고, 장기적으로는 옹벽과 흙막이벽이 각각 50%씩 하중을 분담하는 것으로 하였다. 대상현장의 합벽식 옹벽은 옹벽전면에 거푸집을 대고 별도의 거푸집지지 경사버팀보를 설치한 후 콘크리트를 타설하여 시공하였다.

(2) 지반특성

본 현장의 지반조건은 지표면으로부터 표토층, 풍화토층, 풍화암층 및 연암층의 순으로 구성되어 있다. 표토층은 0.3~6.7m 두께로 실트 섞인 모래 또는 모래 섞인 실트로 구성되어 있으며 부분적으로 자갈을 함유하고 있다. 풍화토는 기반암이 풍화된 잔류토층으로서 1.8~14.0m 두께로 분포되어 있다. 지층성분은 주로 실트내지 모래 및 암편으로 구성되어 있으며 조밀한 상태이다. 또한 풍화암층은 1.5~4.4m 두께로서 4.1~13.4m 깊이까지 분포되어 있으며 모암의 조직이 존재하여 원지반상태에서는 대단히 치밀하고 안정된 상태에 있다. 연암층은 안산암류로서 지표로부터 5.7~17.8m 깊이까지 분포되어 있으며 파쇄대 및 절리가 발달되어 있어 암질은 매우 불량한 상태이다. 본 현장의 지반조사 결과 각 지층의 토질정수는 표 9.3과 같이 나타낼 수 있다.

표 9.3 지반의 토질정수

지층	c (t/m^2)	ϕ (°)	γ_t (t/m^3)
풍화토층	1.35	25.5	1.85
풍화암층	1.5	35	1.9
연암층	2.0	40	2.0

9.3.2 현장계측

(1) 계측기 설치 및 시공단계

현장계측의 목적은 설계단계에서 예측한 지반거동의 불확실성으로 인하여 발생될 수도 있는 문제점을 시공 중에 발견함으로써 시공의 안전성과 경제성을 도모하기 위함이라 할 수 있다. 본 현장에서는 절토사면에 설치된 흙막이벽 및 배면경사면의 변형과 흙막이벽에 작용하는 측방토압을 파악하기 위하여 경사계, 하중계 및 지하수위계를 설치하여 시공 중 및 시공 완료 후 장기간에 걸쳐 주기적으로 현장계측을 실시하였다. 계측기의 설치현황은 그림 9.6과 같으며 각 계측기들은 A-A 단면, B-B 단면에 동일하게 설치하였다.

그림 9.6과 표 9.4에 정리되어 있는 바와 같이 시공은 6단계로 구분할 수 있다. 흙막이벽을 설치하고 4단계에 걸쳐 굴착시공하였으며, 지하주차장 공간을 굴착한 후 합벽식 옹벽을 시공하였다.

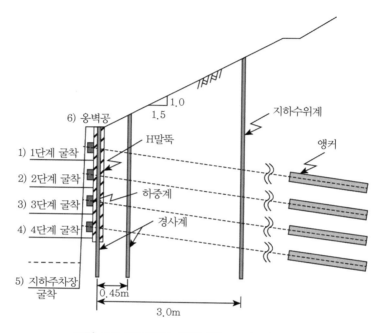

그림 9.6 계측기의 설치개략도 및 시공단계

그림 9.7은 계측기 설치 평면도를 나타낸 것이다. 경사계는 흙막이벽의 변형을 조사하기 위하여 흙막이말뚝(엄지말뚝) 내부에 설치하였으며, 엄지말뚝 사이의 배면지반의 거동을 조사하기 위해서도 흙막이벽으로부터 45cm 떨어진 위치의 배면지반 속에 또 하나의 경사계를 설치하였다. 하중계는 흙막이벽에 작용하는 측방토압을 조사하기 위하여 각각 A-A 단면 및 B-B 단면에 설치된 1~4단의 앵커두부에 설치하였다. 또한 지하수위계는 흙막이벽으로부터 3.0m 떨어진 위치의 배면지반에 설치하였다. 대상현장의 계측기에 대한 제원, 설치방법 등은 홍원표 (1994)에 설명하였으므로 이를 참조하도록 한다.[3]

단계별 굴착에 따른 흙막이벽 및 배면지반의 변형, 앵커축력의 변화 등을 분석하기 위하여 각 시공단계마다 계측을 시행하였다. 계측이 시행된 A-A 단면과 B-B 단면의 시공단계는 그림 9.6과 표 9.4에 정리된 바와 같다. 표 9.4에는 시공단계를 시공일자와 함께 정리하여 놓았다.

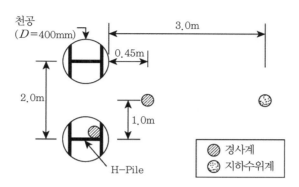

그림 9.7 계측기의 설치상세도

표 9.4 각 단면별 시공단계

시공단계	A-A 단면	B-B 단면
1) 1단계 굴착	2월 15일 1단계 굴착(GL-2.2m) 3월 11일 1단 앵커인장	2월 15일 1단계 굴착(GL-1.7m) 3월 11일 1단 앵커인장
2) 2단계 굴착	3월 16일 2단계 굴착(GL-4.2m) 3월 26일 2단 앵커인장	3월 16일 2단계 굴착(GL-3.7m) 3월 26일 2단 앵커인장
3) 3단계 굴착	3월 30일 3단계 굴착(GL-6.2m) 4월 5일 3단 앵커인장	3월 30일 3단계 굴착(GL-5.7m) 4월 5일 3단 앵커인장
4) 4단계 굴착	4월 17일 4단계 굴착(GL-8.4m) 4월 20일 4단 앵커인장	4월 17일 4단계 굴착(GL-7.7m) 4월 20일 4단 앵커인장
5) 지하주차장 굴착	5월 20일 지하주차장 굴착(GL-15.4m) 6월 2일 지하주차장 뒤채움	5월 20일 지하주차장 굴착(GL-14.7m) 6월 2일 지하주차장 뒤채움
6) 옹벽공	6월 15일 옹벽타설 6월 22일 옹벽거푸집 제거	6월 29일 옹벽타설 7월 4일 옹벽거푸집 제거

(2) 앵커축력

그림 9.8은 A-A 단면의 흙막이벽에 대한 굴착단계별 앵커축력의 변화를 나타낸 것이다. 그림에서 앵커두부에 설치된 하중계로부터 측정된 굴착단계별 앵커축력의 변화는 선행인장력을 가한 후 선행인장력해방 시 1차적으로 감소하고, 그 후 계속적으로 감소하다가 다음단의 앵커가 설치될 때마다 앵커축력은 재분배된 후 마지막 4단 앵커설치 후 거의 수렴되는

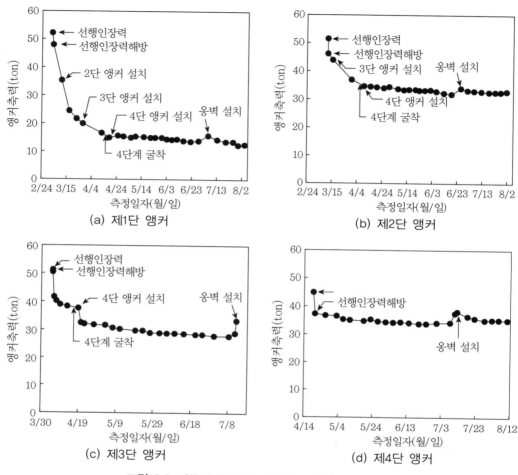

그림 9.8 시공단계별 앵커축력의 거동(A-A 단면)

경향을 보이고 있다.

　그림 9.8(a)는 1단 앵커축력의 변화를 나타낸 것이다. 1단계 굴착이 완료된 후, 1단 앵커에 인장력을 55.0t 도입하였으나 하중계로 측정된 앵커축력은 52.1t이었고 선행인장력해방시에는 47.8t으로 나타났다. 2단계 굴착이 완료되고 2단 앵커에 인장력이 도입된 직후 1단 앵커축력은 급속히 감소하여 35.2t 정도로 나타났다. 그러나 1단 앵커축력은 4단 앵커설치에 의한 영향이 크게 나타나지 않았고 거의 일정하게 유지되는 것으로 나타나고 있다. 한편 흙막이벽 전면에 옹벽의 합벽시공으로 인하여 앵커축력은 13.8t에서 15.8t으로 일시적으로 2.0t 증가하였으나 다시 점차 감소하는 경향을 보이고 있다. 합벽식 옹벽은 전면에 거푸집을 대고 별도의 거푸집지지 경사버팀보를 설치하여 시공하였다. 따라서 일시적인 축력의 증

가는 옹벽시공으로 인하여 흙막이벽의 강성이 증대되고 벽체의 변형이 억제되었기 때문이다. 그리고 합벽식 옹벽 시공 완료 후 거푸집을 지지하고 있던 경사버팀보를 해체함에 따라 축력은 다시 감소되어 옹벽설치 이전 값으로 수렴하였다.

2단 앵커에서 측정된 인장력은 그림 9.8(b)에 나타난 바와 같이 도입 시 51.3t이었으나 최종적으로 하중계로부터 측정된 앵커축력은 32.5t으로 나타났다. 선행인장력해방 시에는 5.2t 감소하여 하중계로 측정된 앵커축력은 46.1t으로 나타났다. 3단 앵커에 인장력이 도입되자 앵커축력은 43.7t으로 다시 감소하였으며, 4단계 굴착이 완료된 후부터 옹벽의 합벽 시공 완료된 후까지 앵커축력의 변화는 1단 앵커축력의 변화와 비슷한 경향을 보이고 있다.

그림 9.8(c) 및 (d)에 나타난 바와 같이 3단의 앵커축력은 인장력이 도입된 후 선행인장력해방 시에는 앵커축력의 감소가 비교적 작게 발생하였으며, 4단 앵커축력은 1단 및 2단 앵커와 동일하게 인장력을 도입한 후 선행인장력해방 시에 크게 감소하고 있다. 굴착시공이 완료된 후부터 옹벽이 완료된 후까지의 앵커축력의 변화는 1단 및 2단의 앵커축력 변화와 동일한 경향을 보이고 있다.

한편, B-B 단면의 흙막이벽에 대한 굴착단계별 앵커축력의 변화는 A-A 단면에서의 변화와 유사하게 나타나고 있다.

(3) 수평변위

그림 9.9는 A-A 단면의 흙막이벽 내부 및 배면경사면에 설치된 경사계로부터 측정된 흙막이벽 및 배면지반의 수평변위를 시공단계별로 나타낸 것이다. 그림 9.9(a)에서 흙막이벽의 수평변위는 흙막이벽의 상부에서 초기에 107.4mm 발생한 후 굴착기간 중에는 2~4단 앵커에 가한 인장력의 영향으로 75mm 정도까지 감소하였으나 굴착시공이 완료된 후 4개월이 경과하는 동안 133.9mm로 증가하였다.

그러나 흙막이벽 하부의 수평변위는 3단, 4단 앵커에 인장력의 도입으로 인하여 계속적으로 감소하여 4단계 굴착이 완료되고 3개월 후의 수평변위는 1단계 굴착 완료 후보다 매우 작게 발생하고 있다.

그림 9.9(b)에서 배면지반의 수평변위는 1단계 굴착이 완료된 후 지표면에서 114.7mm 발생하여 굴착이 진행됨에 따라 수평변위는 증가하기 시작하여 2단계 굴착이 완료되고 앵커에 인장력을 도입한 직후에는 지표면에서 126.1mm가 발생하였다. 배면지반의 수평변위는 흙막이벽과는 달리 앵커의 인장력에 영향을 받지 않고 지표면뿐만아니라 지중변위도 크

게 증가하였다. 굴착깊이가 깊어질수록 배면지반의 수평변위는 더욱 증가하여 3단계 굴착
이 완료된 후에는 170~180mm 정도 발생하였다. 4단계 굴착이 완료된 후부터 3개월이 경
과될 때까지 배면지반의 수평변위 증가량은 미세하고 거의 안정된 상태를 유지하고 있어 배
면지반의 장기거동의 변화는 미미한 것으로 나타났다. 한편, B–B 단면의 굴착단계별 흙막
이벽의 수평변위 변화도 A–A 단면에서의 거동과 유사하게 나타나고 있다.

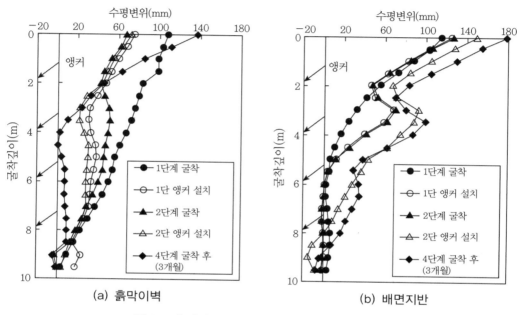

그림 9.9 흙막이벽 및 배면지반의 수평변위의 거동

9.3.3 앵커축력의 손실 및 재분배

(1) 앵커축력의 손실

앵커에 가한 선행인장력은 여러 가지 원인에 의하여 손실된다. 이러한 선행인장력의 감소
는 정착장치의 활동, PC강재와 주름통 사이의 마찰, 정착장의 탄성변형 등 선행인장력을
가하자마자 발생하는 즉시손실과 정착장의 건조수축, PC강재의 릴렉세이션 등 선행인장력
도입 후에 시간경과와 함께 발생하는 시간적 손실이 있다. 흙막이벽을 지지하고 있는 앵커
에 가한 선행인장력은 일반적으로 도입하자마자 즉시손실에 의하여 감소하게 된다. 이것을
초기앵커축력(Initial anchor force)이라고 한다.

그림 9.10은 A-A 단면 및 B-B 단면의 흙막이벽을 지지하고 있는 앵커의 두부에 설치된 하중계로부터 측정된 초기 앵커축력과 앵커의 선행인장력의 관계를 나타낸 것이다.

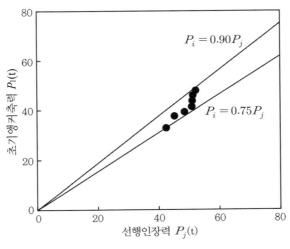

그림 9.10 앵커의 선행인장력 즉시손실

본 현장에 설치된 앵커의 정착은 풍화암층에 형성되어 있다. 여기서 앵커의 선행인장력은 압력계로부터 측정된 인장력을 말한다. 그림에서 초기앵커축력은 선행인장력의 75~90% 정도에 해당하는 것으로 나타났으며, 평균 82% 정도에 해당된다. 즉, 앵커의 선행인장력은 초기에 18% 정도가 즉시손실에 의하여 감소함을 알 수 있다. 따라서 이러한 앵커의 선행인장력의 즉시손실을 고려하여 흙막이벽을 지지하고 있는 앵커의 축력을 설계할 경우 흙막이벽의 변형을 상당히 감소시킬 수 있어 보다 안전한 굴착시공이 이루어질 수 있다고 판단된다.

(2) 앵커축력의 재분배

굴착이 진행되면서 하단에 설치된 앵커에 인장력을 도입하게 되면 상단 앵커의 축력은 하단앵커의 선행인장력에 영향을 받아 앵커축력이 재분배되는 현상이 발생하게 된다. 표 9.5는 하단앵커의 인장력 도입으로 인한 상단에 설치된 앵커축력의 변화 및 앵커축력의 재분배 효과를 나타낸 것이다.

표 9.5에서 A-A 단면의 경우, 2단 앵커에 선행인장력을 도입하자마자 1단 앵커의 축력은 감소하여 손실률이 12.3%로 나타났으며 3단 앵커에 선행인장력이 도입되었을 때는 1단

앵커의 손실률은 1.6%인 반면, 2단 앵커축력의 손실률은 17.6%로 크게 나타났다. 또한 4단 앵커에 선행인장력이 도입되었을 때는 1단 및 2단 앵커축력의 손실률은 각각 2.3%와 2.2%인 반면, 3단 앵커축력의 손실률은 크게 감소하여 14.2%로 나타났다. 한편, B-B 단면의 경우도 2단 앵커에 선행인장력을 도입하자마자 1단 앵커축력은 크게 감소하여 손실률이 24.1%로 나타났다. 이 결과에서 보는 바와 같이 하단에 설치된 앵커의 선행인장력 도입에 따른 상단 앵커축력의 감소는 바로 상단에 설치된 앵커에서 가장 크게 나타나고 있음을 알 수 있다.

표 9.5 앵커의 선행인장력 도입에 따른 인접앵커축력의 재분배

새로 도입한 앵커	기존인접앵커	1단 앵커		2단 앵커		3단 앵커		비고
		축력변화량 (t)	손실률 (%)	축력변화량 (t)	손실률 (%)	축력변화량 (t)	손실률 (%)	
A-A 단면	2단	-4.33	12.3	-	-	-	-	
	3단	-0.5	1.6	-5.6	17.6	-	-	
	4단	-0.7	2.3	-0.6	2.2	-5.33	14.2	
B-B 단면	2단	-7.83	24.1	-	-	-	-	
	3단	-0.9	4.3	-5.9	13.04	-	-	계측 불가능
	4단	-0.4	2.5	-2.63	7.6	-	-	

한편, 그림 9.11은 새로 도입된 앵커의 선행인장력에 의한 흙막이벽의 거동을 분석하기 위하여 A-A 단면에 설치된 1단 앵커에 인장력이 도입되기 전과 도입된 후의 흙막이벽의 수평변위 변화량을 나타낸 것이다. 그림에서 보는 바와 같이 1단 앵커에 인장력을 도입하였을 때 흙막이벽의 수평변위는 감소하는 것으로 나타났다. 특히 앵커가 설치된 GL(-)1.2m지점에서는 흙막이벽의 수평변위가 약 50mm 정도 감소하였다. 이러한 흙막이벽의 변형은 Bowles(1996)이 제시한 연성벽체의 변형거동에서 1~2단계에서의 거동과 유사한 경향을 보이고 있음을 알 수 있다.[6]

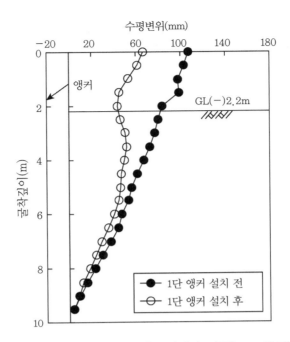

그림 9.11 앵커설치에 따른 흙막이벽의 거동(A-A 단면)

9.3.4 경사면에 설치된 흙막이벽의 측방토압

(1) 굴착단계별 측방토압

앵커축력의 변화는 굴착단계별로 앵커두부에 부착된 하중계에 의하여 측정하였다. 앵커
축력에 의한 굴착단계별 겉보기측방토압은 각 단에 설치된 앵커축력을 중점분할법에 의한
하중분담원리에 근거하여 단위면적당 토압으로 환산하여 구하였다.[8] 각 단의 앵커가 부담
하는 토압산정식은 식 (9.3)과 같다.

$$p = \frac{P \cdot \cos\beta_o}{L \cdot B} \tag{9.3}$$

여기서, p : 측방토압(t/m^2)

P : 하중계에 의해 실측된 앵커축력(t)

β_o : 수평축을 기준으로 한 앵커의 설치각도($^\circ$)

B : 앵커의 수평설치간격(m)

L : 중점분할법에 의한 엄지말뚝의 분담길이(m)

그림 9.12는 배면지반이 경사진 절개사면에 설치된 앵커지지 흙막이벽의 앵커두부에 설치된 하중계로부터 측정된 앵커축력을 토대로 산정된 겉보기측방토압 분포를 나타낸 것이다. 앵커축력에 의한 굴착단계별 겉보기측방토압은 각 단에 설치된 앵커축력을 중점분할법에 의한 하중분담원리에 근거하여 단위면적당 토압으로 환산하여 구하였다.

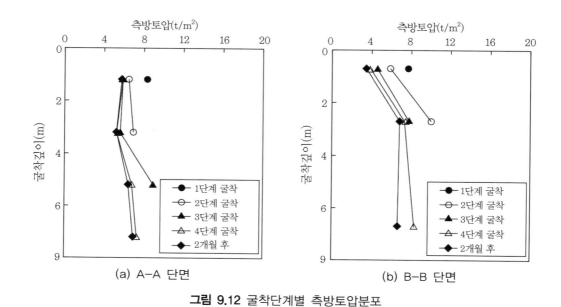

(a) A–A 단면   (b) B–B 단면

그림 9.12 굴착단계별 측방토압분포

흙막이벽에 작용하는 측방토압은 흙막이벽 배면지반에서 발생된 지반의 변형량과 관련이 있다. 그림 9.12에서 보는 바와 같이 굴착단계별 흙막이벽에 작용하는 측방토압의 크기는 굴착깊이가 증가함에 따라 감소하는 것으로 나타났다. 즉, 굴착초기에는 굴착깊이가 얕고 흙막이벽 상단에 설치된 앵커의 선행인장력에 의해 흙막이벽 배면지반의 변형이 작게 발생하고 흙막이벽에는 큰 측방토압이 작용하게 된다. 그러나 굴착깊이가 깊어질수록 흙막이벽 배변지반의 변형이 크게 발생하고 흙막이벽에 작용하는 측방토압은 점차 감소하게 된다. 이와 같이 측방토압이 점차 감소하는 것은 배면지반의 변형이 증대되어 소성평형상태에 도달하고 있음을 의미한다. 또한 흙막이벽 상단, 즉 굴착면 상부에서는 측방토압이 작게 발생하고 있으며 흙막이벽 하단부로 갈수록 측방토압은 점차 증가하지만 약간 불규칙하게 나타났

다. 이는 흙막이벽에 작용하는 측방토압이 굴착단계별 흙막이벽의 변형, 앵커설치 공정 등의 여러 가지 시공상황에 복합적으로 영향을 받고 있기 때문이라 판단된다.

(2) 상재하중을 고려한 측방토압분포

위에서 언급한 앵커축력으로부터 산정된 환산측방토압 가운데 각 깊이에서의 최대값을 연결하면 그림 9.13과 같이 사다리꼴 분포형태를 보이고 있다고 할 수 있다. 그림에 나타난 바와 같이 절개사면에 설치된 흙막이벽에 작용하는 측방토압분포는 다음과 같은 경향을 보이고 있다.

첫째, 절개사면은 굴착배면지반이 임의의 각도로 경사져 있으므로, 수평지표면 상부에 있는 토괴가 흙막이벽에 상재하중으로 작용하여 지표면 부근에서의 측방토압은 0보다 크게 된다. 둘째, 깊이에 따른 측방토압분포는 지표면 부근에서 일정깊이까지 선형적으로 비례하여 증가하다가 일정깊이 이하부터는 다소 불규칙하게 나타난다. 그러나 최대값을 연결하게 되면 일정한 직선분포를 갖는 것으로 나타났다.

이와 같은 결과를 토대로, 배면지반이 경사진 절개사면에 설치된 앵커지지 흙막이벽에 작용하는 측방토압의 개략도는 그림 9.14와 같이 나타낼 수 있다. 그림에 나타난 바와 같이 측방토압분포는 굴착배면지반의 수평면 상부에 있는 상재하중으로 인하여 깊이에 관계없이 일정한 크기를 가지는 영역(A영역)과 흙막이벽 배면지반의 활동토괴에 의해 발생되는 주동토압영역(B영역)으로 구분할 수 있다. 지표면으로부터 측방토압이 선형적으로 증가하는 일정깊이를 αH, 그리고, 전체 측방토압의 폭을 p라고 한다. 그림 9.13에서 보는 바와 같이 측방토압이 선형적으로 증가하는 일정깊이의 α값은 대략적으로 0.15임을 알 수 있다. 한편, 일정토압의 크기 p를 표시하는 방법으로는 Rankine(1857)의 주동토압 및 연직상재압을 이용하여 표현할 수 있다.[11] 즉, 식 (9.4) 및 식 (9.5)의 두 가지 형태로 나누어 표현할 수 있다.

$$p = \beta K_a (q + \gamma H) \tag{9.4}$$

$$p = \lambda (q + \gamma H) \tag{9.5}$$

여기서, q : 배면지반 수평면 상부토괴에 의한 상재하중

$\quad\quad K_a$: 주동토압계수

γ : 흙의 단위중량

H : 최대굴착깊이

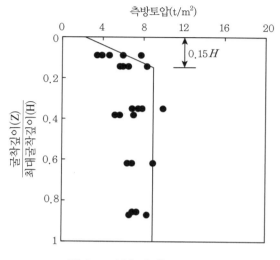

그림 9.13 실측된 측방토압 분포

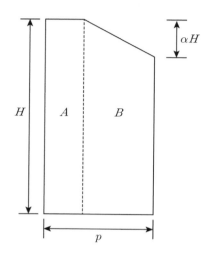

그림 9.14 측방토압 개략도

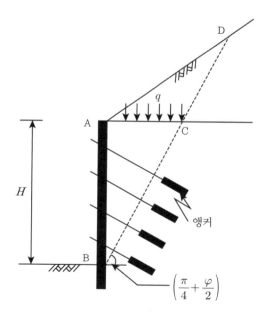

그림 9.15 경사지반의 상재하중을 고려하는 방법

그림 9.15는 배면지반 수평면 상부의 토괴를 상재하중(q)으로 고려하여 계산하는 방법을 도시한 것이다. 그림에서 보는 바와 같이 Rankine의 주동토압 파괴면인 BD면을 기준으로 수평면인 AC면의 상부에 존재하는 △ACD 부분의 토사중량이 AC면에 균일하게 분포하는 것을 상재하중으로 간주할 수 있다. 이와 같은 방법을 이용하여 상재하중을 계산하면 A-A 단면인 경우 $5.64t/m^2$, B-B 단면인 경우 $5.17t/m^2$으로, 평균 $5.4t/m^2$이 된다. 따라서 각 단면에서 상재하중에 의한 주동토압($K_a q$)는 각각 2.2와 2.3이므로 그림 9.13에 나타낸 지표면 부근에서의 토압크기와 매우 유사한 것으로 나타났다. 이때 적용한 지반의 토질정수는 표 9.3과 같다.

(3) 기존의 토압분포와 비교

그림 9.16은 앵커지지 흙막이벽에 작용하는 실측최대측방토압을 상재하중을 고려한 Rankine주동토압[11]과 비교한 결과를 나타낸 것이다. 그림에서 보는 바와 같이 실측최대측 방토압은 Rankine주동토압과 동일한 것으로 나타나고 있다. 그리고 그림에서 점선은 국내 사질토 지반의 지하굴착 시 많이 적용되고 있는 Terzaghi and Peck이 제시한 측방토압[13]의 크기를 나타낸 것으로, 실측된 측방토압이 더 큼을 알 수 있다. 즉, 식 (9.4)의 β값은 실측측방토압의 경우 1.0이므로, Terzaghi and Peck이 제시한 0.65보다 크게 나타나고 있다.

그림 9.17은 실측최대측방토압과 상재하중을 고려한 최종굴착깊이에서의 연직상재압과 비교한 결과를 나타낸 것이다. 그림에서 보는 바와 같이 실측최대측방토압은 연직상재압의 0.40배인 것으로 나타나고 있다. 그림에서 점선은 Tschebotarioff[14]가 제안한 모래지반의 측방토압의 크기를 나타낸 것으로 실측된 측방토압이 더 큼을 알 수 있다. 즉, 식 (9.5)의 λ 값은 실측측방토압의 경우 0.4이므로, Tschebotarioff가 제안한 0.25보다 크게 나타나고 있다.

이와 같이 굴착배면지반이 경사진 절개사면에 설치된 앵커지지 흙막이벽에 측방토압이 수평인 지반에서보다 상당히 크게 작용하는 것은 굴착배면지반이 경사진 경우의 활동토괴가 Rankine의 소성평행상태에서의 주동활동토괴보다 크게 발생하고, 굴착으로 인하여 흙막이벽의 전면에 작용하던 수동토압이 감소하여 배면경사면의 활동력이 증가하게 된다. 즉, 이 활동력의 증가로 인하여 굴착배변지반이 수평인 경우보다 큰 측방토압이 작용하게 된다.

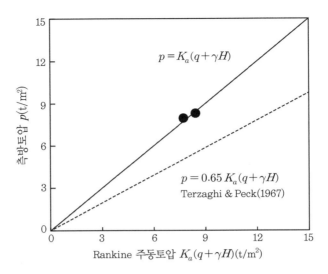

그림 9.16 실측측방토압과 Rankine의 주동토압의 비교

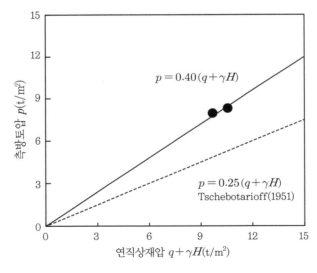

그림 9.17 실측측방토압과 연직상재압의 비교

그림 9.16과 그림 9.17로부터 파악한 β와 λ값을 식 (9.4)와 식 (9.5)에 대입하면 배면경사지에 설치한 합벽식 흙막이벽에 작용하는 측방토압은 식 (9.6) 및 식 (9.7)과 같다.

$$p = K_a(q+\gamma H) \tag{9.6}$$

$$p = 0.4(q+\gamma H) \tag{9.7}$$

결국 식 (9.6)과 식 (9.7)은 흙막이벽 배면경사지의 상재하중을 고려할 경우의 측방토압 산정식이라 할 수 있다. 이들 식 (9.6)과 식 (9.7)은 우리나라 내륙지역의 수평배면지표면 흙막이벽체에 작용하는 측방토압(표 4.6 참조)보다는 물론 크며, 제9.2.1에서 설명한 박진효의 연구결과[2]보다도 크게 나타났다. 결론적으로 배면경사지에는 현재 사용되고 있는 측방토압식보다 훨씬 큰 측방토압이 작용할 수 있으므로 각별한 주의가 필요하다.

(4) 흙막이벽 강성변화에 따른 측방토압

굴착시공이 완료된 후 흙막이벽을 영구구조물로 사용하기 위하여 흙막이벽 전면에 옹벽을 합벽으로 설치하여 흙막이벽의 강성을 증가시켰다. 그림 9.18은 흙막이벽 전면에 옹벽을 설치하기 전후의 흙막이벽에 작용하는 측방토압의 변화를 나타낸 것이다. 그림에 나타난 바와 같이 옹벽이 설치된 후 측방토압은 굴착면 상부에서 크게 증가하고 있으며 하부로 갈수록 증가폭이 감소하는 경향을 보이고 있다. 이와 같이 옹벽이 설치된 후 토압이 증가하는 것은 옹벽설치로 인하여 흙막이벽의 강성이 증가하여 흙막이벽 상부의 변형이 억제되었기 때문이다. 즉, 흙막이벽 배면지반에서의 응력이 정지상태로 복귀하려고 일시적으로 증가하였기 때문이라 판단된다.

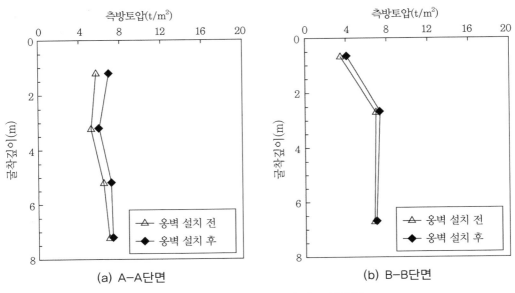

(a) A–A단면   (b) B–B단면

그림 9.18 옹벽설치 전후의 토압변화

참고문헌

1) 강병희·홍원표·김홍택(1993), "부산 에덴금호아파트 신축부지 절개사면 안전성 검토 연구용역 보고서", 대한토목학회.

2) 박진효(1998), 합벽식 영구앵커지지옹벽의 거동에 관한 연구, 중앙대학교 건설대학원 석사학위논문.

3) 홍원표(1994), "절개사면의 사면안정대책에 관한 연구보고서", 중앙대학교.

4) 홍원표·윤중만(1995), '지하굴착 시 앵커지지 흙막이벽 안정성에 관한 연구', 대한토목학회논문집, 제15권, 제4호, pp.991~1002.

5) 홍원표·윤중만·송영석(2004), "절개사면에 설치된 앵커지지 흙막이벽에 작용하는 측방토압 산정", 대한토목학회논문집, 제24권, 제2C호, pp.125~133.

6) Bowles, J.E.(1996), Foundation Analysis and Design, 5th Ed., McGraw-Hill, pp.644~681.

7) Clough, G.W. and O'Rourke(1990), "Construction induced movements of insitu walls", Design and Performance od Earth Retaining Structures, Geotechnical Special Publication, No.ASCE, pp.439~470.

8) Flaate, K.S.(1966), Stresses and Movements in Connection with Braced Cuts in Sand and Clay, PhD thesis, Univ. of Illinois.

9) NAVFAC(1982), Design Manual for Soil Mechanics, Department of the Navy, Naval Facilities Engineering Command, pp.7.2-85~7.2-116.

10) Otta, L.H., Pantucek, H. and Goughnour, P.R.(1982,) Permanent Ground Anchors, Stump Design Criteria, Office of Research and Development, Fed. Hwy. Admin., U. S. Dept. Transp., Washington, D.C.

11) Rankine, W.M.J.(1857), On Stability on Loose Earth, Philosophic Transactions of Royal Society, London, Part I, pp.9~27.

12) Song, Y.-S. and Hong, W.-P.(2008), "Earth pressure diagram and field measurement of an anchored retention wall on a cut slope", Landslide, Vol.5, pp.203~211.

13) Terzaghi, K. and Peck, R.B.(1967), Soil Mechanics in Engineering Practice, 2nd Ed., John Wiley and Sons, New York, pp.394~413.

14) Tschebotarioff, G.P.(1973), Foundations, Retaining and Earth Structure, McGraw-Hill, New York, pp.415~457.

15) Xanthakos, P.P.(1991), Ground Anchors and Anchored Structures, John Wiley and Sons. Inc., pp.552~553.

16) Yoo, C. S.(2001), "Behavior of braced and anchored walls in soils overlying rock", Jour. of Geotechnical and Geoenvironmental Engineering, ASCE, Vol.127, No.3, pp.225~233.

현장계측관리

흙막이말뚝

현장계측관리

흙막이굴착공사에서 현장계측관리는 굴착공사를 안전하고 합리적으로 진행하기 위한 판단자료를 얻는다는 점에서 매우 중요한 준수사항이다.[1,17,20]

시공관리기준치를 설정하기 위해서는 지반, 지하수, 주변환경, 등의 조건이나, 흙막이벽과 지보공의 특성, 굴착공법, 배수공법, 흙막이해석 결과 등의 설계, 시공, 계측상의 제반조건, 등 고려해야할 사항이 많다.

현장계측관리에 의해서 측정된 계측치가 설계치와 양호한 관계를 보이며 굴착공사에 문제가 거의 없으면 계측치는 그 자체로서 굴착현장에 활용될 수 있다.[21] 그러나 계측치가 설계치에 비해서 과소한 경우(과잉안전 측 설계 혹은 비경제적 설계)나 과대한 경우(위험 측 설계)는 다르다. 먼저 위험 측의 경우에는 우선 긴급대책을 강구하고 그 후의 공사가 어떻게 진행되는가에 따라 재설계가 필요하게 된다. 한편 과잉안전 측의 경우에는 긴급대책은 요구되지 않지만 공사를 경제적이고 합리적으로 진행하기 위하여 재설계를 고려할 필요가 있다. 재설계가 실시된 후의 공사는 이것을 토대로 하여 진행되고 관리기준도 수정하여야 한다. 계측치를 이용한 입력치의 역해석과 예측계산에 의한 시공관리방법은 1970년대 초에 Lambe, Wolfskill & Wong(1970) 등에 의해 연구가 시작되었다.[10]

흙막이지반굴착현장에서 현장계측을 실시하여 관리해야 할 사항은 크게 두 가지로 구분된다. 하나는 흙막이구조물의 안전이며 다른 하나는 인접구조물의 안전이다.

10.1 관리기준치

10.1.1 흙막이구조물의 관리기준

김승욱(2014)은 여러 가지 흙막이벽을 설치한 현장에서의 실제 수평변위가 설계 시 예상한 수평변위와 다름을 보여주었다.[2] 이와 같이 흙막이구조물의 설계기준치는 설계 당시의 입력자료의 추정, 시공상의 여러 가지 가정, 등 기술자의 공학적인 판단에 의해 시공 시의 관리기준치로 변동되는 경우가 많다.

흙막이벽체의 설계 시에는 지반조건 및 공정진행에 대하여 여러 가지 요인을 가정하므로 불확실한 요소가 내포된다. 따라서 실제 시공 시의 거동양상과 예측치와의 차이점을 비교하여 설계의 타당성을 검토하고 다음 공정을 합리적으로 유도해야 한다.

이 과정에서 현장계측은 흙막이굴착공사를 안전하고 합리적으로 진행하기 위한 판단자료를 얻는다는 점에서 매우 중요한 역할을 한다.[1] 즉, 현장계측으로 굴착공사 중 흙막이벽체의 거동을 측정하여 현재 상태의 안정성을 판단하고, 향후 거동을 미리 예측하여 다음 단계의 시공에 반영할 수 있는 정보를 신속하게 제공함으로써, 안전하고 경제적인 공사수행이 가능하도록 할 수 있다.

흙막이구조물을 적절한 자료와 우수한 프로그램을 사용하여 설계하였더라도 몇 개 지점에서 파악된 지반조건이 현장지반 전체와 다르게 나타날 수 있다. 또한 공사방법, 공사기간, 시공순서 등 시공조건에 따라 크게 다르게 나타날 수도 있다.

이러한 불확실성에 대비하여 지하수위의 변화, 흙막이벽체의 수평변위, 지점반력, 토압의 변화, 인접대지의 침하, 등이 지하구조물 시공 중 계속적으로 누적되도록 하여 설계치와 비교, 검토되도록 하는 것이다.

따라서 흙막이구조물 수평변위의 관리기준치는 설계단계에서의 제1차 기준치와 시공단계에서의 제2차 기준치가 필요하게 된다. 많은 현장의 계측관리를 수행한 결과 제2차 관리기준치를 초과한 경우에는 대체로 현장 주변지반의 침하, 인접도로 균열, 주변건물 벽체의 균열 등의 문제점을 나타내었으므로 제1차 관리기준치(경계치)를 두어 이를 초과할 경우에 공사의 완급 조절은 물론 제2차 관리기준치에 도달하지 않도록 특별한 관리가 요구된다.[22] 이러한 노력에도 계측 결과가 제2차 관리기준치에 근접될 경우에는 감리자와 상의하여 별도의 보강책을 강구하고 관리기준치를 재설정하는 게 바람직하다. 여기서 제1차 관리기준치를 설계기준으로 정하고 제2차 관리기준치를 시공관리기준으로 정할 수 있다.

古藤田(1980) 등은 흙막이벽재료의 허용응력을 관리대상으로 하는 항목에 대해서는 제1차관리기준을 허용응력도의 80%, 제2차 관리기준치를 100%로 하였다.[18] 그리고 흙막이벽의 측압이나 변형 등 기술자의 판단을 관리대상으로 하는 항목에 대해서는 계획단계에서 적용된 예측 계산치(설계 계산치)의 100%를 제1차 관리기준치로 제안하였다.

그러나 機田(1980)은 설계계산치의 70~80%가 하나의 기준이 된다고 하면서도 설계상의 입력치(토질정수)의 변화가 당초의 설계 계산치에 어느 정도 영향을 미치는가를 미리 예측하여 놓고 그 가운데 관리기준치를 설정할 것을 제안하였다.[19]

機田(1980)는 표 10.1에서 보는 바와 같이 흙막이벽의 응력에 대한 계측관리기준으로는 장기허용응력과 단기허용응력의 평균치와 단기응력 사이로 제안하였고 흙막이벽의 변형에 대한 계측관리기준으로는 흙막이벽체 수평변위의 경사도를 1/200로 제안하였다.[19] 버팀보와 띠장의 계측관리기준도 장기응허용력과 단기허용응력의 평균치와 단기응력 사이로 제안하였다.

표 10.1 흙막이구조물의 관리기준치(機田, 1980)[19]

관리대상구조물	기준의 범위	계측기
흙막이벽의 응력	$\frac{장+단}{2} \sim 단$	변형률계
흙막이벽의 변형	1/200 또는 설계허용범위 이하	경사계
버팀보의 축력	$\frac{장+단}{2} \sim 단$	하중계
띠장의 응력	$\frac{장+단}{2} \sim 단$	

(장 : 장기 허용응력, 단 : 단기 허용응력)

10.1.2 주변지반 및 인접구조물의 허용침하량

機田(1980)은 표 10.2에서 보는 바와 같이 주변지반의 침하에 대해서는 지표면 침하량의 경사도를 1/500~1/200로, 인접구조물의 변형에 대한 경사도는 1/1,000~1/300로 제안하였다.[19]

표 10.2 주변지반 및 인접구조물의 관리기준치(機田, 1980)[19]

관리대상구조물	기준의 범위	계측기
주변지반의 침하	경사 : $\dfrac{1}{500} \sim \dfrac{1}{200}$	침하계
주변매설물 • GAS관 • 상하수관 • 지하철	관리담당자와 협의	
주변건물	경사 : $\dfrac{1}{1000} \sim \dfrac{1}{300}$	Tiltmeter

일반적으로 인접구조물의 허용침하량이란 구조물이 견딜 수 있는 침하량을 의미하며 구조물의 형태, 높이, 강성, 기능 및 위치, 침하의 크기, 속도 및 분포와 같은 여러 요소에 의존한다.

침하에 있어 구분 고려되어야 할 사항은 다음과 같다.

① 구조물 기능에 손상을 입히게 될 전침하량
② 고층건물의 기울어짐이 원인이 될 부등침하량
③ 구조물에 손상을 초래할 전단비틀림에 의한 부등침하량

설계 시 이들 침하량에 대한 허용치를 결정하여야 함과 동시에 구조물의 하중과 지반조건에 따라 발생될 부등침하를 예측하여야 한다. 허용침하량은 일반적으로 과거의 현장관찰에 의하여 경험적으로 결정된 값을 참고로 한다. 최대침하량은 어느 정도 예측이 가능하기 때문에 허용침하량은 최대침하량과 연계하여 사용됨이 보편적이다. 예를 들어 임의의 두 인접점(주로 기둥위치) 간 부등침하량으로 참고가 될 기준이 없을 경우 최대침하량의 3/4을 사용한다. 지금까지 주로 제안 적용되고 있는 침하량의 허용기준치를 열거하면 다음과 같다.

(1) Skempton & MacDonald(1956)의 제안치[14]

MacDonald & Skempton(1955)[11]은 98개의 오래된 건물을 대상으로 침하량을 조사하여 표 10.3에 정리된 허용침하량을 제시하였다. 대상건물은 내력벽, 강구조 및 RC구조로 축조되었다. 이 표 중 최대침하량은 Skempton & MacDonald(1956)에 의하여 수정 제안된 값이다.[14] 이 연구는 후에 Grant 등(1974)에 의해 95개의 건물조사기록을 추가하여 재검토되었다.[9]

표 10.3에 정리되어 있는 바와 같이 Skempton & MacDonald(1956)은 기초형식과 지반특성에 따라 허용치를 구분 제안하였다. 즉, 기초형식으로는 독립기초와 Raft기초로 구분하였고 지반은 점토지반과 모래지반으로 구분하였다. 표 10.3의 괄호 내의 값은 설계추천값이다.

표 10.3 Skempton & MacDonald의 허용침하량[14]

기준		독립기초	Raft 기초
각변위 δ/L			1/300
최대부등침하량*	점토지반		45mm(38mm)
	모래지반		32mm(25mm)
최대침하량**	점토지반	75mm(65mm)	75~125mm(65~100mm)
	모래지반	50mm	50~75mm(40~65mm)

* : MacDonald & Skempton(1955)[11]
** : Skempton & MacDonald(1956)[14]
( )은 설계추천값
L : 임의의 두 점(기둥) 간 거리, δ : 임의 두 점 사이의 부등침하량

(2) Bjerrum(1963)의 제안치[5]

Bjerrum(1963)은 인접구조물의 허용각변위 관리기준치를 그림 10.1과 같이 제안하였다.[5] 그림에서 지표면의 부등침하가 인접구조물에 미치는 영향에 대한 각변위(부등침하량/수평거리)의 한계를, 균열을 허용할 수 없는 건물에 대해서는 1/500로, 칸막이벽에 첫 균열이 예상되는 경우에는 1/300로 제안하였다.

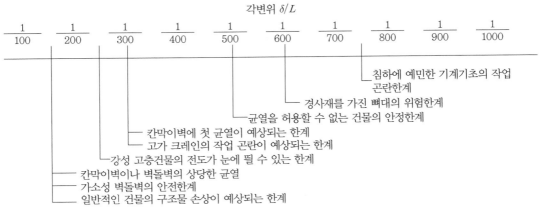

여기서, L : 임의의 두 점(기둥) 간 거리, δ : 임의 두 점 사이의 부등침하량

그림 10.1 Bjerrum이 제안한 각변위 한계[5]

이 그림에 의하면 구조물의 요소에 손상을 줄 수 있는 비틀림은 기계기초의 비틀림보다 큼을 알 수 있다.

또한 Bjerrum(1963)은 현장조사에서 밝혀진 부등침하 및 이에 상응하는 최대각변위를 최대침하량과 연계하여 그림 10.2를 제시하였다.[5] 그림 10.2(a)는 점토지반의 결과이며 그림 10.2(b)는 모래지반의 결과이다.

이 그림을 이용하려면, 먼저 예상 최대침하량을 산정한다. 그런 후 최대각변위를 지반의 종류에 따라 그림 10.2(a) 및 (b)상에서 산정된 최대침하량에 대응하는 최대각변위 δ/L를 구한다. 이 각변위를 그림 10.1의 한계각변위와 비교하여 안전 여부를 판단한다.

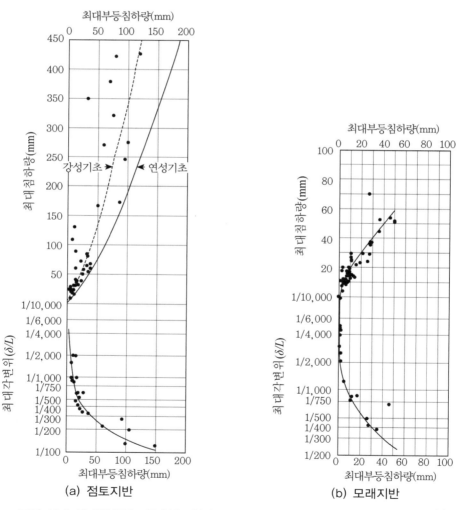

그림 10.2 최대침하량, 최대부등침하량 및 최대각변위의 관계(Bjerrum, 1963)[5]

(3) Sowers(1962)의 제안치[16]

Sowers(1962)는 표 10.4와 같이 각종 인접구조물에 대한 최대허용침하량의 범위를 제안하였다.[16] 철근콘크리트 뼈대구조물의 경우에는 $0.003L$로, 벽돌구조벽체에 대해서는 $0.005{\sim}0.002L$로, 강뼈대구조의 경우에는 $0.002L$(연속) 또는 $0.005L$(단순)로 제안하였다. 여기서 L은 기둥 사이의 간격 또는 임의 두 점 간의 거리이다.

표 10.4 Sower의 허용침하량(Sowers, 1962)[16]

침하형태	구조물의 종류	최대침하량
전체침하	배수시설 출입구 부등침하의 가능성 　돌쌓기구조 및 벽돌구조 　뼈대구조 　굴뚝, 사이로, 매트	150~300mm 300~600mm 25~50mm 50~100mm 75~300mm
부등침하	철근콘크리트 뼈대구조 강 뼈대구조(연속) 강 뼈대구조(단순)	0.003L 0.002L 0.005L

L : 기둥 사이의 간격 또는 임의의 두 점 사이의 거리

(4) USSR 규정

USSR 규정은 Mikhejev et al.(1961),[12] Polshin & Tokar(1957)[13]에 의해 소개되었으며 허용침하량과 각변위는 표 10.5와 같다. 이 규정상에서는 지반을 모래지반 혹은 단단한 점토지반과 소성점토지반의 둘로 구분하고 각종 구조물에 대한 각변위와 평균최대침하량을 제시하였다.

표 10.5 USSR 규정

구조물	각 변위(δ/L)		최대침하량(mm) (평균치)
	모래지반 단단한 점토지반	소성점토지반	
크레인 레일	0.003	0.003	
강 및 콘크리트 뼈대 구조	0.002	0.002	100
벽돌구조의 최외곽열	0.0007	0.001	150
변형률이 발생하지않는 구조물	0.005	0.005	
$H/L < 1/3$인 다층 벽돌벽	0.0003	0.0004	25($H/L < 1/2.5$) 100($H/L < 1/1.5$)
$H/L < 1/5$인 다층 벽돌벽	0.0005	0.0007	
단층 제분소 건물	0.001	0.001	
굴뚝, 물탱크, 원형기초	0.004	0.004	300

H : 두 기둥 사이 또는 임의의 두 점 사이의 높이차

10.2 구조물의 손상한계

10.2.1 인접구조물 손상도 예측 순서

일반적으로, 도심지 연약지반에서 지반을 굴착할 경우, 지반굴착 주변지반의 응력상태는 초기응력과 다른 응력상태를 나타내게 되며 지반손상 또한 발생시킨다. 이러한 응력변화와 지반손상은 일반적으로 연직방향 및 수평방향의 지반거동을 유발하게 되는데, 그 결과로 발생되는 변형(deformation)과 비틀림(distortion) 영향은 건물 및 공공 시설물의 기능을 마비시키게 된다. 따라서 지반굴착에 따른 지반거동에 대한 예측과 아울러 인접건물의 손상위험도 평가는 도심지역에서 지반굴착 설계 및 시공을 수행할 경우 반드시 검토하여야 할 사항이다.

다양한 지반에서 다양한 굴착공법에 의한 지반변위 예측은 앞에서 언급한 바와 같이 많은 연구와 노력에 의해서 발전되어왔다. 하지만 대부분의 연구와 노력은 구조물이 존재하지 않은 현장조건 혹은 그 가정하에서 이루어졌다. 왜냐하면 지반과 구조물의 상호작용에 의한 구조물 거동을 측정하고 고려하는 것이 매우 복잡하고도 어려운 문제이기 때문이다.

터널굴착으로 발생한 주변 구조물의 손상은 그동안 경험에 근거한 '구조물손상지침'을 적용하여 평가되어왔으며, 특히 영국에서는 건물의 손상위험 및 평가를 위한 논리적이면서 실제적인 체계를 수립함으로써 손상분류체계의 발전에 기여하여왔다.

도심지 지역에서 지반굴착에 따른 인접구조물의 손상도 예측은 굴착이 시작되기 전에 행해져야 한다. 많은 구조물의 각각에 대한 상세한 손상도 예측은 엄청난 양의 시간과 경비를 소요하게 된다. 따라서 이와 같은 문제를 해결하기 위해서 손상도 예측은 크게 두 단계로 나누어서 행해져야 한다.

첫 번째 단계에서의 손상도 예측은 지반의 예상 최대침하량과 최대기울기를 이용하거나(표 10.6 참조) 발생된 균열의 크기나 분포(수)를 이용하여(표 10.7 참조) 예측한다. 이 단계에서는 구조물의 강성과 수평지반변위 등을 고려하지 않기 때문에 일반적으로 보수적인 결과를 얻을 수 있다. 인접구조물들의 최대침하량과 최대기울기가 이 표에 정리된 허용기준 내에 있으면 더 이상의 조사를 실시할 필요가 없다.

하지만 이 단계에서 구조물의 손상이 예상되면 두 번째 단계로 손상도를 예측하여야 한다. 두 번째 단계에서는 보다 상세한 해석으로 손상도 평가가 실시되어야 한다. 이 해석단계에서의 손상도를 예측하기 위해 Boscardin & Cording(1989) 모델,[6] Burland(1995) 모델,[22] Son(2003) 모델[15] 등의 여러 모델이 개발되었다.

먼저 첫 번째 단계에서는 도심지 지반굴착에 따른 지표면의 최대침하량이나 부등침하량과 같은 침하 제한기준 등을 마련하여 적용하여야 한다. 이러한 기준을 설정할 경우에는 우선적으로 모든 건물이 기초거동과는 무관하게 어느 정도의 균열을 포함하는 것으로 간주할 필요가 있다. 특히 조적식 건물은 작은 침하에도 인접한 벽돌 간에 서로 분리되는 경향을 나타내므로, 대부분의 건물 침하기준은 조적식 건물을 대상으로 기준이 마련되고 그 밖의 건물들에 대해서는 이를 참고로 보수적인 검토를 수행하게 된다.

이 단계에서 손상도를 예측하는데 지반의 예상 최대침하량과 최대기울기를 이용할 경우는 표 10.6에서와 같이 최대침하량과 최대기울기의 정도에 따라 손상도를 네 등급으로 구분하였다. 먼저 건물의 최대기울기가 1/500 이하이고 최대침하량이 10mm 이하이면 제1등급으로 예측한다. 이 등급은 외견상으로 건물에 손상이 없을 것이므로 무시하는 등급이다. 다음으로 제2등급부터 제4등급까지는 건물의 손상도를 경미, 보통, 심각의 세 단계로 나눴다.

즉, 건물의 최대기울기를 각각 1/500, 1/200, 1/50을 기준으로 세 단계로 구분하고 최대침하량도 각각 10mm, 50mm, 75mm를 기준으로 세 단계로 구분한다.

표 10.6 최대기울기와 최대침하량에 근거한 손상도 기준(Ranken, 1988)[2]

손상등급	건물의 최대기울기	건물의 최대침하량(mm)	손상 정도
1	1/500 이하	10 이하	무시 : 외견상 손상 없음
2	1/500~1/200	10~50	경미 : 구조적으로 심각하지 않은 외견상 손상 가능
3	1/200~1/50	50~75	보통 : 건물에 외견상 및 구조적 손상 가능 강성매설관에 손상 가능
4	1/50 이상	75 이상	심각 : 건물에 구조적 손상 강성매설관에 손상 기타매설관에 손상 가능

제2등급에서는 외견상 손상이 가능하지만 구조적으로는 문제가 되지 않는 경우이고 제3등급에서는 건물에 외견상 및 구조적으로 손상이 있을 수 있고 강성매설관은 손상 가능성이 있다. 제4등급에서는 건물에 심각한 구조적 손상이 있고 강성매설관은 손상되고 기타 매설관도 손상이 가능한 등급이다.

한편 발생된 균열의 크기나 숫자를 이용하여 손상도를 예측할 경우는 표 10.7을 이용할 수 있다. 표 10.7은 조적식 구조물에 대한 손상분류 체계를 요약한 것으로써 Burland et al.(1977)에 의해 처음 제시되었다.[7]

이 방법에서는 표 10.7에서 보는 바와 같이 균열의 폭이나 수에 따라 5등급으로 손상도를 구분하였다. 즉, 균열폭이 1mm 미만이면 손상도가 제1등급이고 매우 경미한 등급으로 분류한다. 그 후 균열폭이 5mm, 15mm, 25mm, 25mm 이상을 기준으로 등급을 구분한다. 손상도 3등급부터는 균열의 수도 고려하여 손상도를 구분한다.

표 10.7 벽체에 발생한 균열에 의한 손상도 기준(Burland et al, 1977)[7]

손상등급	손상정도	손상형태에 대한 기술(밑줄은 수리가 가능한 경우 의미)[†]	균열폭(mm)
0	무시	약 0.1mm 미만의 무시할 수 있는 미세 가시균열	
1	매우 경미	• 통상 미장작업으로 쉽게 수리 가능 • 건물 내 단일 균열 • 외부 조적벽체에는 근접 관찰로 볼 수 있는 균열	균열폭 : 1.0mm[*] 미만
2	경미	• 쉽게 메울 수 있는 균열, 재차 미장작업이 필요 • 건물 내부에 보이는 여러 개의 경미한 균열 • 균열이 외부벽체에 나타나며, 비바람을 견디기 위해 벽돌을 다시 칠함 • 문과 창문이 경미하게 닫히지 않는 상태	균열폭 : 5.0mm[*] 미만
3	보통	• 균열이 열리고 돌부침으로 수리 가능 • 라이닝 작업으로 수리 가능 • 외부 벽돌 줄눈을 다시 칠하고 일부 벽돌을 교체 • 문과 창문이 제대로 닫히지 않는 상태 • 도시공급시설(가스관, 상하수도관)의 파손 • 비바람저항시설 종종 손상	균열폭 : 5~15mm[*] 혹은 3mm 이상의 여러 개의 균열
4	심각	• 대규모 수리가 필요(벽체, 문과 창문의 교체) • 문과 창문의 틀이 뒤틀리고, 마룻바닥이 눈에 띄게 경사짐 • 벽체가 기울고 만곡되며 보의 지지력이 일부 상실됨 • 도시공급시설의 파손	• 균열폭 : 15~25mm[*] • 균열수에 의존
5	매우 심각	• 대규모 수리 필요(부분 및 전체 재건축) • 보의 지지력 상실, 벽체는 심하게 기울고 버팀보가 필요함 • 창문은 뒤틀림에 의해 파손되고 구조적으로 불안정 상태	• 균열폭 : 25mm[*] 이상 • 균열수에 의존

[†] : 손상도를 판단함에는 건물 혹은 구조물 내의 위치가 고려되어야 한다.
[*] : 균열폭은 하나의 손상 상태를 나타내므로 그 자체로 손상측정 도구로 사용될 수 없다.

Burland et al.(1977)는 손상형태에 대한 설명에서 수리가 가능한가 여부에 따라 각 손상등급을 기술하고 있다. 즉, 표 10.7의 손상분류체계에는 구조물의 가시적 손상(visible damage)에 대해 보수가 가능하거나 용이한 상태를 기준으로 분류한 것으로써, 손상보수와 관련하여 작업방법에 대한 평가조사가 필요한 경우이다. 즉, 제1등급과 제2등급에서는 통상의 미장작업으로 수리가 가능하며 제3등급에서는 돌부침으로 수리가 가능하나 제4등급과 제5등급에서는 대규모 수리가 필요하다.

10.2.2 인접구조물 손상등급 판정 모델

위에서 설명한 초기단계에서 구조물의 손상이 예상될 때는 보다 상세한 평가가 행해져야 한다. 지반굴착에 따른 인접건물의 침하손상 위험도를 평가하기 위해서는 먼저, 건물의 손상한계에 대한 기준과 등급분류가 필요하다. 그 다음 지반거동에 의한 침하곡선으로부터 건물에 발생 가능한 손상 정도(부등침하량, 각변위, 처짐비, 변형률 등)를 산정한 후, 그 결과를 건물의 재료역학적 특성 및 형식과 관련된 허용한계와 비교하여 손상 여부를 판단하여야 한다.

(1) Boscardin & Cording(1989) 모델[6]

표 10.7에서 관찰할 수 있는 바와 같이 손상등급은 손상정도에 따라 0~5등급 등 6단계로 구분되며 조적식 구조물의 손상평가 시 손상등급 2와 3으로 구분되는 '경미(slight)'와 '보통(moderate)'의 손상에 대한 구분이 매우 중요하다. 많은 현장조사 사례에 의하면, 2등급 이하의 손상은 대체로 건물 자체의 수축(shrinkage), 온도영향이나 지반거동과 관련된 영향, 혹은 두 가지 이상이 결합된 형태의 다양한 원인에 따른 결과로 나타날 수 있다고 보고되었다.

Burland & Wroth(1974)[7]는 구조물의 초기 균열 여부를 결정하는 기본적 변수로서 '한계인장변형률(critical tensile strain)' 개념을 제시하였으며 그 후 Burland et al.(1977)[8]에 의해 '임계인장변형률(limiting tensile strain)'의 개념으로 대체되었다.

Boscardin과 Cording(1989)은 그림 10.3에 나타난 바와 같이 각변위(angular distortion) β와 수평변형률(horizontal strain) ϵ_h의 관계로 손상 위험도를 평가할 수 있는 간단한 도표를 제시하였다. 굴착과 관련된 현장사례분석을 통하여 건물에 발생된 인장변형률의 크기를 Burland et al.(1977)이 수정 제시한 가시적 균열에 대한 손상등급과 연계하여 각 손상등급에 대한 임계인장변형률(limiting tensile strain) ϵ_{lim}의 범위를 표 10.8과 같이 0에서 5등급까지의 6단계로 구분 제시하였다. 즉, 임계인장변형률 ϵ_{lim}(%)을 그림 10.3 및 표 10.8에서 보는 바와 같이 0.05, 0.075, 0.15, 0.3을 기준으로 무시, 매우 경미, 경미, 보통, 심각 내지 매우 심각으로 등급을 정하도록 하였다. 한편 각변위 β(는 1/900, 1/600, 1/300, 1/150을 기준으로 등급을 정하였다.

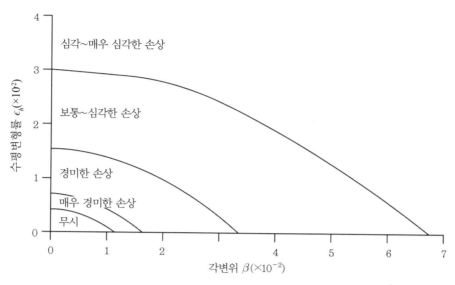

그림 10.3 Boscardin & Cording(1989) 모델[6]

표 10.8 임계인장변형률에 의한 손상등급(Boscardin & Cording, 1989)[6]

손상등급	손상 정도	임계인장변형률, ϵ_{lim}(%)
0	무시	0~0.05
1	매우 경미	0.05~0.075
2	경미	0.075~0.15
3	보통	0.15~0.3
4~5	심각 내지 매우 심각	<0.3

(2) Burland(1995) 모델[22]

Burland(1995)[22]는 Boscardin과 Cording(1989)[6]이 제시한 각변위와 수평변형률의 관계도표가 휨변형률을 고려하지 않고 각변위를 처짐비에 비례한다고 가정한 점과 각변위 계산을 위해 건물 경사도(tilt)를 알아야 하므로 손쉽게 결정될 수 없다는 점을 감안하여, 직접 처짐비와 수평변형률의 관계에서 건물의 침하손상을 결정할 수 있는 그림 10.4를 제시하였다.

Mair 등(1996)[3]은 건물에 발생 가능한 인장변형률을 평가할 때, 지반침하곡선으로 건물의 처짐비를 직접 산정하는 경우에 비해 Boscardin & Cording(1989)이 제시한 최대각변위로 계산된 처짐비를 사용하는 경우가 건물의 인장변형률을 대략 20% 정도 과대평가하고 있음을 확인하였다.

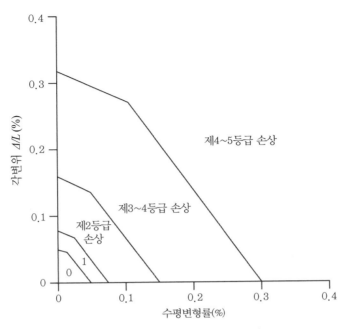

그림 10.4 Burland(1995) 모델[22]

(3) Son(2003) 모델[3]

Son(2003)[3]은 지반굴착, 터널굴착, 얕은 탄광굴착으로 인해 발생된 지반변위 및 인접구조물의 변형률과 손상도가 조사된 현장자료와 대형모형실험 결과 및 수치해석적 매개변수 연구를 통한 종합적인 분석을 수행하여 인접구조물의 손상 위험도를 예측할 수 있는 그림 10.5를 개발하였다. 그림 10.5에 구분 도시된 구조물의 손상정도를 정의하는 각각의 영역은 한계인장변형률(critical tensile strain)에 의해서 구분하였다. 즉, 손상도를 인장변형률 ϵ_p 에 따라 무시, 매우 경미, 경미, 보통~심각, 심각~매우 심각의 다섯 영역으로 구분하였다.

첫 번째 영역은 인장변형률 ϵ_p가 0.5×10^{-3} 이하인 영역(무시)으로 이 영역에서는 인접구조물의 손상을 무시해도 무방한 영역이다.

다음 영역은 매우 미소한 손상(VSL : Very Slight Damage)영역이며 이 영역의 하한 및 상한 인장변형률 ϵ_p는 각각 0.5×10^{-3}과 0.75×10^{-3}이다. 이 한계인장변형률은 Polshin & Tokar(1957)[13]와 Burland & Wroth(1974)[7]가 제시한 처음으로 볼 수 있는 균열이 발생할 때의 인장변형률 값이다.

다음 영역은 미소한 손상(Slight Damage)이라고 표시된 영역으로 인장변형률 1.67×10^{-3}(각변위 $\beta=1/300$에 해당되는 값)이 인장변형률 ϵ_p의 상한값이다. 이 인장변형률은 Skempton & MacDonald(1956)[14]와 Bjerrum(1963)[3]이 제시한 인장변형률 값으로 자중에 의해 침하된 구조물에서 하중지지벽체와 패널 벽체에 첫 균열이 발생할 때의 인장변형률 값이다.

다음 영역은 보통 내지 심각한 손상이라고 표시된 영역으로 Skempton and MacDonald (1956)와 Bjerrum(1963)이 제시한 자중에 의해 침하된 구조물에 심한 균열과 구조부재의 손상이 발생할 때의 인장변형률 3.33×10^{-3}(각변위 $\beta=1/150$에 해당되는 값)을 인장변형률 ϵ_p의 상한값으로써 적용한다.

마지막영역은 심각 내지 매우 심각한 손상영역으로 인장변형률 3.33×10^{-3} (각변위 $\beta=1/150$에 해당되는 값)이 인장변형률 ϵ_p의 하한값이다.

여기서 구조물의 최대주인장변형률(maximum principal tensile strain) ϵ_p은 변형률상태 이론(state of strain theory)을 이용한 구조물에서의 각변위(β)와 수평변형률(ϵ_l)의 조합으로 구한다. 지반굴착으로 인해 인접지반에 발생하는 수직침하 및 수평변위의 지반변위로 인하여 구조물에 각변위(β)와 수평변형률(ϵ_l)이 발생한다.

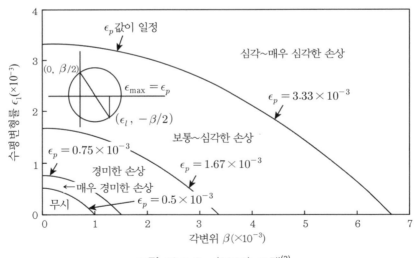

그림 10.5 Son(2003) 모델[3]

최대주인장변형률 ϵ_p와 구조물에서의 균열의 방향은 서로 직교하게 된다. 가령 구조물에 각변위가 발생하지 않고($\beta=0$) 수평변형률만 발행할 시($\epsilon_l \neq 0$) 구조물에서의 최대주인장변형률의 방향은 수평이고 균열은 수직으로 발행하게 되며, 구조물에 수평변형률이 발생하지 않고($\epsilon_l = 0$) 각변위만 발행할 시($\beta \neq 0$) 최대주인장변형률은 45° 경사지게 작용하고 균열은 이와 같은 변형률 방향에 직각인 방향으로 발생하게 된다. 그리고 구조물에서의 각변위와 수평변형률이 모두 발생할 시($\beta \neq 0$, $\epsilon_l \neq 0$)는 최대주인장변형률의 방향이 두 값의 조합에 따라 결정된다. 이때 Mohr 변형률도를 이용하면 용이하게 구할 수 있다.

10.3 진동평가기준

10.3.1 진동영향

건설작업진동의 주된 발생원은 말뚝항타·말뚝인발작업, 지반개량작업, 해체파괴작업, 발파작업, 중량차량주행 등이 있다. 진동문제는 소음과 비교해서 일반적으로 공정상 단기간이며 그 영향범위도 좁다. 그러나 사람에 대한 영향이외에 소음에서 볼 수 없는 지반침하, 가옥·시설의 손상 등 물적 문제가 있다. 소음은 어느 크기 이상의 음에서 바람직하지 않은 소리가 되는 데 비하여 진동은 감각적으로 평소 존재하지 않기 때문에 일단 진동을 느끼면 괴로움의 가능성이 있어 심리적 불안감이 발생한다.

(1) 건설공사의 진동

도시 내에서 실시되는 지하굴착 작업 시에는 말뚝의 항타나 인발, 중장비의 주행, 발파 등이 원인이 되어 진동과 소음이 발생하게 된다. 이 중 진동은 인접구조물에 예기치 못한 손상을 입히거나 인근 주민에게 불쾌감을 주게 된다.

Wiss는 건설공사현장에서 건설장비에 의한 진동을 그림 10.6과 같이 충격진동(Transient 혹은 Impact Vibration), 정상상태진동(Steady-State 혹은 Contineous Vibration), 준정상상태진동(PseudoSteady-State Vibration)의 세 가지로 구분하였다.[4]

충격진동은 발파, 말뚝항타 시 발생하는 진동이며 정상상태진동은 말뚝 진동해머, 콤프레서 등에 의해서 발생된다. 또한 준정상상태진동은 잭해머, 포장파쇄기, 트럭, 불도저, 크레인 등에 의하여 발생되며 일련의 충격진동으로 짧은 기간에서는 정상상태진동에 접근하는 진동이다. 진동에 의한 장애로는 건물의 파손을 유발시키는 물적 장애와 인체에 대한 정신적 부담을 들 수 있다.

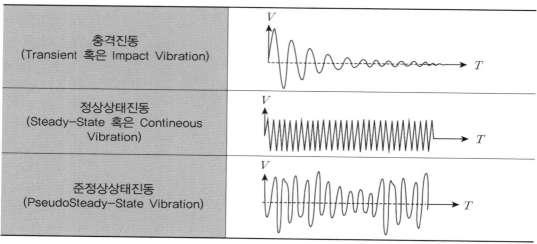

충격진동 (Transient 혹은 Impact Vibration)	
정상상태진동 (Steady-State 혹은 Contineous Vibration)	
준정상상태진동 (PseudoSteady-State Vibration)	

V : Vibration Amplitude, T : Time

그림 10.6 건설현장에서의 진동형태

(2) 건물에 미치는 영향

사람이 진동에 감응하는 정도는 진동 가속도치에 따라 변하고 건물이 받는 피해의 정도는 진동속도성분과 직접 관련이 있는 것으로 밝혀져 있다. 이러한 진동에 의한 피해는 주로 발파진동에 의하여 연구되고 있다. 발파진동에 의하여 구조물이 받는 피해규정을 주파수와 무관하게 속도치만에 의하여 결정하는 경우가 많으나 진동의 변위를 고려할 경우는 주파수가 동시에 고려되어야 한다. 표 10.9는 서울시 발파진동의 허용치이다.

표 10.9 서울시 허용발파 진동치

건축물의 종류	허용진동치(cm/sec)
유적이나 고적 등의 문화재	0.2
결함이 있는 건물, 균열이 있는 주택	0.4
균열이 있고 결함이 없는 건물	0.8
회벽이 없는 공업용 콘크리트 구조물	1.0~4.0

일반반적으로 진동규제기준치는 최대입자속도(peak particle velocity)에 따라 결정하여 사용되고 있다. 전반적으로 5cm/sec 최대지반입자속도보다 작은 발파나 진동의 경우 인접구조물에 손상을 주지 않는 것으로 되어 있다. 그러나 이 기준치는 튼튼한 상가 건물에 대하여는 안전측이 되고 벽돌구조물과 같이 약한 구조물에 대하여는 너무 위험 측의 기준이 된다.

현재 진동규제기준치는 각 국가, 대상구조물에 따라 많은 차이가 있다. 그러나 발파진동의 피해 여부를 가리는 대상건물 등의 시설물인 경우 국내외의 여러 연구 결과 및 측정 결과를 종합하여볼 때 1.0cm/sec의 발파진동 수준이며 충분한 안전 발파가 이루어질 수 있다고 하였다.

(3) 인체에 미치는 영향

인체는 건물보다 훨씬 민감하게 진동에 대하여 반응을 보이므로 건물에 피해를 입히지 않는 진동이라 하더라도 불안감, 불쾌감, 위압감을 느껴 고통을 호소하게 된다. 동일 진동치라 하더라도 주파수가 높을수록 인체는 견디기가 힘들게 되어 있으며 인체의 고유진동수(4~8Hz)에 가까운 주파수의 진동에 대하여는 훨씬 민감한 반응을 보이게 된다.

진동의 영향은 인체에 대한 영향으로 심리적인 영향과 생리적인 영향이 있다. 일반의 공해진동에서는 수면방해 이외의 심리적 영향은 없다는 결과가 있다. 진동레벨과 심리적 영향, 수면영향, 주민반응과의 관계는 표 10.10과 같다. 이 표는 가옥 내에 있는 진동의 진폭

표 10.10 진동레벨과 진동영향의 관계

		(생리적 영향)	(수면영향)	(주민반응)
강진 (III)	90dB 80dB	인체에 해로운 생리적 영향이 발생하기 시작한다.		
경진 (II)	70dB	산업직장에서의 쾌감감퇴경계 (8시간 폭로)	얕은 수면·깊은 수면 모두 깬다.	△ 잘 느낀다는 비율이 50% • 경미한 물적 피해 피해감이 보임 △ 잘 느낀다는 비율이 40% △ 잘 느낀다는 비율이 30%
미진 (I)	60dB	진동을 느끼기 시작	• 얕은 수면·깊은 수면 모두 깨는 경우가 많다. • 깊은 수면은 모두 깬다. • 깊은 수면은 과반수가 깬다. • 수면에 영향이 거의 없다.	△ 약간 느낀다는 비율이 50% • 주거 내 진동인지 한계
무감 (0)	50dB 40dB	상시미동		

을 5dB로 한 경우를 지표면에서 환산한 값이다.

10.3.2 국내외 진동기준

(1) DIN 4150-3(독일, 1999)

독일에서는 구조물에 대한 진동기준을 정리하여 DIN 4150(Structural Vibration in Buildings)으로 제정하였다. 1970년 개정 시 진동피해와 관련하여 건축물의 등급을 분류하여 각 등급별로 건물 기초와 최상층에서의 진동속도 허용치를 건물용도에 따라 2~40mm/s로 제시하였다. 이후 구조물 손상 부분과 진동의 종류 및 진동수 범위, 건물의 용도 등에 대하여 개정이 이루어졌다.

DIN 4150-3(1999)에서는 진동을 단기진동(short-term vibration)과 장기진동(long-term vibration)으로 구분하고 표 10.11과 같이 진동평가 기준치를 제시하였다. 이 기준에 따르면 건물기초에서 측정된 진동속도의 최대값(세 방향 요소 절대값의 최대값) 또는 외벽으로 지지된 최고층 바닥면에서의 수평진동 최대값이 기준값을 넘지 않으면 건물 사용성을 저하시키는 어떠한 손상도 발생하지 않을 것으로 기대하였다.

표 10.11 DIN 4150-3(1999) : 건물진동 평가기준

등급	건물용도	진동속도, V_i(mm/s)				장기진동
		단기진동				
		건물 기초			최고층 바닥에서의 수평진동 (모든 진동수)	최고층 바닥에서의 수평진동 (모든 진동수)
		1~10Hz	10~50Hz	50~100Hz		
1	산업용 건물 및 이와 유사한 건물	20	20-40	40-50	40	10
2	주거용 건물 및 이와 유사한 건물	5	5-15	15-20	15	5
3	진동에 취약한 건물 (문화재, 기타 중요건물)	3	3-8	8-10	3	25

(2) SN 640 312(스위스, 1992)

스위스의 SN 640 312(1978)는 건물을 구조에 따라 네 등급으로 분류하고 발파진동과 교통/기계진동에 대하여 진동수 범위에 따른 허용 진동속도를 제시하였다. 즉, 발파진동의 경

우 표 10.12에서 보는 바와 같이 10~60Hz 및 60~90Hz의 진동수 범위에서 진동속도를 8~40mm/s로 제한하였고 교통/기계진동의 경우는 진동수와 구조물 종류에 따라 10~30Hz 및 30~60Hz의 진동수 범위에서 진동속도를 3~18mm/s로 제한하였다.

1992년에 개정된 SN 640 312a에서는 표 10.13에서 보는 바와 같이 건물 민감도를 4등급으로 나누고, 각 등급에 해당하는 건물의 종류를 구조 및 기타 요소에 따라 분류하고 있으며, 진동은 발생 빈도를 가끔 자주 연속의 세 가지로 구분하고 진동수는 30Hz 이하, 30~60Hz, 60Hz 이상의 세 영역에 따른 허용 진동속도를 제시하고 있다.

표 10.12 SN 640 312(1978) 진동기준

등급	구조물의 종류	발파진동		교통/기계진동	
		진동수(Hz)	속도(mm/s)	진동수(Hz)	속도(mm/s)
1	철근콘크리트구조 및 철골구조 : 공장, 상가 건축물, 교량, 탑구조, 지하터널	10~60	30	10~30	12
		60~90	30~40	30~60	12~18
2	기초벽과 콘크리트슬래브가 있는 건물 : 지하터널 및 지하공동 중 석조재 라이닝 처리한 구조물	10~60	18	10~30	8
		60~90	18~25	30~60	8~12
3	석조재 벽체와 함께 목재 천장을 갖고 있는 건물	10~60	12	10~30	8
		60~90	12~18	30~60	5~8
4	역사적 가치가 있는 문화재 및 진동에 민감한 구조물	10~60	8	10~30	3
		60~90	8~12	30~60	3~5

표 10.13 SN 640 312a(1992): 건물 진동 기준(개정)

| 종별 | 구조물의 종류 | 진동 발생 빈도 | 진동속도 (mm/s) | | |
| | 지상층 건물/지하 구조물 | | 주파수 범위(Hz) | | |
			30 이하	30~60	60 이상
1	지상층 건물 해당 없음/철근콘크리트 혹은 철제교량, 철근콘크리트, 콘크리트 축벽으로 된 지지벽, 견고한 암석 혹은 잘 다져진 연암 내에 개착된 갱도, 터널, 지하공동, 수갱	가끔	3등급의 3배까지 허용		
		자주			
		연속			
2	철근콘크리트의 사용 및 생산업체 건축물(대개의 경우 외벽 몰탈칠 없음), massive하게 지어진 사일로, 탑, 높은 굴뚝/연암반 내 지하공동, 터널, 수갱, 관로, 지하주차시설, 지표 가까이 설치된 각종 관로, 건식축벽	가끔	3등급의 2배까지 허용		
		자주			
		연속			
3	콘크리트, 철근콘크리트, 벽돌로 축조된 주거건물, 조적 혹은 인공적 건축자재에 몰탈칠로 된 사무실, 학교, 병원, 교회 건축물/저장소, 주철배관, 민감한 케이블, 지하동굴, 터널의 중간천정 및 차도용 포장	가끔	15	20	30
		자주	6	8	12
		연속	3	4	6
4	회벽 주택, 볼트식 구조물, 3등급 건물이 개축 혹은 새로이 단장된 건축물, 역사적 보호 건축물/오래된 납 케이블, 주철배관	가끔	3등급의 값과 3등급의 1/2 수준의 사이의 값		
		자주			
		연속			

(3) 서울 · 부산 지하철 기준

표 10.14는 서울 지하철 3, 4호선과 부산 지하철 공사에 사용된 제한값으로 표 10.11로 제시된 독일 DIN 4150(1970) 기준의 단기진동에 대한 건물 진동평가 기준치를 기초로 하여 작성되었다. 건물기초 또는 지표면에서 측정된 진동속도를 사용하여 평가하며, 진동수 100Hz까지 통용된다. 연속진동인 경우 표 10.13의 SN 640 312a(1992)로 제시된 값의 1/3을 적용한다.

표 10.14 서울·부산 지하철 기준

건물 구분	허용진동속도(mm/s)
문화재	2
주택, 아파트	5
상가	10
철근콘크리트 빌딩 및 공장	10~40

(4) 환경부 · 중앙환경분쟁조정위원회 기준(2002)

한국자원연구소에서 환경부와 중앙환경분쟁조정위원회의 의뢰를 받아 수행한 "진동으로 인한 피해의 인과관계 검토기준 및 피해액 산정방법에 관한 연구(1996)"의 최종보고서에 건축물에 대한 진동허용기준(안)이 제안되었다.

이후 2002년 한국구조안전기술원의 연구로 작성된 "진동으로 인한 건축물 피해 평가에 관한 연구"의 최종보고서에서는 DIN 4150-3(1999)과 SN 640 312a(1992)를 근간으로 하여 건축물의 종류를 재료 및 진동수 특성에 따라 구분하여 국내 실정에 맞게 재조정하여 건물의 진동피해 인과관계 기준(안)을 다음 표 10.15와 같이 제안하였다. 즉, 대상 건축물을 A, B, C, D의 네 등급으로 구분하였고 최대허용진동속도는 진동수를 10Hz 이하, 10~40Hz, 40Hz 이상의 세 영역에 대하여 3에서 50mm/sec로 제안하였다. 이 중 D영역은 진동에 예민한 건축물, 취약건축물, 특별한 보존가치가 있는 건축물(문화재 등)에 대한 기준으로 진동속도가 3~10mm/sec 사이로 제한하고 있다.

표 10.15 진동피해 인과관계 검토 기준

등급	대상건축물	최대허용진동속도(mm/sec) (건물기초)		
		진동수(Hz)		
		<10	10~40	>40
A	철근콘크리트, 철골조의 고층 건축물, 아파트 및 이와 유사한 형식의 건축물(동적 하중에 대하여 설계된 건축물)	20	20~40	40~50
B	철근콘크리트, 철골조로서 상기 A항에 해당되지 않는 건축물 (동적 하중에 대하여 설계되지 않은 건축물)	15	15~20	20~30
C	조적조 주거용 건축물 및 부속 건축물(저층 건축물) 또는 이와 유사한 형식의 건축물, 단층의 주거용 목조 건축물	5	5~15	15~20
D	진동에 예민한 건축물, 취약건축물, 특별한 보존가치가 있는 건축물 (문화재 등)	3	3~8	8~10

10.4 소음평가기준

건설공사에 따른 공해 중 소음은 진동과 함께 제일 큰 비중을 차지한다. 둘을 합쳐 거의 반이 될 정도이다. 공사현장 가까이 민가가 있을 경우, 시가지, 주택지, 산간부 혹은 농촌 등의 지역에 상관없이 피해를 일으키고 있어 공해대책으로의 시공을 생각하지 않을 수 없다.

공사소음은 연속적이지 않으나 꽤 장기간에 걸쳐 발생하고 더욱이 주변에 존재하는 소음은 이질적이고 크기가 큰 경우가 많다. 그 때문에 피해도 수면부족, 영업방해, 환자·노인·유아에의 영향, 공부·휴양 방해 등이 지적되고 있어 작업시간의 제한, 공법변경, 방음장치설치, 수험생이나 환자 등에 대하여는 장소 제공 등을 요하고 있다. 따라서 공사계획 시에 공법이나 기계의 선택, 및 방음대책, 시공 시의 세심한 배려, 주민의 이해를 얻도록 노력할 필요가 있다.

일반적으로 너무 큰 음, 음질이 불쾌한 음, 사고 작업 등 생활에 방해가 되는 음, 감정적으로 혐오감을 주는 음, 소리가 나서는 안 되는 곳에서 나는 음 등을 소음이라 할 수 있다. 우리 주변에는 각종 소음 혹은 일상적인 소음에 둘러싸여 있다.

지하굴착작업 중에는 각종 건설장비를 사용하게 되는데 이들의 작동 시 충격, 진동, 엔진 가동 등에 의하여 소음이 발생하게 되어 진동과 더불어 큰 공해가 되고 있다.[4]

10.4.1 소음의 크기와 그 영향

건설공사소음규제는 현저한 소음을 유발하는 작업으로 ① 항타기 및 말뚝인발기, ② 리벳설치기, ③ 착암기, ④ 공기압축기, ⑤ 콘크리트 플랜트 등이 사용되는 작업과 같은 특정건설작업을 대상으로 한다.

규제내용으로는 지정지역 내에서 특정건설작업을 실시할 때 신고의무, 작업장소 부지경계선으로부터 30m 지점에서의 소음크기, 작업금지시간, 1일 작업시간 제한, 동일장소에서의 작업시간 제한, 일요일·휴일의 작업 금지가 있다. 그리고 소음의 크기는 표 10.16과 같다.

또한 건설작업으로 규제를 받는 작업이외의 연락용확성기, 공사용운반차, 압기공법의 에어록크, 위치, 발전기, 가설부지에서의 각종작업 등도 주변지역의 환경에 따라서는 규제되는 경우도 있다.

건설공사에서의 소음은 우리주변의 생활소음에 비하여 충격적이고 크기도 크며 공사에 따라 여러 가지 소음을 발생시키고 있다. 표 10.16에 주요 건설작업의 소음크기 측정 예를 정리하였으며 그림 10.7에 공사소음과 주변에서 경험한 일반소음을 비교한 그림이다. 여기서 알 수 있는 바와 같이 일반적으로는 극히 시끄럽다고 평가되는 경우가 많다.

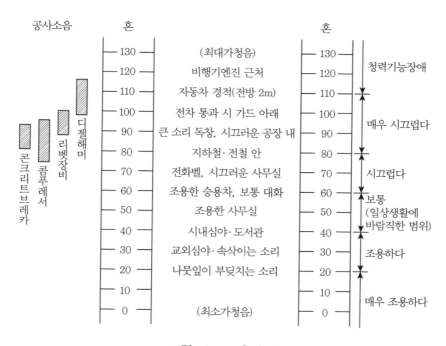

그림 10.7 소음장해

공사소음이 인간생활에의 영향으로는 대화, 전화, TV 및 라디오 등의 사회적 커뮤니케이션의 방해, 개인적 생활활동에서의 영향 및 수면방해 등의 개인에 대한 신체적 영향이 생각되어 그것이 공사에 대한 괴로움으로 표면화되지만 그것을 적절히 평가하는 방법이 확립되어 있지 않은 경우도 있으므로 현장별로 상황에 대응하고 있는 것이 현 상황이다.

표 10.16 건설기계의 소음레벨과 기준치

작업구분	작업기계명	소음레벨 혼(A) 권고기준치		
		1m	10m	30m
항타기, 말뚝인발기 및 천공기를 사용하는 타설작업	디젤해머, 진동해머 스팀해머, 공기해머 파일에끼스 트랙터 어스드릴 어스오가 베노토보링머신	105~130 95~105 100~130 88~92 68~82 85~97	93~112 84~91 97~108 94~96 78~84 70~57 79~82	88~99 74~80 68~97 84~90 67~77 50~60 66~70
리벳 타설작업	리벳머신 인펙트렌치	110~127 112	85~98 84	74~86 71
착암기를 사용하는 작업	콘크리트부레카, 싱거드릴, 헨드해머, 젝해머, 크로라브레카, 콘크리트컬터	83 80~85 83 88	76 72~76 77~84 78~85	64 63~65 72~73 66~75
굴착·부지작업	불도저·타이어도저 파워쇼벨·벡호 트럭라인·트렉스쿠레버 크렘셀	83 80~85 83 88	76 72~76 77~84 78~85	64 63~65 72~73 65~75
공기압축기를 사용하는 작업	공기압축기	100~110	74~92	67~87
다짐작업	로드롤러·덤핑롤러 타이어롤러·진동롤러 진동콤펙터·인펙터롤러 렘머·템퍼	 88	68~72 74~78	60~64 65~69
콘크리트, 아스팔트 혼합기 및 반입 작업	콘크리트 플랜트 아스팔트 플랜트 콘크리트 믹서차	100~105 100~107 83	83~90 86~90 77~86	74~88 80~81 68~75
콘크리트마무리 작업	그라인더 픽해머	1047~110	83~87 78~90	68~75 72~82
파쇄작업	강구 철골타격 화약	95	84~86 90~93 98~108	68~72 82~86 90~97

10.4.2 소음의 예측

건설공사 중 소음문제로 기계나 공법을 어쩔 수 없는 사태를 피하기 위해서는 공사착공 전에 적합한 영향예측을 하고 대책을 마련하는 것이 바람직하다.

소음예측에는 건설기계에서 발생되는 소음의 거리에 따른 감쇄, 벽이나 건물에 의한 회절 감쇄, 구조물표면에서의 반사, 그 밖에 여러 가지 요인에 의한 감쇄의 산정이 필요하다. 따라서 음원이 되는 기계대수가 많고 현장주변이 넓은 범위를 대상으로 하는 경우는 계산에 상당한 수고가 필요하므로 최근에는 컴퓨터를 이용하여 소음레벨의 등고선을 그리는 방법 이 사용된다.

개략적인 값을 예측할 경우 표 10.16에 정리된 기계의 발생소음을 기준으로 식 (10.1)을 활용할 수 있다. 즉, 소음원으로 거리에 따른 감쇄식은 다음과 같다.

$$SL_2 = SL_1 - 20\log_{10}\frac{r_2}{r_1} \tag{10.1}$$

여기서, SL_1 : 음원에서 거리 r_1 위치에서의 소음레벨(dB(A))

SL_2 : 음원에서 거리 r_2 위치에서의 소음레벨(dB(A))

r_1, r_2 : 음원에서의 거리(m)(단, $r_1 < r_2$)

참고문헌

1) 김미숙(2012), 지반굴착공사 실패 예방에 있어서 현장계측의 역할, 중앙대학교 건설대학원 석사학위논문.

2) 김승욱(2014), 안전한 도심지 깊은굴착을 위한 흙막이벽체 수평관리의 중요성, 중앙대학교 건설대학원 석사학위논문.

3) 손무락(2005), "도심지에서의 지반 및 터널굴착에 따른 지반변위가 인접건물에 미치는 영향 및 손상도 예측", 대한토목학회논문집, 제25권, 제3C호, pp.189~199.

4) 홍원표(1993), 건설공학, 도시관리 전문교육과정 교재(제2호), 중앙대학교.

5) Bjerrum, L.(1963), "Discussion to European Conference on Soil Mechanics and Foundation Engineering." Wiesbadan, Vol. II, p.135.

6) Boscardin, M.D. and Cording, E.J.(1989), "Building response to excavation-induced settlement", Journal of Geotechnical Engineering Division, ASCE, Vol.115, No. GT1, pp.1~21.

7) Burland, J.B. and Wroth, C.P.(1974), "Settlement of buildings and associated damage", Proceedings of a conference on settlement of structures, Cambridge, pp.611~654.

8) Burland, J.B., Broms, B. and De Mello, V.F.B.(1977), Behaviour of foundations and structures-SOA Report, Session 2, Proc, 9th ICSMFE, Tokyo, pp.495~546.

9) Grant, R. et al.(1974), "Differential settlement of buildings", JGED, ASCE, Vol.100, GT9, pp.973~991.

10) Lambe, T.W., Wolfskill, L.A. and Wong, H.(1970), "Measured performance of braced excavation", ASCE, Proc. Vol.6, No.SM3.

11) MacDonald, D.H. and Skempton, A.W.(1955), "A survey of comparisons between calculated and observed settlements of structures on clay", Conference on Correlation of Calculated and Observed Stresses and Displacements, ICE, London, pp.318~337.

12) Mikhejev, V.V. et al.(1961), "Foundation design in USSR", 5th ICSMFE, Vol.1, pp.753~757.

13) Polshin, D.F. and Tokar, R.A.(1957), "Maximum allowable nonuniform settlement of structures", Proc., 4th ICSMFE, London, Vol.1, pp.402~406.

14) Skempton, A.W. and MacDonald, D.H.(1956), "The allowable settlement of buildings", Proc., ICE, 5(3), PL. 3, pp.737~784.

15) Son, M.(2003), The response of buildings to excavation-induced ground movements,

Ph.D. dissertation, University of Illinois at Urbana-Champaign, Urbana, IL, USA.

16) Sowers, G.F.(1962), Chapter 6, Shallow Foundation, Foundation Engineering, edited by G.A. Leonards, McGraw-Hill, pp.525~632.

17) 機田悠康, 丸岡正夫, 佐藤英二(1985), "掘削土留めにおける計測管理；觀測施工法の現狀." 基礎工, Vol. 13, No. 7, pp.34~40.

18) 古藤田喜久雄 外 5人(1980), "山止計測管理(軟弱粘性土地盤の場合)", 第15回土質工學研究會講演集.

19) 機田悠康(1980), "計測管理と安全管理；根切り山止めについて", 基礎工, Vol.8, No.4.

20) 湯田坂益利1981), 土木施工-計劃と施工技術1, 技報堂, 東京.

21) Boone, S.J., Westland, J. and Nusink, R.(1999), "Comparative evaluation of building response to an adjacent braced excavation", Can. Geotech. J., Vol.36, pp.210~223.

22) Burland, J.B.(1995), "Assessment of risk of damage to buildings due to tunneling and excavation", Proc. 1st Int. Conf. on Earthquake Geotechnical Engineering, IS Tokyo.

찾아보기

저자 소개

홍원표

(현)중앙대학교 공과대학 명예교수
중앙대학교 학생처장, 건설대학원장, 대외협력본부장(부총장)
서울시 토목상 대상
과학기술 우수 논문상(한국과학기술단체 총연합회)
대한토목학회 논문상
한국지반공학회 논문상·공로상
UCLA, 존스홉킨스 대학, 오사카 대학 객원연구원
KAIST 토목공학과 교수
국립건설시험소 토질과 전문교수
중앙대학교 공과대학 교수
오사카 대학 대학원 공학석·박사
한양대학교 공과대학 토목공학과 졸업

흙막이말뚝

초판인쇄 2018년 7월 27일
초판발행 2018년 8월 3일

저 자 홍원표
펴 낸 이 김성배
펴 낸 곳 도서출판 씨아이알

책임편집 박영지
디 자 인 윤지환, 박영지
제작책임 김문갑

등록번호 제2-3285호
등 록 일 2001년 3월 19일
주   소 (04626) 서울특별시 중구 필동로8길 43(예장동 1-151)
전화번호 02-2275-8603(대표)
팩스번호 02-2265-9394
홈페이지 www.circom.co.kr

I S B N 979-11-5610-319-6 (94530)
           979-11-5610-316-5 (세트)
정   가 23,000원